让孩子
Anxious Kids
掌控情绪

帮助孩子战胜焦虑、恐惧和不安的养育课

How children can turn their
anxiety into resilience

Michael Grose & Dr Jodi Richardson

［澳］迈克尔·格罗斯　［澳］朱迪·理查森博士＿著　　欧阳瑾　罗小荣＿译

四川文艺出版社

图书在版编目（CIP）数据

让孩子掌控情绪：帮助孩子战胜焦虑、恐惧和不安的养育课 /（澳）迈克尔·格罗斯，（澳）朱迪·理查森博士著；欧阳瑾，罗小荣译. — 成都：四川文艺出版社，2020.7

ISBN 978-7-5411-5684-7

Ⅰ.①让… Ⅱ.①迈… ②朱… ③欧… ④罗… Ⅲ.①情绪—自我控制—儿童教育—家庭教育 Ⅳ.①B842.6 ②G782

中国版本图书馆CIP数据核字（2020）第075051号

著作权合同登记号：图进字21-2020-206

Anxious Kids: How children can turn their anxiety into resilience
Text Copyright © Michael Grose and Jodi Richardson, 2019
First published by PENGUIN RANDOM HOUSE AUSTRALIA Pty Ltd.
This edition published by arrangement with Penguin Random House Australia Pty.
Simplified Chinese translation copyright © 2020 by Beijing Xiron Books Co., Ltd.
All Rights Reserved.
封底凡无企鹅防伪标识者均属未经授权之非法版本。

RANG HAIZI ZHANGKONG QINGXU：BANGZHU HAIZI ZHANSHENG JIAOLÜ、KONGJU HE BUAN DE YANGYU KE

让孩子掌控情绪：帮助孩子战胜焦虑、恐惧和不安的养育课

【澳】迈克尔·格罗斯　【澳】朱迪·理查森博士　著
欧阳瑾　罗小荣　译

出 品 人	张庆宁
策划出品	磨铁图书
责任编辑	陈雪媛
责任校对	汪　平

出版发行	四川文艺出版社（成都市槐树街2号）
网　　址	www.scwys.com
电　　话	028-86259285（发行部）　028-86259303（编辑部）
传　　真	028-86259306

邮购地址	成都市槐树街2号四川文艺出版社邮购部　610031
印　　刷	河北鹏润印刷有限公司
成品尺寸	166mm×235mm　　开　本　16开
印　　张	19.5　　　　　　　　字　数　215千
版　　次	2020年7月第一版　　　印　次　2020年7月第一次印刷
书　　号	ISBN 978-7-5411-5684-7
定　　价	49.80元

版权所有·侵权必究。如有质量问题，请与本公司图书销售中心联系调换。010-82069336

迈克尔：

谨以此书，

献给爱丝特丽德（Astrid）、马克斯（Max）、鲁比（Ruby）、哈利（Harry）和格蕾丝（Grace）。

朱迪：

谨以此书，

献给彼得（Peter），我珍惜我们的爱情和我们在一起的生活。

献给亨特（Hunter）和麦金利（Mackinley），他们让我的内心充满欢乐。

献给我的父母里克（Rick）和绮丽儿（Cheryl），以及哥哥亚当（Adam），感谢你们的终生之爱、支持和鼓励。

# 目录

引言　001

Part 1 | 焦虑是个问题

01　焦虑的流行　005
感到焦虑，是人性使然。每个人都会经历焦虑。它既有可能是处在压力环境下的一种短暂经历，也有可能贯穿我们的整个生命。

02　是什么导致了焦虑的流行？　031
造成儿童和青少年中焦虑症流行的原因多种多样。有些原因是无法改变或者不可避免的，其中包括：遗传因素、早期创伤，比如受欺凌或所爱之人去世等生活经历、父母的心理健康情况……

Part 2 | 理解焦虑

03　焦虑的解答　051
任何一个人，若对某种处境、某件即将发生的事情或者某种即将面临的挑战感到担忧、有压力或者觉得紧张，就可能陷入焦虑当中。

04　辨识孩子的焦虑　069
与孩子们所患的生理疾病不同，焦虑并不总是一种特殊的症状模式。不同孩子的症状千差万别，在其人生中的社交、情感和学业方面也有不同的表征。

让孩子掌控情绪

 Part 3 | 养育焦虑的孩子

05　树立榜样　091

孩子天生善于模仿。他们会模仿我们的话语、我们的行为,甚至是我们的态度。

06　回应孩子的焦虑时刻　100

焦虑具有感染性,因此在对焦虑的孩子做出回应时,你自身的紧张与担忧之情很容易带来妨碍作用。

07　培养孩子的适应力与独立性　112

孩子若总是依赖别人,就不可能具备独立性。同样,如果想让孩子变得独立,就必须具备适应力。获得独立性的道路可能漫长而崎岖,因此适应力会与独立性相辅相成、携手前行。

08　完善养育方式　123

每个人身上都既有"猫性"的一面,也有"狗性"的一面,只不过大多数人都较容易倾向于其中的一种养育风格罢了。

Part 4 | 控制焦虑的工具

09　察看:一种情商工具　133

你醒来的时候,有没有感到紧张或者不安呢?你醒来的时候,有没有感到愉快、充满热情和干劲十足?你了解这种情况吗?

10　深呼吸　141

在我们需要发挥最佳状态的时候,深呼吸能够帮助我们获得更好的感觉、更好地进行准备,并且表现更好。

11　正　念　151

我们天马行空的思维需要休息和适应当下,给我们提供一个放松、平静下来和将精力集中于眼前之事,也就是更加专注于当下而非过去或将来的机会。

12　锻　炼　161

锻炼不仅能够促进孩子的心理健康,也是孩子可以用来更好地控制其情绪状态的一种工具。

目录

13 摆 脱　170

了解自身的思维对你的效率和健康至关重要，对你的孩子来说，也是如此。

Part 5　｜　如何在生活中减少焦虑

14 获得充足的睡眠　181

睡眠不足会损害儿童控制思维的能力，加剧孩子小题大做的倾向，削弱他们的应对机能。

15 营养饮食　188

拥有健康的肠胃或者消化系统，与拥有一个功能齐备的大脑不相上下。

16 玩 耍　195

玩耍对我们培养出具有强大适应力的孩子至关重要，因为玩耍有助于增强孩子积极地塑造环境所需的能力与信心。

17 享受绿色时光　203

到绿色空间里去，就像是遇见一位久违的老朋友，在它们的陪伴之下，我们马上就会有回家的感觉。

18 明白最重要的是什么　210

通过帮助孩子了解他们真正持有的价值观，而不是把尊重、诚实之类的外部价值观强加给他们，我们就能给孩子提供应对人生的奇妙工具。

19 让孩子参与到志愿服务中去　218

志愿活动会给身心两方面带来切切实实的益处，尤其是会缓解参与者的焦虑与抑郁程度。

20 建立良好的人际关系　223

与能够给予支持的朋友或家人分担问题和烦恼，会让人感觉更好，会给人带来正确的观点，为他们提供安慰。

Part 6 | 应对重大的焦虑问题

21 孩子需要更多帮助的时候 234

你应当付出时间，帮助孩子理解他们寻求帮助之后，随着心理健康状况好转而带来的诸多益处。

22 控制和治疗焦虑症的不同方法 245

心理医生有两种用于治疗焦虑儿童的有效方法，即"认知行为疗法"和"接纳承诺疗法"。

23 学校的作用 255

从长远来看，老师若愿意与焦虑的学生进行一对一交流，让学生逐渐接触到诱发焦虑的情境，就会给学生带来帮助。

结语 271

注释 275

附录 291

参考书目 293

致谢 303

# 引言

打开这本书，你将为自家那个焦虑不安的孩子带来巨大的人生改变。继续阅读下去，你将更加明显地看出这些变化涉及的方方面面。但在目前，我们不妨简单地告诉你：将在本书中获得的领悟、知识和策略应用到你的家庭中，会对孩子的人生产生深远的影响，对他们当下如此，对他们终身亦是如此。

心怀焦虑的孩子，感受各有不同。有的时候，他们认为自身出了毛病。当然，我们都知道，并不是他们出了毛病，完全不是那样。他们也有可能觉得非常孤独，认为没有人能够理解他们正在经历些什么，更别提去帮助他们了。懂得焦虑是一种很好理解和可以控制的状况，会让焦虑的孩子放下心来。我们希望，你看到这里也能松一口气，稍稍放下一点儿心头的重负。因为我们都很清楚，焦虑情绪常常会在家人之间蔓延开来。所以，你或者你的配偶都有可能对焦虑再熟悉不过。而且，世间再无别的东西，会比看到孩子正在苦苦挣扎更让父母感到焦虑的了。

我们很理解。这是个人的问题。自记事以来，我们都经历过焦虑。我们知道，焦虑的孩子是什么样的：他们什么都担心，总是不能正常呼吸，草木皆兵，明知什么地方不对劲，却不知道该怎么办。我们这两位作者在成长的过程中，至少都各有一位家长总是感到焦虑，却从不知道焦虑是一种病症；至于理解焦虑，或者知道如何帮助他们自己或儿时的我们去摆脱焦虑，就更不用

说了。

我们撰写本书，旨在让你领悟到我们的父母从未理解的知识。如此一来，你就可以辨识出孩子的焦虑情绪[1]，并且通过将焦虑从"中心舞台"移到"背景噪声"中去的方法，帮助孩子理解和控制他们的焦虑。

不要让焦虑成为笼罩在儿童和青少年生活之上的一种阴影。用与孩子年龄相称的方法（这个方面，我们也会为你提供帮助），与他们分享你在本书中学到的知识时，你就不会再那么焦虑，而是会更加自信地发挥出关键作用，去帮助子女，让他们能够理解自身，让他们能够把焦虑看作一种自己可以注意到和接受的背景干扰，然后将注意力转移到真正重要的问题上去，从而让他们的人生变得缤纷多姿。

Part 1
焦虑是个问题

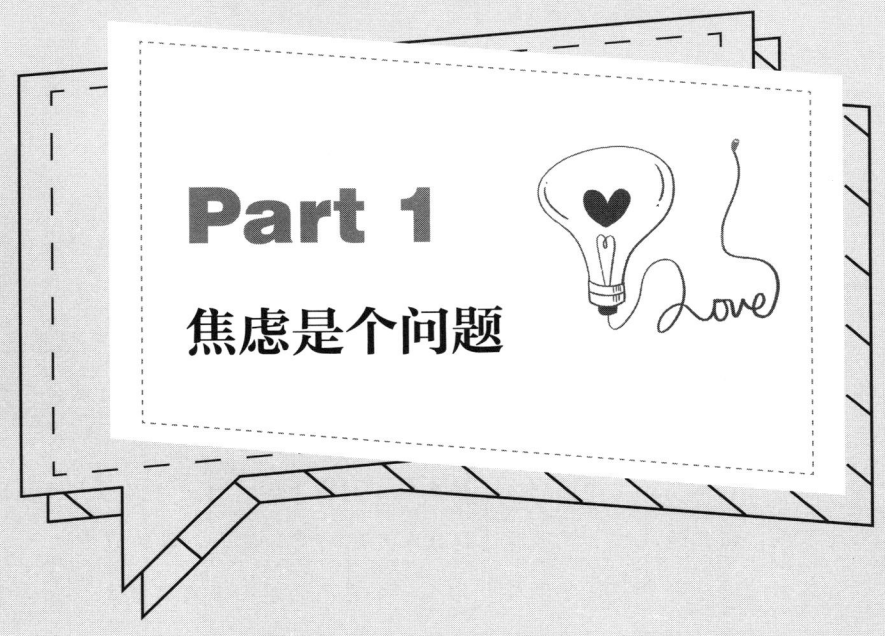

为人父母者，有一个感到焦虑的孩子，这种情况并不罕见。全球有千百万个家庭，都像你一样，面临着相同的问题。尽管了解这一点有好处，但我们也明白，它并不会让养育一个焦虑的孩子这一艰巨任务变得轻松一些。能够让这一任务变得轻松的，就是培养和加深你对儿童焦虑症的理解，以及对你在帮助孩子应对焦虑时所起的重要作用的理解。

孩子是家庭的一分子，其焦虑情绪带来的影响，不但孩子自己能感受到，父母及孩子的兄弟姐妹也会感受到。养育一个焦虑的孩子时，你自然会感到沮丧、悲伤、担忧和没有信心。有时，孩子的焦虑会以种种难以控制的方式对家人产生影响。从孩子上学迟到或者根本就不想去上学，到父母因为太过担忧而无计可施，由此造成的干扰可能达到让人无比恼怒和疲惫不堪的地步。

本书的这一部分，将帮助你开始从一个更深的层面来理解焦虑。你会了解到：有个焦虑的孩子其实是一种非常普遍的现象；导致焦虑的各种因素；焦虑有可能被人们搞错或者误解；焦虑为什么不会自行消散；你的家庭如何开始应对自身的焦虑以及更多情况。

我们将与你一起踏上这趟旅程。在这一过程中，我们将并肩前行。你了解到的知识，将会逐步增加；有了这些知识，你就会觉得，每读完一章自己都会变得更有力量，可以用富有成效和有所助益的方式去支持你的孩子，让他们能够朝着一种丰富多彩和充实的人生前进。

01
焦虑的流行

要事先表

对焦虑的孩子而言,他们的未来极其光明。心理卫生这个领域,曾经有如沙漠一般干旱贫瘠,如今遍地绿意,充满了希望,有了被世人重视的大好前景;人们会逐渐理解、接受他们,与他们感同身受,对他们充满同情,并且为他们提供丰富的资源、支持和帮助。

虽说养育一个焦虑的孩子,一开始可能会让人觉得非常艰难,甚至不堪重负,但我们希望你换个角度来思考这个问题。我们希望你能够认识到,在你和你那个感到焦虑的孩子面前,已经摆着一个大好的机会。

感到焦虑,是人性使然。每个人都会经历焦虑。它既有可能是处在压力环境下的一种短暂经历,也有可能贯穿我们的整个生命。成年人中,有四分之一的人会患上焦虑症。其中,又有半数的人会在 15 岁的时候出现最初的症状[1]。还有许多人,则患有多年的焦虑症,却从未得到确诊。此时的你若感到焦虑,那么你多半也患有焦虑症,甚至为时已久却没有被你发现。我们的情况,确实如此。

注意到你的孩子正在流露出焦虑的迹象或者焦虑症状，无疑是孩子的一桩幸事。我们既不能改变目前正在发生的事情，也无法将其复原。尽管你的孩子深陷于焦虑之中，但能够帮助他们茁壮成长的首要任务，就是有人认识到，孩子需要帮助。

做到这一点之后，焦虑的孩子就能获得理解、支持以及应对这种情况的技能和策略，且必要时能够得到治疗，这都会帮助他们在当下和一生当中控制好自己的焦虑情绪。这种诊断使得你和孩子不会陷入绝望，不会对充满活力、富有意义和充实的人生失去希冀。焦虑是一种可以治疗的心理疾病，越早治疗越好。

焦虑初探

焦虑会刺激大脑中的一个部位，诱发"战逃反应"，来保护我们免遭危险。这种反应，也有人恰如其分地称之为"战、逃、呆若木鸡或极度异常反应"[2]。这是一种情绪，与其他情绪一样，也分为开始、中期和结束三个阶段。

只不过，有些人身上的焦虑并不会结束。

据估计，澳大利亚有 50 多万儿童、全球有 117 万儿童患有焦虑症，他们的情况，正是这样[3]。焦虑症的普遍存在和影响之大，由此可见一斑。

对这些孩子来说，威胁、危险或者应激状况消失之后，他们心中的焦虑却不会消失。他们产生的焦虑感，会以可以预见或不可预见的方式，让他们的日常生活和家庭生活陷于混乱。焦虑可能对孩子的成长产生阻碍，让他们失去孩童应有的天真烂漫，无法尽情度过快乐、轻松、无忧无虑和玩耍嬉戏的童年——而这些正是童年的珍贵所在。但是，情况不一定非得如此。

焦虑的孩子，拥有一个真正努力想要保护他们免遭危险的大脑。他们的大脑中，有个部位就像负责放哨的猫鼬，总是踮着脚尖，警惕地评估周围环境里有没有威胁。这就说明，焦虑的孩子会耗费过多的时间，让他们的"战逃反应"始终保持充分活跃的状态。

这种状况，并非孩子的本意。它会让人觉得精疲力竭，且不只是让孩子感到精疲力竭。无论威胁是真实存在的还是想象出来的，大脑和身体都会做出相同的反应。一个过度敏感的大脑，会一门心思地保护、保护、保护；就算所谓的"威胁"在其他人看来完全无伤大雅，甚至很不明显，可焦虑的孩子仍会如此。一旦感官向大脑发出危险来临的信号，就好比打开了一道道防洪闸。焦虑会如辐射性的尘埃一般不断袭来，导致养育一个焦虑的孩子这项原本艰难的任务，对父母来说更加艰巨了。

"世间最辛苦的工作"

2015年，美国的一家贺卡公司美贺（American Greetings）在网络和报纸上刊登了一则招聘广告。随着该公司对"运营总监"（director of operations）一职的求职者展开面试，这个职位的更多细节也浮出了水面。据透露，这一职位对求职者有很高的体力要求，因为运营总监在大部分时间里可能都得站着。实际上，公司要求运营总监一周能够工作135个小时，甚至不限工时。这一职位还要求求职者具有一些重要素质，其中包括优秀的谈判本领和人际沟通技能，拥有医学学位、金融学位和烹饪艺术学位。据说，运营总监的工作环境混乱嘈杂，工作期间不能休息。运营总监必须等到同事们吃完中饭，才能去吃。面试官还解释说，求职者若有家庭生活，他们就须放弃家庭生活。运营总监没有假期，就算是在圣诞节和感恩节这样的节日里，他们也不能休息；事实上，这时候的工作量还会增加。这一职位，是每天24小时、每周7天、每年365天连轴转。而且，所有工作都没有任何薪酬。

记录面试的那段视频在网上疯传，浏览总量迄今已超过270万次。当求职者发现这是一则假的招聘广告，实际上描述的是全世界的母亲这一角色，是美贺公司巧妙地为母亲节设计的营销活动"世间最辛苦的工作"中的组成部分之后，他们的反应可以说是非常宝贵的。当然，父亲在孩子的生活当中也具有同等重要的作用。

不可否认，养育孩子是一项艰巨的任务。同时，养育孩子也会给人带来兴奋、激动、温馨、要求甚高、奇妙、令人疲惫、富有意义、沮丧、心痛、敬畏，以及不可思议的满足等感受。这是我们都要从事的一项最重要、意义最深远的"工作"。对我们所有人而言，这项"工作"既是相同的，又有不同之处；世间既没有什么万能的育儿"操作手册"可供参考，我们也全然不知每天会出现什么样的状况。看到孩子们苦苦挣扎，我们的心都要被撕裂了。

我们的任务是帮助他们，并非包揽一切

不管孩子长到多大，只要看到他们受苦，我们都有一种难以承受的重负。身为父母，我们的责任并非保护孩子远离人生当中的艰难困苦，而是给他们以引导，并且在他们被生活击倒时帮助他们重新站起来，这对他们大有裨益。记住这一点，既有助于我们保持理智，也有助于让孩子增强韧性。

继续用上面那个比喻来说，焦虑的确是人生重击之一，但孩子们完全能够在这种挫折之下重新站起来。身为父母，我们帮助孩子做到这一点的作用，绝对不可低估。孩子会从我们身上学到很多，从而增强他们的信心和韧性，帮助他们在焦虑突然降临或悄然而至的时候，能够正确应对。生活方式的选择、思维技能、应对策略、价值观、玩耍、自理、同情心、同理心、感恩、人际关系、善良以及更全面地看待人生的能力，都在帮助他们控制好焦虑情绪的过程中发挥着作用。

上述方面，就是我们帮助孩子把焦虑撇到一边的一些有效方法。你能够帮助孩子。你正在帮助他们。随着你对焦虑的了解渐增，你将更清楚地认识到焦虑的源头以及帮助孩子控制焦虑的方法，这会对孩子的茁壮成长带来不可或缺的力量。

焦虑症究竟有多普遍？

世间的父母，都需要跟焦虑的孩子打交道。在澳大利亚，4岁的幼童到17岁即将成年的年轻人当中，平均有七分之一的孩子被确诊为患有心理疾病[4]。

这些孩子当中，又有半数被诊断出患有焦虑症。这种情况，就相当于澳大利亚每一间教室里都有2个左右的孩子患有此症；但还有一些孩子，若患上了分离焦虑症（separation anxiety），往往连学都不能上。焦虑症是5岁至44岁女性的头号疾病。至于男孩子和小伙子，他们的头号疾病则是自杀和自残[5]。这些男孩子和年轻小伙子虽说也包含在上述数据当中，可他们的重负却远非学业上的压力。绝大多数孩子都不明白，自己为什么会产生那样的想法和感受，为什么会那么痛苦。他们都觉得自己出了毛病，而这种情况又会给整个家庭带来冲击。

1998年，澳大利亚首次进行"儿童与青少年心理健康与幸福调查"（Child and Adolescent Survey of Mental Health and Wellbeing）时，并未把焦虑症包括在内。当时，这种疾病并不像重度抑郁症和注意力缺陷多动症（ADHD）那样引人注意。如今我们却完全可以说，这种疾病已经引起了人们的关注。

最近，澳大利亚进行了第二次"儿童与青少年心理健康与幸福调查"，调查结果发表于2015年，反映了澳大利亚儿童心理健康的整体状况。情况不容乐观。

被诊断出患有焦虑症的儿童当中，包括那些患有分离焦虑症、社交恐惧症（social phobia）、广泛性焦虑障碍（generalised anxiety disorder）或者强迫症（obsessive-compulsive disorder）的儿童。像特定的恐惧症（比如害怕蜘蛛）、恐慌症（panic disorder）或者广场恐惧症（agoraphobia）这样的焦虑症，并不包括在此次调查的范围之内。还有许多焦虑的孩子，在调查中也没有被发现。因此我们认为，目前的统计数据低估了问题的严重性，这种观点既是合理的，事实上也是很谨慎的。

孩子的焦虑是如何变化的？

美国圣地亚哥州立大学（San Diego State University）的珍·特文格教授（Professor Jean Twenge）是一名研究人员，她一直致力于研究青少年的心理健康变化情况。特文格教授和她的同事们曾对1938年至2007年间美国77000多名大学生和高中生的心理疾病数据进行了分析。在20世纪30年代至40年代，平均每100名学生中就有50名学生在心理障碍方面的得分高于平均水平。这一数值，如今已经跃升到了每100名学生中就有85名。这就说明，出现心理疾病症状的学生人数增长了70%[6]。

专门针对焦虑症的一些类似研究也表明，20世纪80年代美国患有焦虑症的普通儿童数量，超过了20世纪50年代的儿童精神病患者[7]。中、英两国也发现，代际间的焦虑程度也有所增加[8]。

因此，当今儿童正处在焦虑症这种"流行病"的高峰期，而父母则具有至关重要的作用。

尽管上述数据惊人，但统计数据不会说明所有的问题。统计数据所涵盖的每一个孩子，都是人生转向了一个意外方向的年轻人。

被人误解的焦虑症

焦虑的孩子所面临困境的广度和深度，经常被人们误解，而且人们有时根本就没有意识到。来到医院的家长虽然都很担心自己的孩子，却并没有认识到：他们看到的那些症状，实际上都是心理疾病的症状。

这一点，正是艾莎·道（Aisha Dow）在《时代报》（The Age）上《令人担忧的心理健康趋势正在影响着澳大利亚人》（The Worrying Mental Health Trend Affecting Australians）这一专题所说明的情况。在这篇文章中，来自墨尔本"默多克儿童研究所"（Murdoch Children's Research Institute）的哈丽雅特·希斯考克（Harriet Hiscock）教授称，很多家长带着孩子去医院时，都没有意识到孩子患上了焦虑症或者抑郁症。"他们以为，孩子陷入恐慌时是癫痫病发作，孩子反复胃疼则属于生理问题，可实际上这种情况却是由焦虑导致的。"

希斯考克教授及其研究小组，对7年多以来前往维多利亚医院急诊部门（Victorian emergency departments）就诊的、20岁以下患者的数据进行了分析，发现因与紧张相关的疾病（其中主要是焦虑症）而前来寻诊的儿童与青少年人数，增长了46%[9]。

焦虑有众多面孔

孩子经历焦虑的方式各不相同。有些焦虑的孩子，可能大多数时候都显得很快乐，而只与那些影响其生活的焦虑纠缠不休，或者与间歇性出现的焦虑做斗争。其他一些孩子，可能始终都怀有一种或者多种可怕的想法，会没来由地感到害怕或者恐惧，会心怀种种异常不真实的担忧，会出现各种各样的生理症状，从肚子疼到头晕，到无法顺畅地深呼吸，直到视力时好时坏，不一而足。

处于早期的焦虑症很容易被人们忽视，常会被人误以为那是孩子在行为、注意力、自信、韧性以及身体健康方面出现的短暂变化。你家的小朋友不想在公园里跟别的孩子一起玩耍？他有点儿腼腆啦。去逛购物中心的时候，你家的那位小学生会情绪崩溃？她不过是累坏了，又发脾气啦。你家那位上四年级的孩子老想呕吐，所以不能去上学？可能是因为食物不耐受症又发作啦。你家那位十几岁的姑娘不能安安静静地坐着，上课时无法集中注意力？她不过是好动和爱捣乱啦。

哪里都有这样的父母：他们在尽力养育自己的孩子，帮助孩子克服腼腆、爱发脾气和好动的性格倾向。这个方面，没有什么稀奇的，不过是家长生活中的又一天罢了。不过，还是有孩子难以参与社交活动，甚至无法在开阔空间里与一大群人相处片刻,还是有孩子因为担心与妈妈或爸爸分开而出现呕吐的症状。这些孩子,也难以集中注意力,因为他们始终都处在"战逃反应"模式下。

适当程度的害怕、担忧和应激反应,与行为、性格、气质、环境、条件和养育等结合起来之后,就会让孩子实际上可能处于正在与焦虑症做斗争、需要某种额外帮助的时候,为人父母的我们却难以意识到。

如果你家孩子的情况也是如此,不妨与家庭医生(GP)约个时间,向医生提出一些问题。焦虑症的一些常见症状,如肚子不舒服,也有可能的确与生理因素有关。

焦虑不会自行消失

若家长没有意识到,那么孩子的焦虑就得不到处理;若没有得到治疗,焦虑通常就会随着时间的推移变得越来越严重,而不会有所好转。在不同孩子的身上,焦虑会呈现出不同的症状,但担忧是其共同的特征。我们完全可以理解,担忧会让孩子难以集中注意力。焦虑的孩子常常会想着过去的事情,或者预想未发生的情况;他们的心思总是放在别的地方,而不是当下。焦虑会对学习产生影响,这一点不足为奇。

在阅读和学习方面,焦虑的孩子通常都会更感困难[10]。人们也已充分认识到,儿时罹患焦虑症的人成年之后,患上重度抑郁症和焦虑症的概率更大[11]。

假如你是那患有焦虑症的四分之一成年人中的一员,那么你有可能直到此刻才开始认识到这一点,或许你根本就不记得,自己一生中有哪个时候不感到焦虑。研究证明,焦虑症初露症状的时间远早于其他的心理疾病,却很容易被我们忽视[12]。

虽说焦虑症不会自行消失,但它是我们业已进行过深入研究和充分理解的疾病,是可以治疗的。

> ### 梁（Liang）的故事
>
> 梁还记得自己小时候彻底陷入焦虑状态的时光。她很喜欢打无挡板篮球[13]，从小就水平高超。到16岁时，她就跟年龄大她一倍的女性运动员打甲级无挡板篮球比赛了。她发现，自己打职业无挡板篮球赛的那段时光既精彩辉煌，又紧张不已。梁给自己施加的压力，总是甚于其他人。后来，她开始在比赛中出现呼吸困难的情况，她似乎无法将空气吸入肺部。父母曾经带她去看医生，可医生却把她患的焦虑症误诊为哮喘。于是，医生给她开了"喘乐宁"[14]来缓解症状。

焦虑症的体征与症状中，许多方面都是重叠交错的，有可能转瞬即逝，而对大多数孩子来说，它也是一种正常发展的情况。因此，孩子身上的焦虑症可能持续数月、数年甚至数十年而未被家长发现，这不足为奇。从梁的故事中不难看出，焦虑症既有可能被人们忽视，也有可能被人们误作其他的疾病。

焦虑症为何难以辨识？

孩子的焦虑之所以被我们忽视，原因有多种。与脚疼、手指被卡或者感冒不同，焦虑症并不是一种表征明显的疾病。焦虑症的性质，使得家长很难注意到孩子正深陷困境。除非孩子能够认识到他们的恐惧与担忧（而不只是完全陷入其中），然后再把这些恐惧与担忧之情向家长倾诉。

注意到自己或者他人的所思所想，是一种重要的人生技能。身为成年人，我们每天都在运用这种技能。具有讽刺意味的是，我们还可以不去注意。如果停下来想一想（这样说，并没有双关的意思），你就会明白，我们时刻都在思考自己的想法和所学的知识。每次我们拿起手机想要寻找一个问题的答案时都是如此，我们都很清楚，自己不知道那个问题的答案。

关注思想

注意到自己此时正在思考的东西，这种现象在科学领域里有个术语，叫作"元认知"（metacognition），也就是人们常称的"对思想的思考"（thinking about thinking）。它是我们人类特有的一种本领，可以让我们的思维超越所学和所知，去思考我们的所思所想。这是焦虑的孩子需要磨炼的一项关键技能。

思想能够对我们所有人产生巨大的影响，而对那些还没有培养出熟练关注自身想法这一技能的孩子来说，则尤其如此。

漂亮的3岁孩童（又称"3岁小大人"）乱发脾气，是一种常见的现象。这种儿童的大脑中，负责情绪控制的部位此时尚未发育成熟。尽管如此，他们大脑中的其他部位却在出现惊人的变化。事实上，有些孩子正是在这个年纪开始具有了元认知，只不过他们面前还有很长的路要走罢了[15]。

说到了解培养儿童思考自身想法的能力，人们认为斯坦福大学（Stanford University）的约翰·H.弗拉维尔教授（Professor John H.Flavell）是这方面的大师。在一项研究中，他曾要求一些5岁和8岁的孩子以及成年人想一想自己喜欢做的某件事情和不喜欢做的某件事情，然后让他们说出在思考时心中出现的具体想法。成年人和8岁的孩子都能够依言行事，但只有部分5岁的孩子能够完成这一任务[16]。

儿童会在二年级到刚上高中的这段时间培养出注意到并与他人分享自身想法的能力[17]。对焦虑的孩子来说，这种发育上的变化具有极其重要的意义。焦虑的孩子需要别人善于聆听和做出心有同感的回应；只有如此，他们才会轻松自如地向信任的人倾诉自己的想法。他们的倾诉对象，通常都是母亲。孩子们可能心存烦恼，甚至有可能认为自己存有的一些想法很"坏"。对有些孩子而言，从心怀坏的想法到觉得自己像个坏人，并不需要费多大的工夫。

关注自己的想法，还只是第一步。接下来，就是获得能够处理好疑难想法的思维技能，而且这种本领并不依赖拥有更能控制自己思想的本领。在本书的后续章节中，我们将更仔细地来研究一下，你如何利用"关注思想"这一工具，用积极的方法来控制孩子的焦虑情绪。

控制思想：事实抑或胡思乱想？

掌控一切会给人带来安慰感，不是吗？控制我们所思所感的能力虽说非常诱人，但这是不可能的，至少我们不可能长久地做到这一点。大多数人在成长过程中都以为，随着年龄渐增，我们掌控自身想法的本领也会变得更强。努力不去思考某件事情，其实正是最能让此事长留心中的一种方法。要知道，大脑在这种情况下是必须记住你不允许它去思考的那些东西的！

斯坦福大学的弗拉维尔教授还进行过其他一些研究，目的就是能更加清楚地了解到，孩子究竟要到什么时候才能认识到，他们其实不大能控制自己的所思所想。这种认识，出现在 8 岁左右[18]。到了 13 岁左右，大多数孩子就会明白，不管自己喜不喜欢，各种想法都来去不由人；他们的所思所想，并非总是由他们自己说了算。

"别担心"为何无效？

焦虑的孩子经常会听到大人说："别担心。"心怀担忧的孩子，始终都会向父母寻求安慰。不断需要安慰，就是焦虑症的一大标志。焦虑的孩子只想要父母告诉他们，一切都会没事的。当然，父母在安慰感到焦虑的孩子时经常说，床下没有怪物、在考试中会得高分，或者离家去参加学校组织的夏令营是件很棒的事情。可惜的是，这种安慰不起作用；你多半早就有了经验，心里很清楚。用"别担心，你不会有事的"这样的说法提出任何建议，其实都是要求孩子控制自己的思维，可我们明知他们根本就做不到。这一点，没人做得到。

持续不断的烦恼，小朋友是很难应对的，所以他们都会向父母求助，要父母确认他们没事。这样做，会让孩子卸下肩头的沉重负担，只是这种情况不会持续很久。可惜的是，他们焦虑的心灵很快就会去担忧别的事情，而获取安慰的需求也会卷土重来。

焦虑之舞

这种情况，必然会变成一种周而复始的循环；儿童和青少年心理学家克里斯·麦柯里博士（Dr Chris McCurry）称之为"焦虑之舞"。此人用他的ABCD模型，完美地解释了这种循环。这种"焦虑之舞"，是三种主要"舞步"形成的高潮，即"催化剂""行为"和"结果"。

A 代表"催化剂"（Activator）。
B 代表"行为"（Behaviour）。
C 代表"结果"（Consequences）。
D 代表"舞蹈"（Dance）。

催化剂

让孩子觉得具有挑战性的事件，就是所谓的"催化剂"。你也可以称之为"触发性事件"。对一个患有分离焦虑症的孩子来说，"催化剂"可以是开学第一天在教室外跟家长说的那一声再见。

行为

"行为"是指儿童表达自身焦虑的方式。你看到的孩子感到焦虑的所有迹象，也就是他们感受的外在表达，都属于"行为"。对于受不了与家长分开的孩子来说，"行为"有可能是哭鼻子掉眼泪、拒绝说再见、撒娇缠人和肚子不舒服。

结果

接下来，就是"结果"了；这个方面，全都与家长的思维和感受有关。焦虑的孩子的家长感到担心、不安、焦虑、沮丧、生气或者五味杂陈，是很常见的。还有一种情况也很常见，那就是家长会产生一些可能让人感到痛苦或者内疚不已的想法："这种情况永远不会有个头""这太令人尴尬了""为什么别人的孩子都应付得了，我的孩子却不行"或者"我可没法每天都这样"。

结合起来

接下来，就是"焦虑之舞"了：你会想尽一切必要的办法，通过消除挑战，替孩子结束焦虑。倘若孩子在教室门口因为要与父母分开而极感不安，这种"舞蹈"可能包括家长牵过孩子的手，一直搂着和安慰孩子，然后带着孩子回家，来结束这种痛苦。这种"舞蹈"，很快就会变成一种模式。

孩子不久就会懂得，在父母的帮助下，他们结束焦虑感的迫切需求是可以得到满足的。避开他们的"催化剂"，可以让焦虑的孩子把痛苦程度降至最低。不过，焦虑的孩子越是逃避"催化剂"，他们就越是难以控制自己的焦虑，也越是难以进一步去做重要的事情，如跟自己的爸爸或妈妈说再见，然后去上学。

随着每一次逃避，这种模式会持久存在下去，而孩子的焦虑也会加剧。在这样的情况下，孩子的需求就是完全可以理解的了。

这就是所谓的"焦虑之舞"。它能在短时间里缓解焦虑，但无益于孩子培养出控制焦虑的本领。这种情况下的解决办法，始终都是求助于消除任何痛苦。

"别担心"或者"不要去想"这种形式的安慰，会变成"焦虑之舞"中的组成部分。尽管心怀慈爱的父母一直都会暂时性地把孩子的痛苦降至最低程度（还有父母自己的痛苦，因为他们常常急需结束这种痛苦），却会强化一系列毫无益处的"舞步"。

　　这就是深感忧虑的父母所用的常见方法，因为只有半数左右的成年人明白，我们不可能做到**不去思考**[19]。要求焦虑的孩子别担心，并不是解决焦虑的办法。我们醒着的时候，心中就会产生一种连续不断的内容流，也就是所谓的意识流（stream of consciousness）。

　　如果做不到**不去思考**，那我们还有别的选择吗？

直面想法，而不逃避

　　有一种帮助孩子控制焦虑情绪的有效方法，那就是鼓励孩子直面自己的疑难想法，而不是逃避。这种观点，是由斯蒂芬·海耶斯教授（Professor Stephen Hayes）提出的；此人既是一位著作颇丰、备受尊敬的心理学家，也是"接纳与承诺疗法"（Acceptance and Commitment Therapy）的开发者。这种疗法得到了广泛的应用，它以证据为基础，用于治疗焦虑症以及其他心理疾病。

　　焦虑的孩子细思自己的想法时，像被一股强大的力量吸引着，沿着一条河流顺流而下似的。焦虑的孩子若是能够关注和认识到他们那些具有干扰性和负面性的想法，就像是有了站在河岸边，看着河水滔滔流淌的本领。

　　有了这些技能，孩子就能让身为父母的我们得知，他们没有处理好自己的所思所想，而我们也能意识到他们需要帮助。

　　幸好，我们的思想具有私密性。我们都怀有一些可能与自己的本性背道而驰的想法，或者一些极其荒谬、连解释起来都会令人觉得难堪的想法。尽管有可能转瞬即逝，但它们有可能是一些评判他人、指责他人或者刻薄的想法。

　　身为成年人，我们都知道想法并非总是事实，也会在不知不觉中将它们撇到一边。孩子们焦虑不安的时候，他们的一些想法会萦绕不去，从而给了他们另一个感到担忧的理由。"我为什么要想这个呢？""我不想这样想，可我无法停止这样想。""我是怎么啦？""要是人们知道我想的是什么，他们会怎么想我呢？""要是告诉爸爸妈妈，他们会怎么看我呢？"

焦虑的孩子可能对自己的想法感到羞愧。孩子的所思所想，可能会让他们觉得迷惑和尴尬，因此他们不愿说出来；待他们快到或者进入青春期之后，就更是不愿了。一些奇怪而吓人的想法可能很难向人倾诉，就算对他们最信任的知己也是如此。

除了告诉，还须表明

忧虑、令人觉得痛苦和困难的想法，是许多孩子感到焦虑这个谜团的组成部分，但并非这一谜团的全部。他们需要向人倾诉。我们可以告诉孩子，说我们永远都会陪伴他们，可光有这样的话语还不够，我们必须用行动来向孩子表明。

向孩子们表达爱的方式，就是付出时间。这种观点虽然有点儿老套，却是真的。通过付出黄金时间去陪伴孩子，与孩子之间形成一种充满了爱与关怀的关系，可以帮助他们自由自在地将内心的想法向我们倾诉出来。

应当在孩子需要我们的时候，在孩子需要我们支持的时候，通过陪伴向孩子表明我们的爱。停下我们正在做的事情：放下电话、放下果蔬削皮器、放下工作，与孩子进行目光交流，如果做到了这一点，我们就能向孩子表明自己陪在他们身边，从而赢得他们的信赖。如果孩子觉得自己总是打断了父母更加重要的事情或者其他任务，他们就不会来向我们求助。身为父母，我们最重要的时光就是陪伴孩子。

越早知道，就能越早提供帮助

焦虑之所以被人们忽视，可能有很多的原因。焦虑儿童的日常机能通常不会受到明显的影响，他们通常都很快乐。每天醒来之后，他们不一定都会深陷焦虑之中。不过，你若知道该关注些什么的话，这种孩子身上都会带有焦虑的迹象。

及早发现，具有至关重要的意义。看出孩子身上的焦虑，是第一要务。就算只是得知他们正在经历的状况是什么，得知其他孩子正在经历同样的挑战，也能让人宽下心来；但事实上，认识焦虑才是迈向帮助孩子的第一步。由此，孩子才会觉得有人听他们倾诉，有人理解他们，因而变得乐观起来。这才是一种良好的开端。

焦虑具有传染性

你知道在准备送孩子去上学时，孩子可能在最后一刻突然提出各种要求是一种什么状况吧？头发梳好了，牙齿刷完了，书包装好了，鞋子穿上了，要是天气冷的话，甚至汽车也已预热好了，可接下来孩子会说："你能帮我在作业本上签字吗？""我忘了把洗碗机里的碗拿出来了。""我把鞋子扔在雨里，鞋子全湿了。"或者"我欠杰克5块钱，他昨天给我买了中饭。"

钟声就要敲响。

你按时上班或者赴约的希望，变得越来越渺茫。

你开始紧张起来，逐渐开始感到焦虑，每个人都感觉得到。

紧张与焦虑都具有传染性。孩子们会从我们身上"感染"到，而我们也可以被孩子"传染"。

焦虑是如何传染的？

由于渴望了解这种情况的发生机理，美国加州大学（University of California）的温迪·门德斯（Wendy Mendes）曾经率领一个研究小组，设计了一项有趣的实验，来测定母亲承受的压力会不会"感染"宝宝。

在研究中，每位母亲都带着一个12个月至14个月大的宝宝，以及一位朋友或者亲戚，去参加实验。不管什么时候，宝宝不是待在妈妈身边，就是由宝宝认识、信任且令其觉得放心的人带着。

实验开始的时候，每位母亲都会陪着自己的宝宝待上一阵子，这样，母子二人都觉得舒适和放松。研究人员把母亲觉得舒适和满足时与压力相关的评估结果当作一根基线。接下来，母亲要完成一份问卷调查。实验正式开始后，研究人员还会对母亲的紧张程度进行持续不断的监测。

实验中，每次都是由一位母亲去完成完全相同的任务，包括在2名评估者面前做一次时长为5分钟的讲话，详细地说明自己的强项与弱点。每次讲话之后，评估者都有5分钟的时间来向每位母亲提问。

不妨设想一下这种情况。你刚刚讲了5分钟的话，对着两个陌生人描述了自己的长处与弱点，现在你又要回答他们提出的问题。评估者点着头，笑容可掬，身体向前倾着。

你的感觉很好，这就是正反馈（positive feedback）。你知道对方喜欢聆听你的诉说，认可你的回答，因此你确信自己表现得很好。

这是其中一些母亲的经历。可对其他母亲来说，情况却完全没有这么好了。

同意参与研究的父母，被分为3个小组。其中第一组收到了评估者的正反馈，第二组没有被评估者提问，只是单独回答了几个问题，第三组则收到了评估者的负反馈（negative feedback）。在她们面对评估者讲话和回答评估者提出的问题时，评估者会通过皱眉、摇头、双臂交叉和身体后倾等方式，态度变得越来越否定。

演讲和问答环节过后，每位母亲还完成了另一份调查问卷，然后回到宝宝的身边。你根本不用去猜，就知道哪组母亲感受到的压力最大！就算对方没有皱眉和表示否定的肢体语言，在陌生人面前介绍自己，也足以让人感到紧张了。

有趣的是，宝宝们马上就受到了母亲紧张情绪的影响。即便宝宝以前从未直接接触过任何压力，他们也会感染母亲的焦虑情绪。

孩子的紧张情绪可以通过心率变化来测定，会即刻反映出母亲的紧张心态。研究小组推测，母亲是通过面部表情、身体姿势、触摸、气味以及说话语调、说话方式，把自己的紧张感传递给宝宝的[20]。真是有趣！

如今一切都言之有理了

你记不记得，自己又累又紧张，还得尽力去安抚一个大哭大闹的宝宝时，是种什么样的状况呢？身为父母，我们虽然努力保持着外表的冷静，可内心却会焦躁不安，会暗暗恳求："求求你快点睡觉吧。"内心中的这些独白，既有可能普遍存在，也有可能不是人人都有的。我们越是变得紧张不安，越是需要宝宝安静，宝宝就越是安静不下来。我们的紧张具有传染性。难怪宝宝们会变得如此紧张！

你若几乎无觉可睡，时时刻刻全力以赴地照料孩子，那么，这种生活可能非常辛苦。我们说的这些，在你看来都并不新鲜。有的时候，我们可能会用不耐烦的口气跟孩子说话，会反应过度，甚至是对着孩子大喊大叫。这种时候，我们常常既是在应对不安的孩子，也是在应对自身的焦虑。

伊万里（Imari）的故事

伊万里上学前班的时候，碰到过两位焦虑不安的老师。那两位老师，时时都在大喊大叫。当然，老师并不是直接对着伊万里大喊大叫，而是对着整个教室的学生大喊大叫，所有学生都无法幸免。最后，伊万里患上了肚子疼的毛病，不想去上学了。两位老师的紧张和焦虑情绪，让他极感不安。当时，他只有4岁。

> 他每天都会说自己肚子疼，但父母还是送他去上学。他的爸爸妈妈很清楚，孩子并未生病。不管怎样，孩子的身体是没有问题的。伊万里胃口很好，既不发烧，也不呕吐。直到有一天，伊万里真的吐了。当时，全班孩子都盘腿坐在地板上，老师正在点名，他吐在了自己前面的那个孩子身上。因为他每天都说自己恶心想吐，不想去上学，父母却总是置之不理，因此当伊万里确实生病的时候，就没有人相信他了。

老师若是紧张不安，教室里学生的应激激素皮质醇（stress hormone cortisol）水平就会升高[21]。像伊万里这样感到焦虑的孩子，会发现这种环境压力重重，因为他们很容易"感染"上老师的焦虑情绪。

在你上学或上班迟到时，由此产生的焦虑通常都是暂时的。这是人之常情，我们都很清楚。压力源会被我们的大脑理解为一种危险。在上述情况下，压力源就是迟到。我们会在突然之间陷入高度戒备的状态，开始出现"战逃反应"。待到什么都说了、什么都做完，待到我们终于上路，孩子们也认识到他们不一定迟到之后，大家便会放松下来，焦虑感便会消失。不过，对患有焦虑症的人来说，事情结束之后，焦虑感却仍会挥之不去，困扰他们很长时间。

理解焦虑具有传染性，这一点极其重要。我们在家里陪伴家人时尤其如此，因为家里是令人觉得最为舒适的地方，我们也更有可能放松警惕。在自己的家里，我们的情感更有可能溢出所谓"社会可以接受"的范围。在私下里，我们感到兴奋的时候可以兴高采烈，用可笑的方式又唱又跳，而在崩溃的时候则可以大哭一场。我们更倾向于在家里把心中的紧张和焦虑一吐为快，将心理压力释放出来。家是我们可以安全地感受和表达自身情感的地方，但我们也需在一些方面控制好情绪：首先不能让我们自身的紧张和焦虑蔓延到孩子身上，其次则要教导孩子用健康的方式去应对自身的情绪。

朱迪（Jodi）的故事

若在走亲访友的时候感到焦虑，那么大多数时候我都会意识到这一点，并且在当时控制好焦虑情绪，别人不太可能看得出。焦虑的人正是那样，因为焦虑有众多的面孔，其中之一就是可以根据情况戴上或取下面具。我会开诚布公地同朋友和家人谈起我的焦虑，甚至可以在演讲时对听众说到这个；但我很清楚，沃利斯超市[22]收银台后边的那个伙计并不需要知道（或者不想知道）这一点。

待在家里时，我可以更加坦率一点，寻找自己所需的帮助、安慰和支持。从了解彼此感受的过程中，我们可以学到很多东西，可以有所获益。我们希望，孩子能够与我们分享他们的情感"温度"，并且学会那种超越了感觉"良好""悲伤"或者"恐惧"的情感素养语言。身为父母，与孩子倾诉自己的情绪并且开诚布公地谈论我们控制情绪的方法，就能够教会孩子不去害怕情绪。

孩子们都知道我患有焦虑症。我经常坦诚地说起这个。大多数时候，焦虑症都像一种"背景噪声"；我已经学会如何遏制自己的焦虑。但有的时候，即便是"平常"的焦虑也会压垮我，也会影响我的情绪、我的耐心和我的反应方式。

出现那种情况的时候，我的做法就是高调应对（coping out loud），当然，有的时候我也可能做不到。这种方法，我是从西雅图的儿童和青少年心理学家克里斯·麦柯里博士那里学到的。在针对一门在线课程的采访中，麦柯里博士详细谈到了父母能够采用的帮助焦虑孩子的众多策略。他说，高调应对是一种示范方式，可以向孩子说明身为父母的我们陷入情绪困境时做出的抉择背后的思维与决策。这就好比是拉开遮住我们心灵的"窗帘"，让孩子在我们展露出内心想法的时候，能够看到

"齿轮"的转动情况，看出我们对孩子的感受，以及我们正在或者准备采取什么样的措施去解决他们的问题。

"各位看到我的做法了吗？我正在做长时间和缓慢的深呼吸，因为我现在感到很沮丧/焦虑。"我很清楚，如果孩子们争吵不休，或者需要提醒多次才能开始或者完成一项任务，就该这么说。觉得自己快要发火的时候，我也会说一些类似的话。大多数时候，都是如此。至于其他时候，我可能会告诉他们，我只是无缘无故地感到焦虑，而他们也会注意到，我不像平时那样快乐、开朗和放松。我会跟他们说我没事，说我正在练习接纳自己的感受，说跟他们没什么关系，说这种状况会过去的。我的焦虑得到了很好的控制，因此那种场景不常出现。尽管患有焦虑症，我却依然精力充沛。你的孩子，也可以做到这一点。

这是一种带有情感的正面应对方法，会真正地对每个人的感受和行为产生影响。父母不开心时，孩子可能觉得这是他们的责任。让他们明白自己没有责任，这一点非常重要（当然，条件是他们确实没有责任）。

焦虑是双向的

从另一方面来看，铭记孩子的焦虑、担忧和紧张也具有传染性，这一点同样至关重要。身为父母，呵护和保护孩子是我们的天性。当孩子不知所措、紧张不已和焦虑不安地来到我们面前时，我们很容易产生与他们相同的感受。从某种程度来看，出现这种情况是必然的。

孩子向我们求助、诉说他们的感受时，所用的方式会引发我们内心的情绪反应。这是人类的一种进化策略，目的是激起我们的同理心，让我们能够与孩子产生同理心，从而产生极大的动力，去帮助他们。不过，我们也很容易陷入这种情绪当中，让自己变得焦虑不安，出现可能导致情况变得更糟糕的反应。

匹配我们的情绪反应

还有一种令人觉得愉快的中间立场。表现出一种所谓"匹配的"（matched）情绪反应，是向孩子表明我们理解他们的一种方式。我们可以让自己的面部表情、姿势、说话语调和肢体语言与孩子的这些方面相匹配，来做到这一点。

你是否有过悲痛欲绝、怒火中烧，甚至暴跳如雷，只有禅师才能"安慰"你的经历呢？这种状态，会让你觉得孩子们根本就不理解你似的。

但在匹配情绪时，我们却是从孩子的处境出发，然后一点一点地，逐渐压制我们的情绪。待到我们心意相连，并且付出了时间之后，他们就会仿效我们的做法，很快就会平静下来。

焦虑的感染性质，使得焦虑同样会从孩子那里扩散到父母身上，就像焦虑会从父母那里蔓延到孩子身上一样。孩子的哭闹、紧张或者担忧会让我们感到不适，由此导致的苦恼可能会让我们迫不及待地想要迅速结束这种状况。

通过关注孩子的焦虑，通过表现出愿意陪着孩子承担他们的苦恼，你就是在言传身教，让他们去做相同的事情。接纳孩子此时此刻的情绪，无须去解决问题或者让孩子振作起来，这种做法虽有违常理，却具有革命性的意义。我们都拥有忍受不适感的能力，只是我们并不擅长发挥这种本领罢了。我们都希望问题得到解决，希望不适感尽早消失。马上解决，马上消失。值得注意的是，倘若我们教导孩子认识、理解和将自身的感受归类，在他们心想或者说出"我感到焦虑"时去帮助他们，孩子的情绪就有可能在一定程度上开始摆脱焦虑的束缚了。逃避只会强化焦虑。当孩子们学会停下来，转过头去面对一种挑战之后，他们就会明白，那种挑战绝对不像他们以为的那样吓人。毕竟，它只是焦虑而已。

焦虑对我们的生存至关重要

逃避处于所有焦虑症的核心位置，因为焦虑会让你的内心充满恐惧。这种恐惧，就是害怕即将发生的某件事。如果确有可能面临危险，那么避而远之是一种完全合理的解决办法。这种说法，是很有道理的。

由于心怀焦虑，故逃避就是人类保护自身的一种进化机制[23]。我们的祖先，曾经面临许多真正的危险，他们之所以能够生存下来，依赖的正是这种逃避。古语所云的"适者生存"，换作"适者与对危险最警觉者生存"，可能要更加准确。若一开始就没有看出危险即将降临，适应就会毫无益处，只有那些避开了危险而存活下来的人才能一代代繁衍下去。

因此，人类之所以进化，目的就在于躲避危险和生存下去。现实情况是，有些人对危险要比别人敏感得多，导致他们在不停地寻找安全感的同时，内心始终都处于一种高度兴奋和警觉的状态。

焦虑的孩子会在有些地方和有些情况下察觉到危险，可别的孩子却不会，这是因为焦虑的人对潜在的威胁极其敏感。他们都有一个奇妙的大脑，在其他孩子可能觉得兴奋、可能产生机遇感的情况下，焦虑者的大脑却会努力去保护他们。

逃避会让焦虑感持久存在

可惜的是，逃避会让焦虑感持久存在，导致焦虑的孩子无法参与他们看重的一些活动。分离式焦虑症会让孩子参加不了祖父母家里举办的通宵派对（sleepover），或者参加不了一位朋友家里举办的睡衣晚会（slumber party）。这些机会，其实具有众多积极的方面，通宵派对、睡衣晚会以及与祖父母相处的时光，既是孩子们最感愉快和最为难忘的经历，也是能够促进孩子心理健康的经历。积极心理学（Positive Psychology）的可靠发现业已证明，与朋友、家人

027

之间的紧密联系，对我们一生的健康与幸福至关重要。

积极心理学：开启一个新时代

在过去的数十年里，有无数心理学家付出了自己的时间和精力，致力于减轻人们的痛苦。无论痛苦是不是源自心理疾病、创伤、不幸或者失败，他们的目标都是帮助人们前进，以让人们经历的痛苦与悲伤减少，甚至没有痛苦与悲伤。

以数轴为喻，0在中间，一边是负数，另一边是正数，我们可以把心理学家的追求比作努力让人们从数轴上小于0的一个位置，前进到一个更靠近0的位置，或者前进到0点本身。从长远来看，0点就是我们的终极目标，也就是痛苦减少、生活满意度也必然提高的那个位置。

积极心理学则改变了这一切，这个研究领域里执牛耳的，是马丁·塞利格曼博士（Dr Martin Seligman），以及了不起的已故博士克里斯托弗·彼得森（Christopher Peterson）。在2008年发表于《今日心理学》(Psychology Today)上的一篇文章中，克里斯[24]·彼得森曾如此解释道：

积极心理学是一门科学，研究的是哪些方面会让人生过得最有价值。它要求心理学和心理实践既关注人的优点，也关注人的弱点；既关注打造人生中最美好的事物，也关注修复人生中最糟糕的方面；既重视让正常者的人生变得充实，也重视对心理异常的治疗。[25]

彼得森指出，2008年5月他曾在搜索引擎中输入"积极心理学"一词，发现了超过41.9万个结果，说明这种心理学的名气正在上升。我们也输入过这一术语，发现了4亿4千多万个结果。彼得森若在世，看到这种情况肯定会既感震惊，又感自豪。

我们不妨暂时再回到数轴这个比喻上，积极心理学既在于让人们从小于 0 的位置前进到等于或大于 0 的位置，也在于帮助人们从 0 点或者数轴上的任何一个正数位置，前进到正向数值大于以前的位置上。积极心理学正是得名于此。

虽然逃避可以在短时间内解决焦虑的问题，但逃避也是通往心理健康这条道路上的绊脚石。随着时间的推移，逃避会加剧焦虑的程度，变成一个无限恶性循环的组成部分。

几乎可以说，焦虑不安而无法在朋友家里留宿的孩子，在学校举办夏令营的时候，肯定也会纠结。孩子的年龄越大，出现这种情况的可能性也越大。同龄的孩子会开始注意到这种情况，会提出一些问题，从而有可能导致焦虑的孩子感到尴尬，或者使他们受到排斥。

没有家庭会高枕无忧

麦考瑞大学（Macquarie University）的罗恩·拉贝教授（Professor Ron Rapee）解释说，像迟疑、犹豫和畏缩这样的行为，也属于逃避形式。连一些习惯性的行为，如频繁洗手、过度向家长倾诉自己的担忧和想法，或者像强迫症患者一样，反复检查门有没有锁上，实际上都属于逃避。拉贝教授是一位专家，终身都在研究焦虑症；他曾指出，虽说各种各样的焦虑症中都相当一致地存在逃避行为，但诱发逃避行为的因素却具有差异[26]。

若得知自己认识的许多人都为焦虑所困，你很可能会大吃一惊。似乎没有哪个家庭能够幸免。而且，一个人坦率地谈论焦虑问题，似乎有助于别人充分自如地去谈论焦虑问题。表现出自己的脆弱，会让别人产生同感和信心。若在别人讲述的故事中看到了自己的影子，我们就会获得两个方面的力量：一是与他人分享我们自身的经历，二是向别人表达出我们的同感。正如身为研究人员兼《纽约时报》（New York Times）四部榜首畅销书作者的布芮妮·布朗

（Brené Brown）所言，这就是我们经常说的"我也一样"（me too）。

在她的TED[27]演讲《倾听羞辱感》（*Listening to Shame*）中，布朗博士谈到了脆弱的问题。"事实上，脆弱并非弱点。我把脆弱定义为情感风险、暴露和不确定性。它会对我们的日常生活产生推动作用。而且，从我12年的研究经验来看，我相信脆弱是衡量勇气最精确的标准。"她接着说，"假如我们希望找出回到彼此身边的道路，脆弱一定就是那条途径。"

焦虑并不可耻。没有人主动选择焦虑。没有人希望自己焦虑。但我们有必要谈及焦虑。脆弱是首选的应对之道。慢慢地，越来越多的人会开始分享他们的经历。你不妨看一看，当你分享自己或者孩子的焦虑经历时，会出现什么样的情况。

逃离蛋奶沙司

向全世界分享其经验的，是尼尔·休斯（Neil Hughes）。在TED演讲中，他很滑稽，有点儿笨拙，带着明显的焦虑情绪，甚至还非常可爱。他分享了一个不可思议的比喻，用于控制焦虑感，那就是"逃离蛋奶沙司"。

你有没有往玉米粉里加水，然后重重地击打过？随后出现的一幕，简直令人难以置信。你击中之后，混合物会在你的手下变硬。倘若你轻轻地推动，手又会按照你希望的方式，陷入混合物当中。这种混合物，称为"非牛顿流体"[28]，其性质不同于大多数流体。向其施加外力之后，混合物会变硬。很显然，某些类型的蛋奶沙司也是如此。在其TED演讲中，休斯把在焦虑中挣扎比作在蛋奶沙司上行走：艰难而又令人筋疲力尽，如果停下脚步，就会深陷其中。他还分享了一些避开蛋奶沙司式陷阱的高见。

02 是什么导致了焦虑的流行？

为何世间有那么多的孩子感到焦虑？又是什么导致了众多儿童在心理健康方面陷入困境呢？

人们很容易将矛头指向科技。毕竟对一种如此深远地影响了儿童心理健康的东西，探究这种改变与他们生活其中的文化之间的联系，是一件重要的事情。在人类历史的长河中，有一个"苹果"（上面有一片叶子，一边被啃掉了一口），标志着互联网［或称万维网（World Wide Web）］进入了触手可及的时代。

人类的生活，被彻底地改变了。

造成儿童和青少年中焦虑症流行的原因多种多样。有些原因是无法改变或者不可避免的，其中包括：遗传因素[1]、早期创伤，比如受欺凌[2]或所爱之人去世等生活经历、父母的心理健康情况[3]、世界性事件[4]和自然灾难[5]。

还有一些因素，则属于父母教育的范畴。现在，我们不妨来探究一下。

屏幕产品与焦虑有何关系？

说"互联网一代"（iGen）[6]正处在数十年来最严重的心理健康危机边缘，毫不为过。

——珍·特文格

作为一位代际研究人员，珍·特文格教授在其他人心理健康方面看到的变化，还从未像出生于 1995 年至 2012 年间的人那样明显。她把导致这些变化的原因，归咎于使用手机。

"他们从小就有了手机，还没开始上高中就在'照片墙'（Instagram）上有了主页，对互联网出现之前的那个时代没有记忆。"珍·特文格在其畅销书《互联网一代》（*iGen*）中如此写道[7]。正是在 2012 年，美国拥有智能手机的人数迅速增长了，增幅高达 50%。同一年，澳大利亚拥有智能手机的人数也有了大幅增多。

2012 年，澳大利亚通信和媒体管理局（Australian Communications and Media Authority）发表报告称，超过 867 万澳大利亚成年人拥有智能手机，比上一年增长了 104%[8]。

澳大利亚人的智能手机拥有量，还在继续增长。到目前为止，智能手机市场刚刚接近饱和。

花在电子设备上的时间：一把双刃剑

儿童手中有了电子设备，应用程序和互联网任由支配，甚至还有社交媒体和电子游戏让他们与朋友进行联系。这些花在电子设备上的时间会以两种截然不同的方式对儿童的心理健康产生影响。首先，通过电脑和手机访问的内容可能令人觉得不安、恐惧或者困惑不解。其次，孩子有可能失去参加一些活动的机会，如体育锻炼、与朋友见面和进行户外活动，而这些方面对心理健康和幸福都具有积极的影响，尤其会对焦虑产生积极的影响。

孩子们把时间都花在电子设备上（包括手机、平板电脑和电子游戏机）之后，就不会再跟朋友一起玩耍，也不会四处走走、看书、进行体育锻炼、运用他们的想象力、培养他们的创造力、做家庭作业、与自己的家人交流或者按时睡觉了。

而这些以及更多的活动，都有助于促进孩子的心理健康。花在电子设备上的每分每秒，都是孩子在培养自己的性格和探索自身的价值观以及培养出健康的生活习惯、形成积极的自我观这个方面失去的每分每秒。其他一些被孩子们抛弃的活动，则包括与兄弟姐妹及父母一起玩耍、沟通、学习、思考、探索、增进相互关系、承担风险和造福社区。儿童和青少年花在电子设备上的时间越多，他们的心理健康程度就越低[9]。

过度沉迷于电子设备，会让孩子的心理和生理健康都陷入危险当中。在电子设备上花的时间多，就等于运动锻炼的时间少，故我们完全可以预见，使用电子设备与儿童、青少年的肥胖率增加有关[10]。肥胖会增加儿童在心脏健康、代谢健康和血糖调节方面出现问题的概率。肥胖儿童也更有可能受到欺凌，从而导致或者加剧他们的焦虑。

剑刃一：花在电子设备上的时间

屏幕时间如何影响睡眠

若是睡眠不够，醒来时你会有什么感受呢？你会觉得慵懒、倦怠，使得你难以行动，并且让你心中烦躁！我们凭直觉就知道，睡眠会如何影响我们的情绪。作为成年人，我们也知道睡眠会如何对孩子们造成影响。

睡眠对于保持良好的心理健康至关重要。与成年人相比，儿童需要更多的睡眠。

撇开看到的内容有可能导致孩子在用完电脑或手机之后难以入睡这一点不说，晚上电脑或手机屏幕光线的照射，也会对孩子的睡眠造成干扰。原因就在于，光线正是让我们体内的生物钟与所处环境保持一致的因素。

蓝光会夺走睡眠

电脑和手机屏幕会发出一种蓝色的短波光，对我们的自然昼夜节律产生干扰。它会影响睡眠荷尔蒙褪黑激素（sleep hormone melatonin，亦称"黑暗激素"）的分泌，且这种影响比长波光更强。

我们体内的褪黑激素水平会在 24 小时内上下波动，帮助我们调节睡眠周期。在睡觉之前的 2 个小时里，褪黑激素水平会上升，给人带来睡意，即"我已经准备好睡觉"的信号，在凌晨三四点钟的时候达到峰值。倘若褪黑激素的分泌被电脑或手机屏幕发出的蓝光所遏制，我们夜间的入睡以及睡眠质量就会受到影响[11]。

人体的生物钟会受到光照的调节，若电脑或手机屏幕发出的蓝光推迟了睡眠的开始时间，并且经常减少总睡眠时间，就会对睡眠周期产生长期性的影响，从而最终影响一个人的心理健康。

对青少年来说有何不同？

电子设备在夜间发出的蓝光造成的影响，还会因青少年褪黑激素的自然延迟分泌而变得更加复杂。明尼苏达大学（University of Minnesota）的高级研究员凯拉·瓦尔斯特隆（Kyla Wahlstrom）在为《对话》杂志（The Conversation）撰写的文章中提出，由于青少年的大脑具有特殊的作用方式，所以我们应当推迟高中生的上课时间。瓦尔斯特隆解释说：

对几乎所有的青少年来说，褪黑激素都要到晚上 10：45 才开始分泌，然后持续分泌到早上 8 点。这就意味着，大多数青少年在褪黑激素开始分泌之前都无法入睡。而在褪黑激素停止分泌之前，他们也很难醒来。青少年身上这种固定的褪黑激素分泌模式，过了青春期就会发生变化，恢复到个人由遗传所得的首选睡/醒时序[12]。

褪黑激素对心理健康也很重要，因为它有助于调节焦虑情绪。这一点，就是我们支持焦虑的孩子养成有规律的睡眠模式的另一个原因[13]。

阳光、血清素和睡眠

清晨，打开窗帘，眼中映入阳光之后，残留的褪黑激素就会迅速分解。这种情况，还有助于让当天晚上的褪黑激素加速分泌，认人更容易入眠。尽管焦虑的孩子可能会反对早起，但清晨越早让阳光照进孩子的卧室，他们就会越健康。

血清素是大脑中一种"让人感觉良好的化学物质"，产生于白天。它在调节情绪和行为方面起着重要的作用，这就是早晨拉开窗帘是第一要务的另一个原因。沐浴着自然的阳光，可以促进血清素的分泌[14]，而最佳的血清素水平，则会让人产生更积极的情绪，以及一种平静却又专注的精神面貌[15]。

你很可能体会过血清素水平低所带来的影响。你能理解父亲说"那个心情快乐、平静放松和幽默风趣的妈妈一到晚上 8 点，就像打了下班卡一样，一个脾气暴躁的妈妈则接管了一切"的意思吗？在这种变化发生之前，孩子们最好还是乖乖地上床睡觉去吧！

随着白天过去和褪黑激素分泌量开始增加，我们大脑中的血清素水平就开始下降了。如果到了傍晚时分，父母仍需忙着去做白天该做的事情，那么，血清素分泌量的下降就有可能让父母感到暴躁、易怒、没有耐心、疲惫、无法集中注意力，甚至是生气[16]。有意思的是，营养生化学家兼《血清素能量饮食》（*The Serotonin Power Diet*）一书的作者朱迪斯·沃特曼博士（Dr Judith

Wurtman)却称,吃上 30 克左右的糖或者淀粉类碳水化合物,以及 2 克健康脂肪和数克蛋白质,半个小时内就会产生血清素,从而让我们的情绪出现积极的改观。所以,随身带上(健康的)零食吧!

血清素对调节焦虑情绪十分重要。有一组用于治疗焦虑症的药物,称为选择性血清素再吸收抑制剂,简称 SSRIs[17]。它们通过提高大脑中的血清素水平来发挥作用,但并不是人为地提高大脑中的血清素水平。相反,它们会阻止血清素的再吸收(再摄入),使得体内有更多的血清素供大脑所用。

疲惫感与情绪化:杏仁核(amygdala)的作用

与得到了充分的休息相比,我们感到疲惫的时候,更有可能去关注消极的事情和影响。

杏仁核是大脑中的情绪调节中心(我们将在第三章更加深入地探究)。有一项研究,针对有 35 个小时没有睡觉的成年人与睡眠充足的成年人,将他们看到一些令人不快的画面后做出反应时杏仁核的活跃程度进行了比较。结果证明,当看到令人不快的图像时,两组成年人大脑中杏仁核的活性都提高了;但那组因为睡眠不足而感到疲惫的成年人,其杏仁核的活性却明显较另一组高了 60%[18]。

这就说明,我们感到疲惫的时候,杏仁核对消极的事情和刺激极其敏感。由于焦虑的孩子本已有了一个对威胁非常敏感的杏仁核,因此确保他们获得充足的睡眠,就能够减少或者消除疲倦给他们带来的新增过敏影响。

同一个研究小组还发现,睡眠不足会干扰前额皮质(prefrontal cortex)对杏仁核功能进行调节的能力。前额皮质由大脑前部的三分之一组成,位于眼睛和前额之后。它是大脑中负责复杂思维、解决问题、做出决策和调节情绪的部位。在第三章里,我们将更深入地探究前额皮质的作用。

社交媒体的潜在风险

上网是为了攀比[19]

攀比乃快乐之敌。

——西奥多·罗斯福[20]

从生物学的角度来看，人类天生就喜欢把自己跟别人进行比较。

在人类历史早期，数量上的安全是人们进行攀比的一种主要动力。那些不断将自己的努力与社群中其他成员所做的努力进行比较的人，就更有能力确保自己达到所属群体的期望。若被公认为群体中重要的一员，被群体抛弃的风险就会大大降低。这种安全风险自然说明，对杏仁核而言，没有达到群体的期望就是一种危险信号。我们都知道，杏仁核保护我们免遭危险的功能，就是让我们产生焦虑的根源。那些天生喜欢比较的人会幸存下来，将他们的基因遗传给后代。

如今的互联网，使得我们可以轻而易举地去跟别人比较了。想发一句"要是我们暑假能在一个热带岛屿上的游泳池边喝着鸡尾酒就好了"的感慨？果真如此的话，打开"脸书"（Facebook）或者"照片墙"上的订阅频道，你就可以在舒适的家中比较那天的行程了。

访问社交媒体的时候，年轻人都是在不知不觉中不断地进行比较。他们经常没有意识到，他们其实是在拿自己的现实生活与其他人的精彩片断作比较。

FOMO，即害怕错过[21]

没有互联网的时候，若有人举办派对，那么孩子们得知自己没有受到邀请的时间，要么是在派对开始之前，要么就是在派对结束后的数天里。或许是吃午餐时听到的一则传闻，或者一个朋友不慎说漏了嘴，才会泄露出这个秘密。

可如今大家全都清清楚楚，因为不待许多孩子吃完第一把薯条，就会有人把派对上的照片发到社交媒体上。

这种类型的拒斥，再次对人类大脑喜欢比较的倾向发生了影响，让许多年轻人都因此觉得受到了排斥和孤立。

尽管鼓励年轻人最大限度地减少他们花在社交媒体上的时间是一种自然而明智的做法，可年轻人却很难做到这一点。智能手机和应用程序的设计初衷就是为了让我们上瘾，让我们不断地去使用和浏览。

与电视上中断观看的广告或者同样会中断观看的电视节目不同，社交媒体平台上并没有"停止"的提示。那是一种永无止歇的刺激流和虚拟连接。"社交控"（FOMO）不但会涉及错失社交邀请，还会驱使年轻人不停地使用和浏览社交媒体，以免他们错过什么"重要的"东西。

他们在浏览的时候，体内会不断地分泌出多巴胺（dopamine），这是大脑中一种带有"奖励性"的化学物质，会让人感觉良好，从而刺激他们去浏览更多的内容[22]，迫使孩子们把时间全都花在使用电子设备上。

始终保持联系，却从未如此寂寞

我们都听说过"要一个村庄来养育孩子"这句话，但我们看待这种说法的角度通常都是，必要的时候需要很多人手介入和帮助才能养育孩子。之所以需要一个村庄，真正的原因就在于，一个村子里会有很多孩子。在村子里，孩子有很多的朋友，可以一起玩耍、相互学习、增强人际关系方面的本领、相互交谈、一起解决问题、一起爬树、一起发明游戏、一起开开心心地玩乐。

对我们所有的人来说，人际关系都是人类幸福的核心。

电子设备在诸多方面对儿童的人际关系构成了干扰，可能会对他们的心理健康产生深远的影响。有证据表明，虽然说他们通过技术在彼此之间始终保持着联系，可他们却觉得从未有过的寂寞[23]。具有讽刺意味的是，拥有手机的孩子并不用手机来打电话。他们都用手机来发短信，通过手机按键来进行交流，常常是一发就是好几个小时。

非营利性组织"常识传媒"（Common Sense Media）进行过一项统计调查，目的是更好地了解 10 岁左右的孩子（8~12 岁）与青少年（13~18 岁）使用社交媒体的情况。研究人员获得的结果令人震惊。他们发现，10 岁左右的孩子平均每天要花 4.5 个小时使用屏幕媒体来进行娱乐，而青少年平均每天花在屏幕媒体上的时间则达 6.5 个小时。而且，孩子们上课或做家庭作业时使用媒体的时间并未包括在内[24]。整体来看，女孩常常会花较多的时间用社交媒体来相互联系，而男孩花在游戏上的时间则较多。

虽然通过社交媒体进行联系可以增强人际关系，但能够让孩子和青少年进行深层联系的，还是面对面的交流。通过这种类型的交流，孩子能够从面部表情的细微差别、从他人的语调与肢体语言中进行学习，避免落入误解表情符号与书面短信的陷阱当中。

其他可能助长焦虑的屏幕媒体因素

通过屏幕媒体进行交流和发帖的做法，必然会涉及期待与失望两个方面。短信不会像亲身交谈那样传递情感。即便是使用丰富多样的表情符号，有时也让人难以理解。

对有些年轻人来说，等待别人回复短信，也会给他们带来压力。在等待时，他们完全可以说是魂不守舍。他们的心思常常集中于查看手机上，以便在收到任何回信时他们能够马上看到并进行回复。另外，如果想要让一个朋友或伙伴紧张一阵子，他们就会故意推迟回复。

使用社交媒体，会对年轻人的日常思维产生影响。假如能够将他们某天的一些想法放大，我们就会听到，他们会提出这样一些问题：

为什么不是人人都"喜欢"我的照片呢？

她怎么能够做到在每张照片里都显得那么完美？

他为什么还没有回复我？

她是不是生我的气了呢？从这条短信我可看不出。

他为什么没跟着我回来？

为什么别人都比我玩得更开心呢？

发张笑脸究竟是"一切都好"呢，还是说有别的意思？

需要有人点赞

对年轻人而言，无论是在线上的网络世界还是在线下的现实生活，希望有人点赞的这种需求都很强烈。尤其是十几岁的姑娘，若没有获得足够多的点赞，她们就会把自己的照片从社交媒体上撤下。

没有获得足够多的点赞，会对一些孩子的自我意识产生影响，从而有可能导致焦虑。若处在完全消极的接收端，如网络霸凌，则更有可能给年轻人的心理健康带来不利的影响。

屏幕媒体出现以前，年轻人若在学校里受到了欺凌，至少还可以在校外避开这种欺凌。可对使用社交媒体的年轻人来说，情况就不再如此了。他们大脑所认为的那种威胁，根本就无法避开，因此，欺凌或网络霸凌与焦虑之间是有所关联的[25]。

所谓网络霸凌，就是网上欺凌。这种欺凌，涵盖了某人通过电子邮件、聊天室、短信、讨论组、社交媒体、即时消息或者网站，利用技术手段施加的伤害[26]。在一项研究中发现，遭受过网络霸凌的年轻人里，有高达68%的人收到过恶意的私信，有41%的人都在网上被人发表过关于他们的谣言[27]。在网络霸凌的情况下，见证一名孩子受辱的人要比在现实中目睹一个孩子受到霸凌的人更多，从而会强化遭受霸凌带来的羞辱感。此外，霸凌者常常会隐藏在虚假的用户名之后，使得我们难以去追踪和制止他们的行为。

剑刃二：远离其他活动的时间

屏幕媒体是很有吸引力的。许多家长都会费尽心思来帮助孩子控制屏幕媒体的使用时间，确保他们度过丰富、充实而全面的人生。正如我们在前文中已经指出的那样，屏幕媒体会以多种不同的方式导致焦虑。与此同时，我们也不能忽视儿童和年轻人因为上网而没有机会去进行的活动。

每迎来新的一天，父母都能为孩子们创造机会，让他们参加一些能够促进心理健康、增强他们应对心理疾病的韧性的活动。下面略举数例：

⊙花时间陪伴家人。

⊙与朋友出去玩。

⊙锻炼身体。

⊙去公园里玩耍。

⊙到海滩上游乐。

⊙画画。

⊙看书。

⊙骑自行车。

⊙烘焙食品。

⊙参加志愿活动。

⊙体育训练。

⊙帮做家务。

⊙做兼职。

⊙探望家人。

⊙陪宠物玩耍。

⊙步行去本地商店购物。

对那些正在备受焦虑煎熬的儿童而言，家长不一定非得完全禁止他们使用屏幕媒体。问题的核心，其实在于适度。假如除了使用屏幕媒体的时间，孩子们还会参与各种各样的活动，那么使用屏幕媒体就不太可能损害他们的心理健康，而是更有可能给他们的人生带来积极的影响。

最后，有些好消息

这种情况，并非全然是前景黯淡。倘若年轻人懂得保护隐私，使用数码设备时也很有分寸，那么作为一种健康而均衡的生活方式的组成部分，使用电子设备也会带来益处。

年轻人通过社交网站与朋友保持联系，其实具有众多的好处。一些社交网站，如"照片墙""色拉布"（Snapchat）"脸书"和游戏网站等网络世界，就是年轻人放学之后、周末时与朋友们一起"闲逛"的地方。只要使用得当，它就有助于增强他们的个性，同时巩固他们的友谊。

通过发送搞笑的表情包、制作视频或者自拍时使用有趣的滤镜等方式，年轻人会一起在网上玩得很开心。他们会通过发短信、在社交软件上交流和在社交媒体的贴吧内发表评论，培养自己的社交技能。社交媒体也为感到孤立和寂寞的年轻人提供了机会，使之能够与社会或群体保持联系，觉得自己是其中的一员，从而提升他们的自尊感，促进他们的心理健康。

互联网和社交媒体还为年轻人提供了种种机会，使之更好地理解他们感兴趣的社会问题或全球性问题，如气候变化或者本地海滩上塑料废品日益增多，并且采取相应的行动。

对一个患有焦虑症、希望更充分地理解焦虑症的年轻人来说，互联网也是一种很棒的资源。互联网是一个隐秘和匿名之地，他们在一些著名心理健康服务提供商的网站上，如"走出抑郁"（Beyond Blue）和"伸出双手"（Reach Out）等，很容易找到问题的答案。网上还会提供一些支持性的服务，有可靠的信息来源和有用的项目，如"勇敢者项目"（The Brave Program）、"心理健身房"（Moodgym）及我们的"养育焦虑的孩子"课程[28]。

忙碌的生活，紧张的父母

几十年前有人曾经设想，科技将为人们每周增加数个小时的闲暇时间。1965 年，美国国际商用机器公司（IBM）的经济学家约瑟夫·弗鲁姆金（Joseph Froomkin）曾经预言，说自动化将让人们每周只需工作 20 个小时，从而"创生一个大型的有闲阶级"[29]。如今，我们却仍在等待这一预言的实现。

尽管出现了种种预测，但科技仍在支撑着一种工作文化。在这种文化中，父母都是通过私人电话始终与工作保持着联系。上班的父母几乎不再打卡上下班，几乎不会把没有做完的工作、没有回复的邮件和零碎事务留到下一个"班次"。科技进步进一步蚕食了人们宝贵的休闲时间，因为在这种"新的"全天候经济中，雇员与雇主总是处于待命状态。这样，原本已经安排得满满当当的日子就变得更加忙碌了。

就工作与生活两方面的平衡而言，在 2017 年经济合作与发展组织（Organisation for Economic Co-operation and Development）的一份报告中，澳大利亚位居 36 个国家中的第 27 位[30]。至于年工作时长以及带薪休假（包括假期、产假和陪产假），包括俄罗斯联邦（the Russian Federation）、捷克共和国（Czech Republic）与斯洛文尼亚（Slovenia）在内的一些国家，也胜过了澳大利亚。人们已经确定了工作时间过长对男性和女性心理健康造成影响的临界点：男性为每周 43.5 小时，女性为每周 39 小时[31]。出现此种差异的原因，就在于男性上班时间较长，干家务的时间则较少。养育健康成长的孩子已经够难的了，何况你还得费尽心思，控制好自己的心理健康呢。

澳大利亚的另一项研究则表明，倘若父母难以在工作责任与家庭生活之间保持平衡，将会对孩子的心理健康产生消极的影响[32]。从好的一面来看，若这种平衡得到恢复，那么孩子的心理健康状况也会有所改善。

缩窄的"心理带宽"（mental bandwidth）

如今的父母比以前更加忙碌了，因为他们的工作时间很长，要带孩子参加课外活动，还有做不完的家务。此外，他们还需要跟自己的朋友聊聊近况、回复短信、花时间陪伴孩子、参加一些能够促进自身健康与幸福的活动。难怪家长们有时候会觉得，他们完全没有去应对更多事情的"心理带宽"。沉重的心理负担会让人感到紧张，而紧张与焦虑一样具有感染性。

压力重重之下的父母，是不太可能带着温情、友爱和敏感去跟孩子进行互动的。与压力较小的父母相比，他们也更有可能反应过度，更有可能在约束孩子行为的时候使用较多的控制手段[33]。

居家父母也有可能举步维艰

即便是那些不用外出上班的家长，家庭生活常常也会把他们搞得手忙脚乱。3、4岁的孩子需要家长不停地接送，往返于家里和幼儿园之间，因此许多家里有学龄前儿童的父母都觉得，他们完全就是生活在汽车里。就算孩子上了学，接送之间的那段时间似乎也过得飞快。这种父母可能觉得自己的需求没有得到满足，那么家庭成员都待在一起或者父母单独陪伴孩子的时间就有可能被忽视，因为父母的时间和精力都已耗尽。

忙碌光荣吗？

我们建议，你今天就可以去问一位成年人，看他们过得怎么样，但不要只听他们说自己"很忙"。如今的情况是，若是不忙碌，我们就好像没有了价值一样。

你不妨花上片刻时间，想一想自己每天究竟有多忙碌。你会不会坐下来正儿八经地吃早饭，或者在上班时适当地休息一下，吃个午餐呢？上班期间打电话的时候，你会不会一直在敲击电脑键盘，而若在家里，你会不会又抓起抹布擦拭东西，或者把洗好的衣服晾到屋外，以便你不觉得是在无所事事地去和人瞎聊呢？你是否会尽量在早上离家上班或者上午接孩子回家之前，抢着做完最后的几件事情，因为等你回到家里之后，还有很多事情要做呢？每天晚上在厨房里准备饭菜时，你是否会同时做几件事情，或许是一边切着胡萝卜，一边看着孩子做阅读作业、帮着孩子做数学题，或者努力想要了解孩子当天在学校里的情况，同时又要提防切菜时伤到自己的手指呢？你走路的时候，有没有风风火火？你是不是把孩子送去参加体育运动之后，又急急忙忙地赶到超市里买东西？你会不会停下脚步？你究竟有没有停下来过？

据我们推断，你不常这样。

压力重重和疲惫不堪的时候，你就更难全身心地去陪伴和照料孩子了。

假如你一天过得很不顺心，对发生的某件事情感到担忧或者觉得很糟心，那么，要是知道自己的配偶或者朋友很忙的话，你就不会跟他们谈起这件事情。你凭直觉就明白，最好是等到一个更合适的时机再敞开心扉，向他们倾诉自己的所思与所感。

孩子们也是这样。他们会等待时机，要等到自己觉得舒适、与父母心意足够相通的时候，才会诉说他们的情况。许多具有深远意义的交流之所以都出现在睡觉的时候，原因就在于此。

替孩子做得太多

发现自己时间紧迫的时候，家长往往会替孩子做很多的事情，超过了必要的限度。与允许孩子花时间去自行完成任务相比，替孩子完成任务更迅速，也更容易。但是，那样做既不会教给孩子新的技能，也无法教会孩子对自己和自己的失误承担责任。

不妨用一个例子来加以说明。这个例子，我们身为父母的人都经历过。做早餐的时候，孩子们把一瓶2升的牛奶从长凳上打翻，洒得满地都是牛奶。不过，孩子们进行了清理，等到他们告诉你的时候，地板上只剩下几处淡淡的牛奶印渍了。虽然你需要把地板拖上一遍，可主要的清理工作他们已经做完了。于是没人生气，你也可以继续给孩子们做上学前的准备。

我们建议，你应当把自己看作孩子的向导或者教练。你必须具有充足的耐心，允许孩子从自身的错误中汲取教训，并且做好以前一些教训重现而不会感到沮丧或者烦恼的心理准备。

家长若忙个不停，是很容易反应过度的。紧张不安的父母通常都没有充足的精力，无法深思熟虑和妥善处理好问题。若孩子一犯错误，你的惯常表现就是紧张和生气，那么，这种情况也会变成孩子的家常便饭。

东西一旦破了，那就是破了。东西一旦洒了，那就是洒了。这是无法挽回的。将错误变成孩子们的学习机会，承担起家长的责任，才是你能够做出的最有益的反应。

负荷过重的孩子

人们普遍认为，如今孩子的日程都安排得太过满当。有些孩子特别忙碌，只能在汽车里写家庭作业。我们都知道，有些家庭几乎每天都会给孩子安排课外活动。

孩子的忙碌生活，会对他们的心理健康与幸福产生双重影响。如果日程安排得满满当当，他们就会觉得自己大部分时间都很匆忙。尽管有组织的活动提倡体育锻炼、接触大自然和友谊，可以促进孩子的心理健康，但安排好的活动占据了过多的时间，意味着孩子们无法参加其他一些提升精神幸福感的健康活动。户外玩耍、与朋友一起出去玩、骑自行车、做游戏、在公园或花园里晒太阳、爬树、建造东西，或者有足以让人感到无聊的空闲时间，这些全都是能够呵护心理健康的活动。

孩子们自由玩耍的时间，也就是在没有任何大人参与的情况下，独自或者与朋友一起玩耍的时间，在过去 50 年间已经大幅减少了。波士顿学院（Boston College）的心理学研究教授彼得·格雷（Peter Gray）博士在《美国游戏杂志》（*American Journal of Play*）上发表过一篇文章，将玩耍时间的减少与儿童患上焦虑症、抑郁症，产生无助感乃至自杀率的上升关联了起来[34]。他解释说，玩耍能够培养孩子的兴趣和能力，能够让孩子学会做出决策、解决问题、遵守规则、约束自我，学会调整自己的情绪、交友、与他人和睦相处并且享受快乐，从而积极地促进孩子的心理健康。

远离新闻

从媒体上得知发生的一些事件时，焦虑的孩子通常都会萌生出一种受到了威胁的感觉。对他们而言，几乎所有的新闻都是"坏"消息。年幼的孩子很难理解，一桩重大事件很可能离他们的现实世界很遥远。他们可能在新闻中（尤其是在电视或广播节目中）听到中东地区（Middle East）爆发了战争的消息，然后产生出危险降临的感受，仿佛这场战争就在他们家门口打响了一样。

患有焦虑症的儿童和年轻人，常常会为一些不由自主、荒谬不堪的想法和担忧所困扰。让他们通过新闻来了解时事，不管事件发生之地是离家很近还是离家很远，都有可能促使他们萌生出焦虑的想法和感受。在这些情况下，我们最好尽量让他们远离新闻。若实在无法避开新闻，那就要用适合孩子年龄的方式，将他们收听收看到的新闻解释清楚。

Part 2
理解焦虑

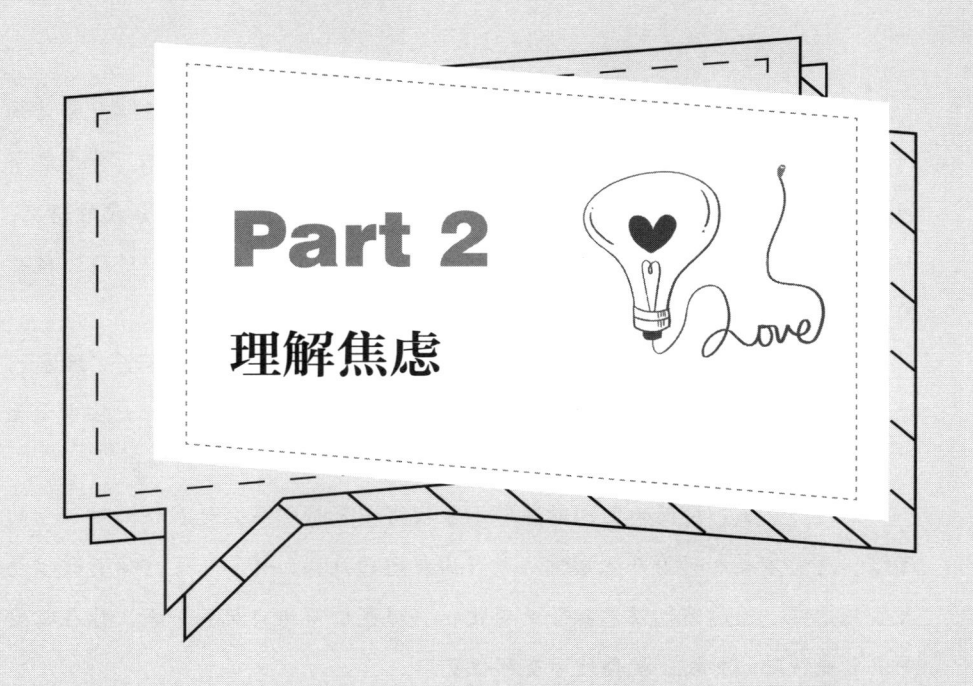

儿童天生就喜欢提出各种各样的问题。他们天性好奇，想要了解世界是如何运转的。通常来说，身边的成年人都会提供他们所需了解的信息。焦虑这个问题也不例外。尽管孩子可能没有想过要问，但让他们了解自身焦虑的情况，却是在为他们日后加强理解焦虑和控制焦虑的能力打下基础。这一过程，就称为"心理教育"（Psychoeducation）。

在本书的这一部分，我们将为你介绍一个焦虑的大脑内的各个"玩家"，以及它们分别所起的作用。你将准确地了解到，究竟什么是焦虑、大脑中发生了什么、焦虑是如何表现出来的、焦虑的常见类型，以及更多的知识。

焦虑的症状，会随着时间的推移而表现得越来越明显，并且逐渐对孩子的思维、感受方式和行为产生影响。表现出焦虑的症状，并不一定意味着孩子患上了焦虑症。通过密切注意孩子的变化，将观察所得逐日记录下来，你在需要寻求专业帮助的时候，就会处于有利位置了。

尽管如此，我们还是强烈建议，若怀疑（哪怕只是稍微怀疑）孩子正在与焦虑抗争，你就应当带着孩子去看医生。我们了解到，许多家庭都是这样做的，而医生的话也让他们大感安慰，因为孩子正在经历的状况没有什么好担心的，属于正常的发展范围，应当会自行消失。如果你怀疑孩子患上了焦虑症，那么去寻求专业人士的帮助，就说明你已经开始采取行动，来帮助孩子克服焦虑了。这种行动，越早开始采取就越有好处。

03

焦虑的解答

何为焦虑？

任何一个人，若对某种处境、某件即将发生的事情或者某种即将面临的挑战感到担忧、有压力或者觉得紧张，就可能陷入焦虑当中。如今你已明白，在这些情况下，令人感到紧张的事件、挑战或者情形消失之后，我们的焦虑心态就会平复下来。这是人类一种完全正常的应激反应，是一种暂时性的反应。可当一个人患上焦虑症之后，这些感受却不会消弭于无形。

儿童和青少年会出于很多原因产生焦虑。就算你不是百分之百地确定孩子的焦虑源于何处，他们大脑内部活动的原因都是一样的。焦虑的核心，就是一颗努力想要保护孩子的大脑。这一点，有助于解释焦虑的儿童与青少年为何会像焦虑的成年人一样，经常产生持久存在、过度和不切实际的担忧与害怕，甚至产生恐惧感的原因。他们的大脑对潜在的威胁都过度敏感，从而会影响他们的思维，以及他们的感受与行为方式。

焦虑儿童的大脑，都处在高度戒备的状态。他们身上出现的种种焦虑症状，都是具有明确因果关系的事件、想法或者环境导致的结果。在其他一些时候，焦虑感也会不请自来，没有明显的原因或者理由，无法帮助我们去理解焦虑的起因。这种情况常常让儿童和家长都感到困惑，却是很常见的一种现象。

焦虑不安的想法与感受，常常都与触发事件不相称。焦虑的想法通常都不合情理，在孩子的家长看来可能还显得非常荒谬。有的时候，虽说儿童和青少年意识到自己的想法荒诞不经，却既无法遏制这种想法，也无法遏制这种想法给他们带来的感受。

身为家长，你不一定非得明白新生婴儿为什么哭闹才能使你以有益和关爱的方式去做出回应。在对焦虑做出回应时，也是如此。不管你是否知道孩子的焦虑源自何处，你都可以用同样的方式来应对孩子。

山姆（Sam）的故事

山姆上学的时候被人欺负了。从刚上高中开始，他就断断续续地被同一个男生欺负，直到上九年级的时候，他被确诊患上了焦虑症。山姆尝试过所有的办法。他向家长和老师汇报过此事。他曾努力不去理会那个恶霸。他关闭了所有的社交媒体账号，以免在课余时间受到更多的奚落嘲弄，可那个恶霸还是不依不饶。

山姆经常被那个恶霸逼到墙角嘲弄，而恶霸的朋友们则在一旁看着，大笑起哄。

山姆的焦虑症一开始表现为时不时地呼吸困难，可随着时间的推移，他的症状发展到了每天都心怀各种各样的担忧，喜欢哭泣、发火和惊慌失措。

有一次，山姆发现自己连起床都极其困难。他说自己当时觉得像是心脏病发作一样，胸部又疼又闷，同时还有头晕的感觉，令他无法起床，无法行动。

焦虑是身体对恐惧所做的反应。山姆有充分的理由害怕那个欺负他的人，导致他先是产生了焦虑感，最终又发展成了焦虑症。若焦虑感妨碍到了一个人的日常机能和对人生的享受，那就可以确诊为焦虑症了。

我们要记住的重要一条就是，无论恐惧感是对一种已知威胁所做的反应，还是对一种纯属感觉或者想象出来的威胁所做的反应，大脑和身体出现的焦虑反应都毫无二致。只要体内的报警系统业已触发，那么界定焦虑的一系列事件就是相同的了。

你能理解吗？

就算你发现自己很难理解家中那个焦虑的孩子的感受，也不用觉得内疚，这种情况也并非你一个人才有。没有患上焦虑症的父母可能会发现，他们很难理解焦虑是一种什么样的感受，从而有可能妨碍到他们真正与焦虑的孩子产生共鸣的能力。

身为父母，我们知道你只想向孩子表明你理解这种情况，只想向孩子表明你理解他们的感受。为此，我们希望抽出片刻时间，请你回答一个问题：你失去过自己的一个孩子吗？哪怕是短暂地失去过？

令人惊讶的是，我们在讲座中提出这个问题之后，几乎所有听众都会举起手来。我们当中的大多数人，都有过短暂地失去一个孩子的可怕经历。不管是孩子在超市里消失 1 分钟还是在人群中消失 20 分钟，家长们都说他们当时感觉到有一股炽热的血流漫过全身，令他们沮丧不已，心中想着孩子可能消失的种种可怕情形。他们的每一个感官，都处于高度警惕的状态；他们的心中，都怀有一种难以自持的冲动，想要尽快找到失踪的孩子。即便是最终找到了孩子，可这些感受还会持续一段时间，之后才会消散。

焦虑会诱发体内释放出神经化学物质，而这些化学物质会在父母与孩子团聚或者其他压力源消失之后，继续在我们的体内留存很长的时间。

就算你运气很好，从没"乱丢"过孩子，那也不妨好好想一下，你在一场重要的考试或者一次求职面试之前的感受。这样做，有助于你更加深入地体会焦虑的孩子的感受。

绝对没"坏"

焦虑的孩子都有一个共同的特点，那就是他们出了问题。不知怎么的，他们就"坏"了。现在就让我们来告诉你：他们并没有"坏"。一点儿也没有。焦虑的孩子只是拥有一个几乎时时对可能出现的威胁保持高度戒备状态的大脑罢了。他们的大脑，是为了保护他们免遭危险而劳累过度的。

向焦虑的孩子解释清楚，说他们正在经历的情况有个专门的名称，说他们班上可能还有两三个孩子也像他们一样，有一个发挥着保护作用的神奇大脑，就会让孩子明白，并非只有他们感到焦虑。等到孩子明白自己的经历并不是绝无仅有，明白事实上全世界还有千百万孩子正在面对焦虑，并且最重要的是明白焦虑可以控制之后，他们就会放下心来。

他们并没有"坏掉"。他们都很了不起。大多数感到焦虑的孩子，都细心、敏感、乐于助人、有爱心、善良、大方、有趣和富有同情心。因此，他们都很受人们喜爱。应当让他们明白，做好自己就已足够。他们所需的任何帮助，就像是学会一种新的本领，来控制大脑的报警系统。他们并不需要"修理"，他们需要的是理解、爱、同感、支持，有时还需要专业人士的帮助。

体内的报警系统

焦虑是我们陷入危险或者危险即将到来时，身体保护我们的一种方式。它是大脑内部一个古老的系统，根植于我们的生理机能当中。

偶尔感到焦虑，是一种完全正常的现象。一个孩子，对在全班同学面前讲话或者去参加喜爱的体育比赛可能会感到焦虑。一名青少年，对接受兼职面试、请别人出来约会或者参加学校里的考试也有可能感到焦虑。

除了改善记忆和提高警觉性以外，短期的紧张和随之而来的焦虑感也是一种激励因素，会让人更多地进行复习或者更充分地做好准备。

我们可以把自身的焦虑反应，比作一台烟雾报警器。这种报警器旨在提醒我们注意火灾，因为火灾是一种危及我们生命的危险。房子着火时，烟雾报警器就会响起来。报警器尽职尽责，让家中的每个人都知道有了危险，以便他们采取行动，保护自身的安全。

同样，我们的焦虑反应也是一种保护系统，旨在保护我们免遭危及生命的危险。如果说我们的"战逃反应"系统只是将我们调动起来，去避开真正的危险，就像房子着火时烟雾报警器会警铃大作一样，那就没有什么问题。

不过，倘若大脑中的警报系统极其敏感，在没有遭遇真正危险的时候也会做出反应，那么焦虑就会变成一个问题。这种情况，就像体内的报警系统会对面包烤焦这样的小事也做出反应、拉响警报一样。

焦虑的孩子通常会在他们相当安全的时候产生焦虑症状。触发焦虑的那种危险，只是他们想象出来的。

认识参与的"玩家"

杏仁核（amygdala）

焦虑与杏仁核功能异常有关。杏仁核是大脑中一个状如杏仁的区域，其功能就是接收感官输入的信息，且通常都是我们的视觉信息和听觉信息。在情绪处理过程中，杏仁核也发挥着关键性的作用。这就是我们在感到焦虑的同时，常常伴有一些后果严重的情绪（比如悲伤和愤怒）的原因。

我们已经指出，脑部扫描表明，焦虑者的杏仁核比不焦虑的人更为活跃[1]。研究还发现，焦虑儿童大脑中的杏仁核也较大[2]。考虑到杏仁核是大脑的"恐惧中心",我们有理由得出这样一个结论:一个感到焦虑且杏仁核较大的大脑,对危险做出的反应也较强,而不管这种危险是不是真实存在。

实际上,一旦杏仁核感受到危险,它就会发出一个求救信号,以便身体做好准备,要么是采取行动来应对危险,要么就是逃离危险。这种反应,是交感神经系统(the sympathetic nervous system)的刺激导致的,称为"战逃反应"。

"战逃反应"

"战逃反应"是我们在面对危险时一种本能的求生反应。它原本不应当总是处于激活状态,可焦虑的儿童却经常这样。焦虑之所以会让人觉得精疲力竭,原因之一就在于此。

这种反应中的"战",有助于解释一些感到焦虑的儿童和青少年身上表现出的愤怒及攻击性行为。这种反应中的"逃",则有助于解释他们感到焦虑时普遍存在的逃避现象。当然,孩子们也有完全不知所措、既不"战"也不"逃"的时候。之所以如此,只是因为他们太过焦虑,什么反应都没法做出罢了。

"战逃反应"会以各种各样的方式调动身体,使之做好准备来对抗或者逃离危险。这种准备,会促使人体分泌出肾上腺素(adrenaline)与荷尔蒙(hormones),导致体内出现一些生理变化,包括心跳和呼吸频率加快等,从而给身体"通上电",以便应对冲突或者逃跑。

这些变化会在突然之间全都出现,让一个人产生从闷闷不乐到极其难受的各种情绪。这些感受会让儿童和青少年深感苦恼,因而希望它们尽快消失。

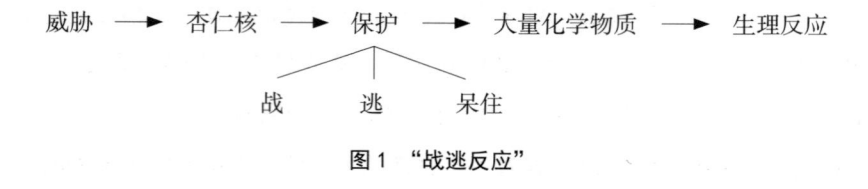

威胁 ⟶ 杏仁核 ⟶ 保护 ⟶ 大量化学物质 ⟶ 生理反应
                        ╱   │   ╲
                      战   逃   呆住

图1 "战逃反应"

前额皮质：无暇思考

面对危险的时候，杏仁核无须先行思考，就会向身体发出是战是逃的信号。这种反应，几乎是出现于瞬息之间。杏仁核感受到危险之后，就会在大脑中负责决策的部位（即前额皮质）没有输入信息的情况下发出信号，导致一连串"战逃反应"的事件发生。

假如把杏仁核比作院子里的看门犬，把"战逃反应"比作看门犬的进攻或者逃跑，那么前额皮质就是高坐于篱笆之上看着这一幕的猫。看门犬会在明知自己来不及向猫了解事件详情的情况下，立即发动进攻或者逃跑。而在焦虑的儿童身上，这条"看门犬"却（几乎）始终深陷于草木皆兵的状态当中。

简而言之就是，焦虑会让大脑的决策过程发生"短路"，并且是合情合理地使之"短路"的[3]。在生死攸关之际，"先做后想"反应得更快。丹尼尔·西格尔（Daniel Siegel）毕业于哈佛大学，是一位经验丰富的精神病学临床教授，他在《全脑儿童》(The Whole-Brain Child) 一书中解释过这样一种现象：他带着儿子远足时，突然看到前方小径上有一条响尾蛇；此时，甚至不待他意识到究竟发生了什么事情，大脑中的杏仁核就促使他大叫了一声："停下！"

他还假设了一种情形，进行了很有意思的说明：倘若前额皮质参与了当时的反应，出现的又将是一种什么样的过程。"哎呀，不好！我的儿子前面有条蛇。此时就是提醒他的大好机会。要是我在几秒钟之前就提醒了他，而不是进行这一系列思考之后才做出提醒他的决定就好了。"

所以，大脑的这个部位被排除在外，是有道理的。

除了负责决策，前额皮质还会参与以下几个方面的活动：

⊙ 制订计划。
⊙ 社交场合中的行为。
⊙ 想象力。

⊙ 判断。

⊙ 言语推理。

⊙ 解决问题。

⊙ 持久关注。

⊙ 应对新奇事物的能力。

⊙ 辨别相互矛盾之观点的能力。

⊙ 推断结果。

⊙ 努力实现一个目标。

⊙ 对社会可能认为无法接受的冲动加以抑制的能力。

或许，就在细看上述列表的同时，你也正在把自家那个焦虑的孩子的行为，与孩子可能正在将一种或一些需要前额皮质输入信息的技能和行为方面举步维艰的原因联系起来。

倘若父母关注孩子的想法，关注孩子的感受方式和行为，就可以更好地理解焦虑对孩子产生影响的方式。有时你会看到，这些方面被称为认知、生理和行为。但不论如何称呼，只有牢记大脑和身体的状况，这种理解才能变得更有意义。

焦虑的大脑里的思维情况

在儿童和青少年感到焦虑的时候，他们的杏仁核已经感受到了危险，已经诱发了他们的"战逃反应"。这种情况，随时随地都有可能出现：在教室里参加测验之前、当他们坐在房间里看书或看新闻、步行去上学、玩游戏、打篮球或者与朋友发短信的时候……

容易担心是焦虑的孩子共同的特征。这是保护我们免遭危险的一种有益方法，因为我们会对威胁自身的事物感到担忧。你有没有做过皮肤检查呢？或许你在注意到皮肤上有个斑点，让你感到担心之后，已经做过检查了。你的担心，的确有可能挽救了你的性命。然而，频繁、过度、毫无根据而荒谬的担心，却会影响我们的生活质量。

只要有什么东西被杏仁核视为一种威胁，我们就会产生担忧之情。担忧之情一旦开始，就会持续存在，因为大脑明白，持续不断地关注这种威胁，可能正是免遭严重危险的诀窍。焦虑的人会思考过去发生的事情，或者跳过当下，快速想到一种可能出现的未来。帮助焦虑的孩子保持更加专注的状态，使之把注意力放在当下，就会让他们摆脱这种状况。

通过练习，专注有助于让那些令人担忧的想法变得不那么"顽固"，会让孩子更加容易摆脱这些想法，从而继续生活下去。专注会让杏仁核缩小，降低其反应性，会增加杏仁核与前额皮质之间的连通性，以及具有平静思绪功能的前额皮质的密度和活性[4]。

不良想法

我们每天究竟会产生多少个想法，科学家们还没有形成一致的意见。但我们都知道，身为成年人的我们，能够轻而易举地在没有意识到的情况下摒弃大多数想法。就算确实注意到了自己内心中的一些"不良想法"，我们通常也能够置之不理，将它们忘掉，因为我们很清楚，那些念头都毫无意义。这一过程，差不多是同时进行的。

有些儿童，可能会把他们的许多念头都视为"不良"想法。他们可能怀有一些想法，却认为这些想法本质上是不善良的、不公正的、伤人的、不正当的、卑鄙的或者与性有关的，甚至是有害的。这些想法，让焦虑的孩子深感痛苦。他们并不希望有这些想法。他们不知道这些想法从何而来，并且因为拥有这些想法而瞧不起自己。一名儿童若产生了一些具有干扰性却无法不予理会的想法，就有可能患上强迫症。

怀有强迫性想法的孩子，通常都会定期向父亲或者母亲和盘托出他们的所思所想。孩子之所以这样做，是因为他们需要获得父母的安慰，说他们的想法不是事实，说他们不是坏孩子。这种做法，也有可能变成一种强迫性的行为。他们需要倾诉自己的想法，来缓解自身的焦虑。其他的强迫性行为，可能包括洗手、数数、轻敲或者拽扯自己的头发。出现了这些症状的儿童，就可以诊断为患上了强迫症。

他们所需的帮助，源自你的前额皮质

身为父母，你通常都很清楚，孩子的思想什么时候不集中、不合理或者与所处的环境不相称。倘若他们的想法并不重要，并不危险，你也会了如指掌，就像趴在篱笆上的猫明白看门犬是草木皆兵一样。不过，孩子却没法从同一角度来看清自身的状况。如果想要借助孩子大脑中负责解决问题、做出决策和用语言进行推理的那个部位，你就不大可能获得成功，因为事实上，孩子大脑中的这个部位即前额皮质已经处于"离线"状态了。当然，这个部位最终还会重新"上线"。也因此，我们建议你在孩子的大脑准备好接收信息的时候，再去跟孩子谈论导致他们在事件发生很久之后仍然感到焦虑的那种情形。

既然已经理解了前额皮质的作用，那么你就能看出，焦虑是如何对一名儿童的思维产生影响的。你可以看出，孩子感到焦虑时，他们大脑的这一部位为什么会拒绝访问。

在两次焦虑发作之间的空当与孩子一起努力控制他们的焦虑情绪，效果会更好。他们觉得平静和放松下来之后，你最好能够帮助他们更深入地理解自身大脑的情况，帮助孩子培养出一些让他们能够控制焦虑的方法，如提供一些有益的思维技能，做一些调整呼吸和集中注意力的练习。

这就是焦虑会对许多孩子的学习产生影响的原因。儿童感到焦虑的时候，

大脑会努力保护他们的安全，于是，孩子的记忆力和学习就会受到影响。焦虑不仅会让孩子难以思考，还会使得他们难以长时间集中注意力。他们的大脑处于"求生模式"下，而其中的前额皮质也处于"离线"状态。帮助他们把焦虑控制策略迁移到课堂之上，具有至关重要的作用，同时，这个方面也需要老师的参与，来支持孩子所做的努力。

焦虑如何对生理机能产生影响？

除了影响思维，焦虑还会导致人体出现一系列生理变化。"战逃反应"的部分作用，就是导致神经化学物质的分泌量剧增，其中也包括肾上腺素。它们都会增强身体的力量，以便应对即将到来的"危险"状况。

从让身体做好战斗或逃跑的准备这一角度来看，伴随着焦虑而来的种种生理变化都是有益处的。

⊙心跳加快，将更多的血液输送至全身各处，为肌肉和其他重要器官供氧。
⊙呼吸频率增加，向血流中输入更多的氧气。
⊙肺部的小气道打开，使得每次呼吸都能吸入更多的氧气。
⊙血液从消化系统分流到四肢。
⊙由于预计到要采取行动，故身体的冷却系统加速运转，导致皮肤出现潮湿感或者出汗。
⊙更多的氧气被输送到大脑，以提高大脑的警觉性。
⊙视觉、听觉和其他感官变得更加敏锐。
⊙血糖和脂肪从体内的临时储藏处释放出来，为身体提供能量[5]。

起初的变化几乎会立即出现，而若大脑继续感受到危险，那么肾上腺素的分泌开始放缓之后，体内马上就会开始分泌皮质醇（cortisol）这种应激激素，让身体保持活力。

难怪焦虑会给人们带来那样的感觉。身体已经做好准备，要用每一种可能的方法进行生死搏斗或者逃往安全之地，可实际上却什么也没有发生。上述这些生理变化，没有哪一种派上了用场，因为焦虑的孩子交给它们的，并不是一种危及生命的状况。它们根本无须动手。它们全都铆足了劲，却没有地方施展本领。

出于这个原因，焦虑的孩子可能会感到浑身发抖、脸红、激动不已、疑惑、觉得受到了威胁、很被动、不耐烦，就像他们不知道拿自己怎么办，或者无法安静地坐着一样。他们会觉得恶心或者呕吐，因为血液已经从他们的胃部转移到最需要血液的胳膊、双腿部位。

随着交感神经系统接管了"演出"的进行，这种状况就会迅速出现。焦虑的孩子此时需要的，其实是他们的副交感神经系统（parasympathetic nervous system），需要由这个负责"休息与消化"的系统来接管。我们自觉控制该系统活动的唯一办法，就是调整呼吸。在第十章中，我们将更加详细地谈论这个方面。

焦虑为何会影响行为？

焦虑的孩子有可能是完美主义者和有深度的思考者。他们可能安静、腼腆、随和、敏感而善解人意，也有可能喜欢捣乱、暴躁易怒、容易烦恼、发脾气和具有叛逆性。倘若孩子们经常处于"战逃"模式下，我们就完全可以理解，有些孩子在任何一种感知到的危险、威胁面前会退缩或者回避，而其他一些孩子却会直面威胁，经常陷入一种令人痛苦的冲动当中，要去面对任何一种触发了杏仁核的东西。

焦虑导致行为改变的时候，常常为人们所误解。焦虑的孩子上学时的行为，可能与他们在家里的表现大不相同，因为家里让他们觉得安全和相对放松。"战"而不"逃"的焦虑儿童，可能被人们当作喜欢捣乱、肆无忌惮、注意力不集中、喜欢搞破坏、恃强凌弱，甚至对他人是一种危险的孩子。

> **夏妮（Shani）的故事**
>
> 夏妮在一所女子私立学校读五年级。她一向都喜欢上学。她深得老师喜欢，也交了许多可爱的朋友。可最近几个月来，她的课堂表现和家庭作业的质量都退步了。她编造了很多借口，目的就是留在家里，不去上学。就算去上学了，她也很难集中注意力和完成作业。
>
> 一名老师注意到夏妮的日记里有些无礼的图画之后，学校便联系了她的妈妈。那些图画，画的都是夏妮的姐姐。夏妮的妈妈极感震惊。
>
> 夏妮起初不愿谈及此事，但最终还是解释说，她非常想念爸爸，并且一直都感到很害怕。她的爸爸每次都会到国外工作好几个月。夏妮解释说，她每天晚上都担心有人闯入家中来抓走她、她的妈妈和姐姐，可爸爸不在家，没法保护她们。
>
> 夏妮还解释说，她曾经不止一次地想和姐姐谈一谈她的感受，可姐姐总是说她太可笑了。
>
> 夏妮的妈妈带着她去看了全科医生，然后被推荐给了一位心理学家。随着时间的推移，夏妮又表现出对姐姐感到生气的情绪，而那些图画则会帮助她"发泄情绪"。

焦虑行为并非总是构成问题，但这种行为可能具有捣乱性。在课堂上，一名焦虑儿童可能会频频寻求老师的认可，或者提出一些毫无必要的问题，来确保自己样样都做得很好。原本应当学习的时候，他们可能很难集中注意力，会从座位上站起来，或者跟别的孩子讲话，从而打扰其他孩子的学习。

家长和老师们理解了焦虑之后，他们就更容易逐渐解开这个谜团，清晰地认识正在发生的情况，并且知道该采取什么对策了。

对处在学龄阶段的焦虑儿童来说，家校之间的沟通有助于缩小他们在舒适的家中控制焦虑和在不那么熟悉、较难预测的教室环境下控制焦虑之间的差距。

让焦虑的孩子了解自己的大脑

让焦虑的孩子明白自己大脑内部的情况，可以帮助他们：

- 明白他们焦虑的核心是什么。
- 辨识出他们身上的症状。
- 理解他们感到焦虑时的想法、感受和行为。
- 把他们的焦虑视为"虚惊一场"。
- 明白他们为什么要践行控制策略。
- 在陷于困境时，让他们对自己怀有同情之心。
- 觉得有能力将他们的焦虑抛到脑后。
- 茁壮成长。

向孩子解释焦虑

孩子和青少年需要知道他们感到焦虑的时候，大脑中究竟发生了什么。这样做，会让焦虑不再显得神秘。孩子若理解了焦虑，就可以学会把焦虑当作某种可以预见的过程，目的就是保护他们免遭危险。

不妨找一个安静的时间，也就是孩子心情放松、感到满足，并且精神处于最佳状态，最适合接收新信息的时候，鼓励孩子带着好奇之心，来参与交谈。若你那个焦虑的孩子正在上小学，你就可以跟孩子一起，用水彩笔绘制出一幅流程图或者一幅墙报。这种东西会生动形象地提醒他们，大脑保护他们安全的作用有多么的了不起，以及有时大脑会如何努力地保护他们免遭想象出来的危险。年龄较大的孩子能够更好地对这种谈话做出回应。在谈话中，你可以绘制几幅草图，将你要与之分享的一些关键要点关联起来。有些年龄较大的孩子也会喜欢绘制一幅墙报。

下面就是一份演示脚本，你可以用于正在上小学的孩子身上。

那么，你知道自己……最近有很多的烦恼，

或者很容易变得手忙脚乱，

或者对平时不会让你心烦的问题感到生气，

或者一直觉得神经紧张，

或者上课时难以安静地坐着和集中注意力，

或者不想去上学，

或者害怕摸黑上楼，

或者太过紧张，不敢在朋友家里过夜，

或者_____

_____

_____

嗯，还有很多孩子也有一模一样的感觉，并且这种情况还有一个名称，叫作焦虑。

你的大脑中有一个神奇的部位，叫作杏仁核，它的职责就是在出现危险的时候，保护你的安全。它是通过给你的身体提供力量，让你能够迅速地进行战斗或者逃跑来保护你的。

有的时候，你的杏仁核会稍微过度地努力去保护你，就算你不需要保护，它也会如此。你的身体会毫无缘由地变得劲头十足，可能让你心里觉得怪怪的，就像你有时觉得：

悲伤

生气

担心

不安

恶心

头晕

像是哪里出了毛病

想要待在家里

不想离开我太久

_____

_____

_____ 时一样。

出现那种状况的时候,就不大有趣了,对吧?

但你知道吗?那种状况中最棒的一点就是,你拥有一个奇妙的大脑,它总是在留意着你。在它有点儿保护过度时,你可以通过缓慢地深呼吸,告诉自己的杏仁核,说你很安全。应该把注意力集中在此时发生的事情上,而学习新的思维技能也很有用处。

你还可以补充说:你在感觉很好的时候练习得越多,到你的杏仁核保护过度的时候,向它表明你没事就越容易。我也很喜欢跟着你练习,我们可以一起来。

凯伦·扬(Karen Young)所撰的《嘿,勇士》(*Hey Warrior*)一书既是一部美妙的插图作品,也是一部了不起的参考资料,有助于我们向小孩子解释焦虑,事实上也适于向任何人解释焦虑。

下面是一份演示脚本,你可以用于正在上小学高年级和中学的孩子身上:

你知道自己怎么会一直觉得肚子不舒服、不想去上学，或者_____吗？为什么总是出现这样的状况，有一种真正不错的原因。

你的大脑里有一个部位，叫作杏仁核，它的职责就是保护你免遭危险。对一些患有所谓焦虑症的孩子来说，就算他们实际上很安全，杏仁核也会感受到危险。这就好比是，我烤煳了面包时，我家的烟雾报警器也会发出警报。这种状况，算是小题大做了。有的时候，杏仁核甚至还会无缘无故地发出警报。

许多人都会感到焦虑。这种现象很普遍。你们班上也会有感到焦虑的孩子。

你的杏仁核感受到危险之后，就会开启一种所谓的"战逃反应"。这种反应，就是你的大脑给身体提供力量，以便与危险做斗争或者逃离危险的手段。问题就在于，若身体变得劲头十足，却没有搏斗的对手或逃避的东西，你的身体就会留下相当难受的感觉。

你的大脑进入"战逃反应"模式之后，你可能想要逃跑。在上学或者____的情况下，你想要的则是全然逃避。

或者，大脑进入"战逃反应"模式之后，你可能想要勇敢地站起来，直面"危险"。老师在课堂上叫你回答问题，或者_____时，你的大脑就会全力准备保护你，这就是你开始感到恼怒的原因。

为了让你变得劲头十足而出现的变化里面，有些变化会让你的心跳加速、呼吸加快，从而将更多的氧气输送到肌肉中。消化系统中的部分血液会流向胳膊和双腿，以便你可以更为有力地战斗，或者以更快的速度逃跑。这就是有时你觉得自己想要呕吐的原因。这种状况，还有可能让你觉得头晕目眩、情绪激动或者_____。

焦虑会让人变得更加难以集中注意力，更难清晰地进行思考。难怪你在学习上一直都有点儿吃力。

了不起的一点是，你可以向自己的杏仁核表明，你很安全。呼吸、专注和运用新的思维技能，将有助于你在焦虑出现时控制好情绪。

我们可以制订一个计划，让你来练习这些技巧。在这一过程中的每一个阶段，我都会支持你的。

你可以融入解释的其他观点

在孩子焦虑情绪发作得不是最厉害的时候，不妨让孩子明白，担心是体内报警系统造成的"假警报"。向孩子解释这种状况尤其会出现在他们面临一种新的或者陌生的形势时。你可以打个比方，说孩子是戴着担心或者焦虑的眼镜去看待各种情况，想要找出所有可能出现问题的地方，找出所有的"如果……会怎么样"。

孩子在阅读恐怖小说或观看恐怖电影时，即便没有面临危险，他们也会觉得害怕。向他们说明这种情况，也会很有益处。你应当帮助孩子，让他们将那种经历与感到焦虑时的体会联系起来。

04

辨识孩子的焦虑

你是否还记得,第一次看到自己刚出生的孩子身上长满斑疹,或者注意到孩子的后颈有肿块,或者应对孩子第一次发烧时的情形?身为父母的我们,第一次处理这些情况时感到没有把握、紧张甚至焦虑,都是很正常的。说到养育孩子,这样的"第一次"实在是太多了!有些"第一次"会让我们觉得兴奋与快乐,如孩子第一次露出微笑、第一次发出动人的笑声和说出大家期待已久的第一句话。还有些"第一次"却需要我们向有经验的朋友寻求育儿建议、安排预约去看全科医生,甚至向"谷歌"(Google)这位"大夫"咨询(不过,我们建议你不要这样做,因为这种做法往往会让你变得更加焦虑,而非缓解你的焦虑)。

随着时光流逝,我们就会慢慢熟悉起来,看到抗病毒之后孩子身上的皮疹或由病毒引发的淋巴结肿大后不会再感到着急,孩子发烧时也能够不那么紧张地进行监测和处理了。我们都是"一直陪着孩子,采取了措施";那种经历,让我们能够辨识出一种熟悉的模式或者变化,并且据此来采取行动。

与孩子们所患的生理疾病不同,焦虑并不总是一种特殊的症状模式。不同孩子的症状千差万别，在其人生中的社交、情感和学业方面也有不同的表征。

这一点，使得我们很难看出孩子身上的焦虑，除非是你自己也曾患有焦虑症。患有焦虑症的父母，通常都能发现孩子身上的焦虑症状。而在通常情况下，这些症状却有可能被家长忽视，起码会在一段时间里被家长所忽视。儿童焦虑症的症状，可能与成年人患上的焦虑症相似。

在本章中，我们将向你说明如何去判定孩子产生的焦虑究竟是不是对生活事件的正常反应，以及如何识别不同类型的焦虑症状。我们还将说明，普通的焦虑何时有可能彻底恶化成一种焦虑症。早识别就意味着早诊断、早干预，从而有助于改善你、孩子和家人的生活质量。你不妨做几次深呼吸。让我们开始吧。

父母的优势得天独厚

焦虑常常不会被人们发现，因而我们可以理解，这种病症通常都会持续数年而没有得到治疗。半数患有焦虑症的成年人在青少年时期就出现过症状，因此，倘若你也在年纪较小时经历过焦虑，那么身为家长，你就具有了辨识焦虑症状的优势。辨识出了症状之后，带着孩子去看看全科医生，就会让你能够和孩子一起探究焦虑症状的性质，然后规划你的下一步措施。

一项针对1万多名青少年进行的大型研究发现，焦虑症状始发的年龄中值为6岁[1]。这项研究表明，尽管人们明白焦虑和其他心理疾病都是在儿时或青春期首次发作，但他们通常要到数年之后，才会去治疗[2]。

你付出一点儿时间就会认识到，只需通过阅读本书，将你在其中学到的知识加以应用，你就会给孩子的心理健康与幸福历程带来积极的影响。你学到的东西，将有助于你辨识暴露焦虑症的迹象（如果孩子身上确实有迹可循的话），并且采取必要的措施。去看专业医生，并不意味着孩子一定患上了需要进行治疗的焦虑症。退一步来说，就算是孩子确实患上了需要治疗的焦虑症，那么从获得所需的帮助和支持来看，孩子也是走在了前列。放心吧，就算孩子患上了焦虑症，你也会逐渐适应，并且获得帮助。

焦虑 - 平静是个连续体

焦虑存在于一个连续统一体中，范围则从高度平静到低度平静、从轻度焦虑到高度焦虑变化。这一点，有别于焦虑非"有"即"无"的传统观点[3]。注意孩子是否正从一种较为平静、放松的表象朝着感到比较紧张的状况改变，以及是否同时伴有行为变化，就是你随着时间的推移而"拭目以待"这些变化是否确实指向焦虑的线索。

同样，帮助孩子朝着平静的方向前进，也有助于缓解他们的紧张情绪。

行为线索

幼童通常解释不清自己的思考方式与感受。虽说年龄渐长之后，他们就能够较好地表达自己的感受了，可从他们的行为当中，我们常常都会看出一些迹象。有的时候，行为线索就是焦虑症的早期迹象。其他时候，这些迹象却要等到焦虑成为一个严重的问题之后，才会变得显而易见。

焦虑会以不同的方式呈现出来，这一点，会让你的角色变得十分重要。大多数父母都拥有一种神奇的本领，连孩子在情绪、行为、话音、举止、饮食、注意力和交流中最细微的变化，也能察觉到，因此，你应当相信自己。通过提出一些问题，你也可以搜集到相应的信息。

林恩·米勒（Lynn Miller）是加拿大不列颠哥伦比亚大学（Canada's University of British Columbia）的儿童焦虑专家兼副教授，他开发出了一项只含有两个问题的便利测试，可供家长筛选出未来有可能患上焦虑症的孩子。研究发现，对这两个问题的回答很有效，在85%的时间里都能鉴别出孩子是否患有焦虑症。这两个问题是：

1. 你的孩子是否比同龄的孩子更加腼腆或者更加焦虑？
2. 你的孩子是否比同龄的孩子更加烦恼？

对这两个问题都回答"是"，并不意味着你的孩子已经患上了焦虑症，而是说明随着时间的推移，孩子患上焦虑症的可能性会增加。了解了这一点，可以让家长及早增强孩子的适应力、思维技能和自控能力。

焦虑何时算是正常？

焦虑是我们在紧张情况下的一种正常反应。有的时候，我们甚至有可能期待着焦虑。可即便属于正常反应时，焦虑也有可能让孩子及家长感到烦恼。家长很容易产生担忧之情，认为焦虑和烦恼是一些更严重的挑战即将到来的征兆。但请你不要害怕，因为这是大脑在发挥保护作用。最终，随着威胁消失，焦虑以及随之而来的烦恼也会消失。

有众多情况可能导致孩子感到焦虑，其中包括：

⊙ 应激事件。
⊙ 人生变迁。
⊙ 过渡期。
⊙ 艰难的经历。
⊙ 陌生或不熟悉的状况。[4]

大多数孩子在一个时期里，还会经历一系列的成长性恐惧与焦虑。你可能已经见过，如分离性焦虑，或者对黑暗的恐惧感。

下表是儿童和青少年在成长过程中出现的正常焦虑与恐惧感指南：

年龄		成长性恐惧与焦虑
婴儿初期	出生数周之内	害怕与照料者失去身体接触。
	0~6个月	害怕与众不同的刺激，如巨大的噪声、突如其来的动作。
婴儿晚期	6~8个月	羞怯；害怕陌生人。
幼童时期	12~18个月	分离性焦虑。
	0~2岁	害怕巨大的噪声、突如其来的动作、雷暴雨、真空吸尘器、噼啪作响的气球、穿着奇装异服的人（比如圣诞老人）。
	2~3岁	害怕打雷和闪电、火、水、黑暗、噩梦。
	3~4岁	害怕陌生而可怕的噪声、鬼怪精灵、床下的怪物、窃贼，害怕黑暗、夜间独自睡觉、奇怪的声音、卧室墙上的影子。
儿童早期	4~6岁	害怕死亡或者死人。
	5~6岁	害怕与父母分离、妖魔鬼怪、黑暗、独处、迷路、噩梦、打雷和闪电。
小学阶段	5~7岁	害怕特定的东西（比如动物、怪物和鬼怪），害怕细菌或者得上一场重病，害怕自然灾害，害怕创伤性事件，如灼伤、被汽车撞上、上学焦虑。学习成绩焦虑。
	7~11岁	害怕独自留在家里，害怕所爱的宠物或者人出事，害怕被同龄人所拒或说坏话。
青春期	12~18岁	害怕被同龄人拒绝接纳，焦虑同龄人对他们的看法，担心他们所爱的某人生病或即将去世、学业、高中毕业后的前景、世界性事件、非法闯入者、自然灾害、错失恐惧症[5]。

正常焦虑何时会变成一种障碍？

实际上，对于损害一名儿童生理机能与幸福的焦虑感，另一名儿童完全有可能忍受得了。心怀焦虑的儿童，大多数时候可能也很快乐。

倘若焦虑开始对儿童的日常生理机能与生活质量造成影响，那么，我们就会认为这名儿童患上了焦虑障碍。注意观察焦虑是否会让孩子变得身体虚弱或者感到烦恼，以及焦虑是否会随着时间的推移而变得更加严重、频繁和持久[6]。

家长何时才该担忧？

"走出抑郁"建议我们谨慎为上，并且提出：对于下面这些问题，回答"是"的次数越多，你就越需要考虑去跟孩子、跟家庭医生谈一谈你的观察所得。

⊙ 你注意到孩子出现了行为变化吗？
⊙ 这种变化是不是发生在多种环境下（家里、学校、工作中）？
⊙ 这种行为经常出现吗？
⊙ 这种情况是不是持续了两个星期以上？
⊙ 这种变化有没有影响孩子的日常生活（比如孩子的功课或者人际关系）？[7]

焦虑的迹象与症状

许多症状都是焦虑的指征。然而，出现这些症状并不意味着一名儿童患上了焦虑症。

下面，我们列出了焦虑症的一些迹象与症状，家长必须留意这些方面。你应当注意孩子出现焦虑症状的频率、焦虑症状的严重程度，以及你是在哪个时期内留意到这些变化的。

  如果感到担忧，那你不妨约个时间，去问一问你的保健医生。假如能够跟孩子坦诚地谈论这个问题，那么你还可以选择首次去看医生时带上孩子或者不带孩子。我们建议，你不妨随时对孩子身上的焦虑迹象和症状做好记录，以便与保健医生见面时，可以准确地描述孩子的情况。向保健医生提出一些关乎孩子心理健康的问题时，你感到担忧和不安是很自然的事情。记录孩子的情况有助于你提供清晰的描述，以便医生更准确地对孩子的状况进行评估。

  根据儿童的情绪对生理、行为和思维的影响，我们对焦虑的迹象与症状进行了分类。

情绪和生理上的症状

  "战逃反应"受到触发之后体内会发生诸多变化，故各种焦虑症状通常都属于生理症状。这些变化，可能让孩子感到烦恼。许多焦虑的孩子都很担心，他们的身体是不是出了不明的问题。将大脑和体内的运作机理知识教给焦虑的孩子，会帮助他们理解自身的症状和感受。

  情绪和生理上的焦虑症状包括：

⊙ 胸部疼痛或不适。

⊙ 胃部不适或疼痛；恶心。

⊙ 眼花、头晕或者有走路不稳的感觉。

⊙ 觉得意识模糊或者魂不守舍。

⊙ 感觉燥热或者畏冷。

⊙ 觉得喉咙发紧或者喘不过气来。

⊙ 失眠。

⊙ 眼前有斑点。

⊙ 头痛。

⊙ 有麻木或者刺痛感。

⊙ 腹泻。

⊙ 疲倦。

⊙ 心跳很快。

⊙ 呼吸急促（喘息），感觉呼吸短促或者呼吸困难。

⊙ 出汗。

⊙ 发抖或者战栗。

⊙ 经常因为小小的问题哭泣。

⊙ 恼怒生气。

⊙ 经常显得神经紧张。

行为症状

焦虑的孩子觉得忧心忡忡时，是很难集中注意力的。觉得自己的身体就像一台陷在坑里的赛车，做好了加速准备时，他们同样难以集中注意力。因此，焦虑会在下列行为中表现出来就不足为怪了。要注意的是，有些焦虑的孩子可能也会表现得安静、腼腆，还有一些孩子则有可能从不做出格的事情。这种孩子的焦虑，很容易被我们所忽视。表明焦虑的行为包括：

⊙ 上课时不积极参与，或者不敢发言，不敢举手回答问题。

⊙ 过度害怕犯错。

⊙ 想在外表和功课上都变得"完美无瑕"。

⊙ 不愿接受常规注射，或者不愿去看牙医。

⊙ 由于社交恐惧而不愿跟其他孩子一起出去玩，或者朋友很少。

⊙ 不在自己的卧室里睡觉，或者不愿参加通宵派对。

⊙ 由于各种原因而不愿上学（比如考试、成绩、受到欺凌、社交场合）。

⊙ 不愿参加体育活动、舞蹈或者其他涉及表演的活动。

⊙ 不喜欢冒险或者尝试新鲜事物。
⊙ 逃避让他们感到焦虑或者害怕的场合。

思维症状

由于焦虑的孩子心中总是在小心地提防着威胁和危险,因此他们始终都在思考:回想过去发生的事情,从各个角度分析形势与反应,想知道接下来会发生什么,以及担忧。如果世间有所谓的"担忧奥运会"的话,焦虑的孩子无疑个个都会成为金牌得主。担忧和想得太多,就是焦虑的一种迹象。

尽管所有的孩子在正常情况下都难免产生忧虑之情,可焦虑的孩子心中产生的担忧,却有可能给他们的思维带来严重的影响。在爱他们、关心他们的人看来,他们的大部分担忧都显得荒唐和无关紧要,但在焦虑的孩子心中,那些威胁却是真真切切的。

举例来说,焦虑的孩子心怀的担忧包括:

⊙ 这次考试我肯定会不及格。
⊙ 我没准会做错。
⊙ 放学后妈妈有可能忘记来接我。
⊙ 老师会对着我大喊大叫,同学们会哄堂大笑。
⊙ 那条狗有可能咬我。
⊙ 我有可能从自行车上摔下来,难堪得很。
⊙ 我会在朋友面前出丑。
⊙ 我会惹上麻烦。
⊙ 上学时我有可能生病。
⊙ 妈妈或爸爸可能死去。

依赖性

焦虑的孩子经常寻求安慰。他们的"战逃反应"常常处于触发状态，导致他们觉得自己受到了威胁。自然，他们就希望有个信任的人去抚慰他们，说他们完全没有问题。这种依赖性，属于"焦虑之舞"的组成部分。假如孩子感到焦虑，你就有可能熟悉下述场景：

- ⊙ 原本自己能够完成的任务，却要求别人帮忙。
- ⊙ 若是你或孩子信任的其他大人不在身边，就不去睡觉。
- ⊙ 提出这样的要求："你替我做吧！"或者"你帮我告诉他们吧！"
- ⊙ 看到情况中危险或者消极的一面。
- ⊙ 问："你确定我不会生病吗？"
- ⊙ 问："你确定会准时来接我吧？"
- ⊙ 要家长去跟老师交流，而不是自己去找老师交流。
- ⊙ 不想离家太久，或者根本不想离家。
- ⊙ 想要家长陪他们去参加派对并留在那里等他们。
- ⊙ 就某种担忧不断寻求安慰（例如，说皮肤刺痒不是癌症）。
- ⊙ 经常倾诉他们的想法与烦恼。
- ⊙ 表现出依赖性行为，包括黏人。

在孩子感到焦虑的上述情况下，缓慢的深呼吸会帮助孩子向其大脑中的杏仁核表明他们很安全，从而让他们的前额皮质恢复正常功能。与此同时，你不要试图用逻辑去说服孩子，说他们是杞人忧天，因为这种做法不大可能有什么作用。

过分或走极端

正如前文所述，焦虑的孩子会把问题不成比例地夸大，让平常之事变成天大的问题。对于下述场景，你是不是有似曾相识之感呢？

⊙对黑暗/狗/独处/考试怕得要命。
⊙总是想着最坏的结果。
⊙擅长根据模糊的信息得出极端的结论。
⊙由于过度担心日常事务、担心睡眠不足或者担心无法睡着而难以成眠。
⊙把情况想得最坏，想象最坏情形下的场景。

健康机能

儿童的焦虑，可能成为许多家长感到沮丧的根源。正如前文所述，孩子们感到焦虑的时候，他们都希望逃避焦虑的源头。他们还有可能因为某种原因而感到焦虑，然后发展到普遍想要逃避任何让他们离开自身"舒适区"（comfort zone）的事物。在后续各章探究控制焦虑的过程中，我们将讨论如何帮助焦虑的孩子变得勇敢起来，并且采取措施，去参与重要的活动、人际关系和经历，包括上学、与朋友一起玩耍。焦虑的孩子不一定非得等到他们感觉完全平静下来，才能去做重要的事情和发挥正常的机能。他们可以学会减少自身焦虑的干扰，并且带着焦虑一路前行。

焦虑影响儿童健康机能的例子包括：

⊙宁愿旁观而不愿尝试。
⊙不想为上学做好准备。
⊙经常去看校医。
⊙逃课。
⊙发现自己很难或者根本无法长时间久坐不动。
⊙难以集中精神。
⊙拒绝写作业。

⊙学习成绩很差。

⊙与朋友以及其他同龄人之间相处有问题。

⊙完成常规任务时总是哭闹、乱发脾气或者需要别人不断提醒，否则就做不了。

⊙认为自己无力应付，或者认为留在家里更安全。

⊙睡眠不足或者营养不良。

⊙学习上很吃力。

⊙逃避社交活动。

⊙难以在合理的需求之间保持平衡，比如做家庭作业和参加体育活动。[8]

看完焦虑影响儿童的方式之后，你可能正在想，自家的孩子可能真的患上了焦虑症。或者，上述例子可能证实了你业已了解的一个事实，即你的孩子很焦虑。这两种情况，自然会让一些家长感到紧张。

身为家长，我们很难去想，被诊断出患有焦虑症对孩子意味着什么。我们可以向你保证的是，就算你的孩子确诊患上了焦虑症，他们也已走上了获得控制焦虑所需的帮助与支持的道路。他们离理解自身的思维和感受、理解二者之间的联系以及度过一种丰富多彩的人生，又近了一步。

你将适应一种新的常态，与保健医生协作一起帮助孩子，你会觉得自己个人也获得了支持。除了在本书中了解到的知识，你还会进一步培养出一些技能，从而用有益、有效和可持续的方式帮助孩子控制好焦虑。

你将不再独自一人或者只与配偶一起应对孩子的焦虑，你将成为一个牢记孩子心理健康的团队中的一员。

焦虑的常见类型

焦虑症有不同的类型，而且各有其典型的症状。年轻人当中最常确诊的焦虑症，包括广泛性焦虑障碍、分离性焦虑症、恐惧症、社交焦虑障碍、创伤后应激障碍（PTSD）和强迫症（OCD）。直到最近出版的《心理疾病诊断与统计手册，第 5 版》(*Diagnostic and Statistical Manual of Mental Disorders*，DSM-5）之前，强迫症一直都被归为一种焦虑症，但如今已经自成一类。

对创伤后应激障碍（PTSD）的探讨超出了本书的范畴，我们现在不妨来看一看其他类型的焦虑症。

广泛性焦虑障碍

患有广泛性焦虑障碍的孩子经常感受到的焦虑，以及持续存在的担忧与恐惧感，可能会让他们很难满足自身的日常需求。逃避，就是他们将不确定感与尝试新鲜事物带来的焦虑感降至最低程度的一种常见做法。

广泛性焦虑障碍会让儿童很难看清形势与事件的本质，他们的想法常常都集中在消极的可能性与结果上。他们会到家长或信任的成年人那里寻求安慰，要后者说他们没有问题，说他们担心的事情其实没有理由去担心，说他们预测的灾难不会发生。

分离性焦虑症

分离性焦虑症，是婴儿从 1 岁到 2 岁这段成长过程中的一种正常现象。刚开始上幼儿园时，许多孩子都会经历与家长难舍难分的情况（有时他们更黏一位家长，而不太黏另一位家长），甚至开始上小学时也是如此。这种问题，大多数都会很快解决。可对某些家庭来说，分离性焦虑症却有可能成为一个持续存在的老大难问题。

有些孩子很担心，分离之后某种可怕的事情就会降临到他们或者他们所爱的人（通常都是家长）身上。幼儿可能很难理解父母（或者他们深爱的其他大人）离开他们的原因，也不知道后者离开后还会不会回来。这种害怕之情，就是分离性焦虑症的根源。产生这种焦虑的儿童，会因为分离而感到痛苦，所以他们会不惜一切代价来逃避，于是就会哭泣、恳求、黏人和不愿说再见。

倘若孩子到了 2 岁左右之后，分离时的痛苦感并没有自然而然地降低，而孩子的焦虑程度依然严重的话，我们就可以确诊孩子患上了分离性焦虑症[9]。

这种焦虑还有可能发展到不想去上学、抱怨肚子疼和生病来逃避分离，为留在朋友家过夜而感到苦恼，或者担心去参加学校举办的夏令营等方面。患有分离性焦虑症的儿童，也有可能出现呕吐或者腹泻的症状[10]。

恐惧症

我们都有过害怕的时候。安全受到威胁时，我们自然会感到恐惧。有的时候，我们还会故意置身于一种让自己感到害怕和焦虑的处境中，如蹦极或者跳伞。在这些情况下，我们虽说有可能心怀惧意，却仍然会有意识地选择去做，因为我们深知自己严重受伤的可能性很小，并且这种经历带来的兴奋感远远盖过了受伤的可能性。

孩子们也是一样，他们会带着比平时更大的自信走上滑冰场，会抓起连成年人也有可能唯恐避之不及的昆虫，会在悬崖边跳入水中，或者在蹦床上自信满满地尝试新的花样。在其中一些情况下，他们虽然有可能心生畏惧，但不管怎样，还是会勇敢地"猛冲"。

恐惧症则是另一回事。倘若孩子患上了恐惧症，他们对某种特定类型的活动、动物或者情况的厌憎之情，就会达到非常夸张和毫无道理可言的程度。这种孩子会打心眼儿里坚信，他们害怕的事物会对其安全构成一种真正的严重威胁。一想到那种特定的东西、动物或者情境，患有恐惧症的孩子就会感到极度焦虑，就会尽量不去接触，仿佛他们全靠逃避才能保命似的。这种情况，有可能导致某些孩子恐慌发作，即陷入一种短暂的强烈焦虑状态。

常见的儿童恐惧症包括：

⊙害怕动物，如小狗或者小鸟。

⊙ 害怕昆虫或者蜘蛛。
⊙ 害怕黑暗。
⊙ 害怕巨大的噪声。
⊙ 害怕暴风雨。
⊙ 害怕小丑、戴面具或者长相怪异的人。
⊙ 怕血。
⊙ 害怕生病。
⊙ 害怕打针。

社交焦虑障碍

经诊断患有社交焦虑障碍（有时也称"社交恐惧症"）的孩子，在任何一种社交情境下都会觉得举步维艰。在患有这种疾病的儿童的行为模式当中，逃避处于核心位置。当患有社交焦虑障碍的儿童跟其他人待在一起时，他们的心思会转到别人如何看待或者评价他们的问题上。他们害怕让自己出丑，害怕被别人拒绝或被别人看作愚蠢、丑陋、古怪的人。

患有社交焦虑障碍的儿童，很难看清自身处境的本质：这原本是一个可以让他们放松下来、尽情欢乐的机会。他们希望如此，可焦虑却让他们难以与朋友一起外出玩耍。至于见到陌生人、成为关注的焦点或者在公开场合下进行表演，就更不用说了。

患有社交焦虑障碍的儿童，是通过尽量留在自己的"舒适区"里来对付其焦虑的。这种焦虑症的症状，都与避开他人，以及发现自己无处可避、不得不身处社交场合时感到烦恼有关。他们在全班同学面前讲话或者见到陌生人时产生的烦恼之情，会大大超过其他孩子在相同情况下经历的典型程度。在被诊断患有社交焦虑障碍的儿童中，女孩多于男孩。社交焦虑障碍首次发作的年龄中值是14.5岁[11]。

强迫症

你有没有过反复查看，以确保自己关掉了熨斗、加热器或者炉子的经历呢？你是不是在晚上明知自己几分钟之前刚刚把门锁好了，可上床睡觉前还是要反复检查，才能确保门已经锁上了呢？你是否在机场前往登机口的路上，曾不止一次检查提包里的登机牌呢？

我们当中的很多人，都干过这样的事情。我们会产生一种让自己觉得很不舒服的不安之感，而让我们确保一切正常所需的不过就是多检查一次罢了。我们之所以反复检查，原因通常都在于第一次按下电器开关、锁上门或者检查机票的时候，走神了。

包括反复检查、整理东西和洗手在内的强迫行为，就是强迫症的典型症状。

顾名思义，强迫症的症状分为两类：偏执意念与强迫行为[12]。偏执意念是指反复出现和持久存在的想法、具有干扰性和不请自来的欲望或者冲动，它们都会令人感到烦恼。强迫行为则会遵循刻板的规则，包括行为举止与心理活动，如反复洗手、整理、检查、点数、祈祷、心里反复默念，或者反复对家长说起某事。强迫行为的作用，就是削弱或者抵消偏执意念，从而缓解焦虑感[13]。

年轻人身上常见的偏执意念包括：

⊙害怕细菌。
⊙带有暴力性的想法，包括伤害自己或者某个所爱之人的念头。
⊙想象可怕或者粗鲁下流的画面。
⊙害怕将来做错事情。
⊙害怕已经做错了事情。
⊙自我怀疑。

⊙必须把东西摆放得整整齐齐、均匀或者对称[14]。

常见的强迫行为包括：

⊙检查。
⊙点数。
⊙洗手。
⊙重新做一遍作业，以确保"完美无瑕"。
⊙走路、按下电灯开关、转动把手或者做其他动作的时候非常"平稳"。
⊙提出问题以获得安慰。
⊙倾诉想法。
⊙收集或者囤积物品。
⊙按照特定顺序或者某种次数来触碰物品。
⊙固守严格的惯例。

收藏东西是儿童强迫症的一种常见症状，且女童较男童更为明显。这种儿童，还有可能听到心中有一个声音，命令他们去做惯常之事和其他的强迫性行为。他们可能优柔寡断，在日常活动中显得异常迟钝，而在完成某种强迫行为之后，他们就会如释重负[15]。

倘若偏执意念和强迫行为达到了下述程度，我们就可确诊孩子患上了强迫症：

⊙导致孩子不快乐和感到苦恼。
⊙对日常机能和参加正常的活动构成了妨碍。
⊙占用了孩子的大量时间。
⊙干扰了正常的日常活动。

⊙影响了与家人之间的关系。

青少年强迫症发作的平均年龄，介于 7.5 岁至 12.5 岁之间。患上强迫症的男女比例为 3∶2，但在年纪较大的青少年当中，确诊患有此种疾病的女孩稍多于男孩[16]。强迫症与其他类型的焦虑症相似，也是可以治愈的。患有强迫症的孩子，也可以学会了解和控制自身的症状，度过丰富充实的人生。

焦虑症在孩子上学时的表现

焦虑的孩子常常会发现，上学是一件很困难的事情。与放假时相比，在学期当中孩子的症状可能会出现得更加频繁，也更让孩子觉得苦恼。一到假期快要结束的时候，焦虑的孩子常常就会开始考虑自己快要返校的问题，而他们熟悉的焦虑感，也开始慢慢增强。

孩子在学校时的以下迹象需要我们加以提防，因为它们可能表明孩子感到焦虑了：

⊙难以集中注意力。

⊙频繁地去找校医。

⊙经常分心。

⊙追求完美。

⊙犯粗心大意的错误。

⊙冲动鲁莽。

⊙坐不住。

⊙课堂活动参与度降低。

⊙精力过剩。

⊙烦躁不安。

⊙爱抠细节。

⊙避免成为关注的焦点。

⊙被老师叫起来回答问题时木立无言。

虽然学校的作息时间表和惯常例程给了焦虑的孩子一定程度的确定性,但学校生活的很多方面却是不可预知的。在教室里,一名焦虑儿童可能要面对各种各样的影响,包括同学的行为、老师的即兴提问、学习以及他们所处环境的复杂性。装饰过度的教室,有可能影响某些孩子的注意力和学习,并且增加他们的焦虑感。

至于课堂之外,则是充满了不确定性。焦虑儿童可能受到成群的学生、噪声、社会交往的不可预知性等可变因素的影响。有安静地供孩子们休息之地的学校,可以说少之又少。

我们听说,有位护士刚到一所小学就发现,焦虑的孩子都喜欢去校医务室,以便逃避校园里的喧嚣嘈杂。她亲切地称这些孩子为她的"常客",总是给他们提供一个安静休息之地。她明白,焦虑的孩子在上学时,需要有一个让他们觉得心情放松、足以让他们的神经系统开始平静下来的空间。

Part 3
养育焦虑的孩子

若想长久控制焦虑并将其降至最低程度，儿童和年轻人都需要掌握一些工具和技能，才能够管理好自身的状态。这一部分，将集中探究最适于促进此种过程的养育方式。父母处在帮助孩子控制好焦虑的最有利位置，我们无论怎么强调都不过分。这就意味着，父母应当了解焦虑的生理机能，才能将其中的关键知识传达给孩子。这些知识，也将有助于父母更加舒畅、更加自信地去应对焦虑感和担忧感。家长还须充分意识到，他们在感到紧张和孩子产生焦虑两种情况下表现出来的行为，这种自我认知，就是家长给孩子树立有效地应对和控制紧张的榜样的先决条件。

我们坚信，儿童和青少年不应躲避日常生活中的挑战与期望。我们必须考虑到他们的焦虑，但焦虑不该成为孩子们不去参与日常事务的借口。提升孩子真正的独立性与适应力，必须成为养育焦虑的孩子这一过程的核心。独立性与适应力两种性格特质，都有助于孩子高效地学习和生活，并且随着时间的推移，最终让孩子不再那么焦虑。本书的这一部分将告诉你，如何来培养孩子的独立性与适应力。

05 树立榜样

假设你有一个焦虑的孩子。你应对孩子焦虑状态时所用的方式，在某种程度上来看，不是帮助孩子进行自我管理，就是阻碍孩子进行自我管理。与孩子合作的关键，并不在于努力治愈他们的焦虑症，而在于帮助他们认识焦虑、理解焦虑的原因，然后在接下来的人生过程中控制好焦虑（即把焦虑置于隐蔽的"背景"中去）。那么，你又如何来回应孩子的焦虑呢？你是沉着冷静、有条有理地回应呢，还是说他们的焦虑会让你感到不安、让你觉得紧张呢？在这一章里，我们将告诉你如何在孩子感到焦虑时做出适当的回应，并且讨论榜样对儿童的影响。

榜样的影响

孩子天生善于模仿。他们会模仿我们的话语、我们的行为，甚至是我们的态度。如果这样说听上去有点古怪的话，你不妨去跟一个两岁的孩子相处一段时间，到时你就会发现，模仿是孩子首要的学习模式。

不只是两岁的儿童才会模仿。各个年龄段的孩子，都会仔细观察父母的行为，观察与之相处的其他人的行为。儿童与青少年都会近距离地看到父母的一举一动。他们会见证我们最快乐的时刻，因而会看到我们最好的一面。他们还会看到我们在生活不顺心时出现的紧张状态。而最重要的是，他们会看到我们如何去应对这种紧张，如何对所爱之人做出反应，以及如何应对具有挑战性的状况。无论我们是逃避，还是深吸一口气之后全力应对挑战，他们都会看到。这些方面都是极其重要的教训，孩子们都会吸取。通常对孩子产生最大影响的，就是我们处在紧张状态之下时让孩子看到的那些行为。成年人情绪激动时的举止，通常会给孩子留下最难忘的印象。如果我们小题大做、不成比例地夸大问题的严重性，那么，孩子也极有可能把小题大做当作一种正常的反应机制。若深思熟虑、沉着冷静地应对困境，那我们就是向孩子表明，他们可以用类似的方式来应对困境。

迈克尔（Michael）的故事

跟我朋友的家人度过了一天之后，我们都做好了准备，要拍一张合影，可那位"13岁先生"（Mr. Thirteen）突然不愿意了。我开玩笑地用胳膊锁住他的脖子，好心好意地把他拉到了镜头前。拍完照片之后，我们都为这事笑了一阵子。我还暗自庆幸，因为自己降服了这个小男孩。可两分钟之后，就全都乱了套。那个13岁的孩子竟然用胳膊锁住弟弟的脖子，将弟弟摔到了地上。而且，他还不肯松手。他的父亲大声喝止，可"13岁先生"根本不听。直到父亲动手干预之后，这场"摔跤"才告结束。之前的和睦场景一去不返，取而代之的则是父母与孩子的不安与生气。我开玩笑地锁住"13岁先生"的脖子把他拽过来，其实做得不对。尽管我是开玩笑，可这种做法还是让"13岁先生"有了理由，去对他的弟弟做同样的事情。

> 他的行为中，并无我那样做时带有的玩笑之意。他的做法具有恶意。可这一点，并未改变是我让他能够依样去锁住弟弟脖子的事实。

身为父母，我们会通过做出榜样来教导孩子如何端正举止，我们自身的行为也给了孩子照样行事的理由。事实上，我们始终都在通过自己的行为，允许孩子去照样行事。倘若反应过度、小题大做或者编造借口，我们就是允许孩子也这样做。这种允许是隐性的，而不是显性的。我们不会真的对孩子这样说："急于得出结论、认为世界正在崩溃，这种做法是没有问题的。继续这样做，用你的胡思乱想让自己去感到紧张吧！"可我们的身教，效果却胜于言传。

正向运用许可心理

反之，正向运用许可心理的时候，我们就是允许孩子冷静、理性和深思熟虑地去行事。我们处在紧张状态下的举止，会向他们表明如何去调整自己的情绪与行为。之所以说榜样是儿童行为的有力塑造者，原因就在于此。

而且，若孩子非常敬重自己的家长，那么，父母榜样的力量还会更加强大。如此一来，童年早期和中期就成了榜样至关重要的两个年龄段，因为此时父母对孩子生活的影响最大。

家长许可的意义

可以说，父母身份是我们这个时代最了不起的成熟催化剂。在年轻人似乎都陷入了一段漫长青春期的这个时代，第一个孩子的出生，才让他们得以开始体会到什么是无私和责任。事实上，新晋父母除了马上就要负起责任，养育自己以外的另一个人，还须面对一种规则的改变，那就是他们的一举一动，都会被另一个人观察和模仿。

认识到他们的行为让孩子获得了依样行事的许可，是最可怕的一件事情。很简单，尤其是身为父母的我们和成年人，身边有孩子时，通常都得留心自身的言行举止才是。虽说我们并不想贬低一个人的玩兴、自然举动和个性意识，但身边有孩子的时候，你就必须想一想，清楚自己的举止究竟合不合适。

展现积极的举止

父母可以帮助孩子更好地控制焦虑的方法，主要有3类：对应激状况做出具有同理之心的回应，而不是做出情绪化的反应；生活变得不如意时，运用健康的应对机制；培养健康的生活方式，将焦虑及其影响降至最低程度。

1. 做出具有同理之心的回应

回想一下，孩子因为对自身发生的某件事情极感不安而来向你求助时的情形。或许，孩子受到了老师的不公对待，被教练当着全队的面训斥了一顿，或者是被一个不顾他人感受的同龄群体所排斥。不管怎样，你可能对孩子的遭遇感到生气，甚至觉得有必要进行报复。回想一下，接下来你做了什么。你做出了恼怒的激烈反应吗？你有没有包揽责任，想方设法要把孩子从这种困境中解救出来？你有没有抛开所有情绪，波澜不惊，却忽视了孩子的情感需求？或者，你有没有努力深吸一口气，保持冷静，给自己一个仔细思考此事的机会？现在让我们进一步探究这4种方法，并且搞清楚，若想帮助孩子更好地控制焦虑与烦恼，哪种方法最合适。

（1）激烈反应

孩子遇到麻烦时，我们会做出激烈的情绪反应，这是世间最自然不过的一件事情。它类似于"战逃反应"，因为在"战逃反应"中，我们的默认选项就是在麻烦即将到来时迅速行动起来。情绪激动的时候，我们不会再正确地进行思考。我们往往会反应过度，对一种状况小题大做，或者想象出可能出现的最糟糕场景。人们对一件事情怀有激烈的情绪反应时，常常会做出日后感到后悔的决定。这是一个确定无疑的标志，说明这种反应尽管可以让他们当时感觉良好，却并未获得良好的效果。

（2）解救

设想你的孩子因为第二天要参加考试，可自己并没有做好准备，所以一想到要去上学就极其紧张。孩子心烦意乱，接下来又开始埋怨老师，说老师没有给他们留出充足的复习备考时间。"这太不公平了。就算去上学，也是浪费时间，因为我考试肯定不及格。那样的话，老师就会更加讨厌我。"孩子会开始打"不公平"和"老师不喜欢我"之类的牌，让你觉得内疚。尽管内心明知孩子应该去上学，可你还是对自己的坚定立场产生了怀疑，于是让孩子们旷课一天……"下不为例。"你已经把孩子解救出来，让他们无须再去面对困难，而从表面来看，孩子也已感觉良好，因为他们的情绪突然就平静下来了。的确，把孩子从导致他们真正或者假装感到焦虑的处境中解救出来并不难，可从长远来看，孩子学到的只是这个：假如一种状况让他们感到不安，那就最好逃避，不去忍受尝试解决问题带来的不适感。而可能令他们感到惊讶的是，这场考试或者他们不想参加的那件事情其实并没有那么糟糕。

（3）放弃

"爸爸，教练不愿让我踢中锋。他一直让我踢后卫，这简直是浪费时间。"

"儿子，你必须服从教练的安排。他让你踢后卫，肯定有他的理由。"

"得了吧，爸爸！"儿子气冲冲地跑回自己的卧室，"砰"的一声关上了门。

这位父亲关注的只是儿子的行为，却忘记了关注儿子的情感。实际上，他放弃了对儿子当前情感需求的关注，转而去关注了一种适合整个团队的不同局面。孩子们感到不安、紧张或者焦虑时，总是会把眼界局限于自己身上，很难看到自己那个小世界以外的东西。

（4）回应

我们不妨将上述场景重现一遍，看一看若父亲先关注儿子的情感需求，会有什么样的结果。

"爸爸，教练不愿让我踢中锋。他一直让我踢后卫，这简直是浪费时间。"

"儿子，你说得好像对整件事情都很生气。"

"是啊，我现在讨厌足球。我完全没有感到快乐。"

"是因为你所踢的位置，还是因为你跑得不快呢？"

"我不知道。别的孩子都不把球踢给我……"

这位父亲以一种具有同理心的方式关注儿子的情感之后，对话就沿着一条完全不同的道路继续下去了。他的回应方式满足了儿子的需求。也就是说，儿子觉得父亲理解了他。接下来，父亲就能够把谈话引向儿子开始敞开心扉的道路上，来讨论真正困扰儿子的事情了。

上述例子集中关注的，都是父母用于解决孩子紧张情绪和烦恼时的一些方法。但我们也须注意身边有孩子时我们应对自身紧张与焦虑情绪的方式。如果我们情绪上反应激烈，如果我们逃避棘手的处境，或者忽视自身的感受并且不加理会、继续生活，那我们就是在教导孩子照样行事。我们都希望，孩子在感到焦虑或者紧张时，能够做出理智而深思熟虑的反应。我们都希望，此时他们能够后退一步，深吸一口气，让他们的杏仁核平静下来，再去做出回应。

2. 勇敢应对

为人父母之后，我们好的、坏的和丑陋的一面，全都会呈现出来。你无法瞒过孩子。如果你是个悲观主义者，悲观就会通过你应对困境的方式体现出来。如果你是那种动不动就跳起来的莽撞之人，孩子也会看得出来。如果你是一个毛毛躁躁的人，喜欢小题大做，孩子们就会情不自禁地注意到这一点。若选择相反的方法，孩子们就能看到我们应对焦虑状况时的沉着与冷静。鉴于此，我们完全有必要详述一下应对困难的有益办法，以便儿童和青少年能够看到，健康的成年人是如何应对他们的焦虑和困境的。

下面就是一些控制紧张的有益方法，你可以为孩子树立榜样。

（1）发现自己正在反复思量

反常的是，我们尽管明白烦恼对自己没有好处，可面对一种困境时还是会不断地感到担心，因为我们认为这样做有助于维持掌控感。当你发现自己正在反复思量未来的事情时，不妨问一问："思虑过度有助于我解决这个问题吗？"要是不会，那就应当转而去想某种更加有用的东西，如在心里预演一种成功应对此种情况的方法。

（2）质疑你的（担忧）思想

大多数患有广泛性焦虑症的人，要么会高估坏事发生的可能性，要么会低估自己应对这种坏事的能力。在他们看来，一桩活动会是"一场绝对的灾难"，而若必须参加的话，他们就会"神经崩溃"。应当通过怀疑它们的正确性，来对这些令人担忧的想法提出质疑。"出现这种情况的可能性究竟有多大？"此时你不妨回想一下过去的经历，来证明你能够应对这种情况。

（3）运动

运动是应对焦虑情绪的一种健康方法。发现自己深陷于焦虑当中时，你不妨做一些运动，如快走、跟孩子们一起玩耍或者去健身房健身。跟孩子讨论一下你去锻炼的原因，让他们明白运动会对你产生积极的影响。

（4）转移注意力

不要一门心思只想着自己的烦恼，因为这样做的结果，似乎只会让烦恼变得更加严重。你应当做些别的事情，把注意力从烦恼上暂时移开。你不妨下下棋、看看电视、打打电子游戏或者外出走一走，做些分散自身注意力的事情。你不妨向孩子表明，主动分散注意力是一种健康有益的办法，通常会给人带来一种洞察一切的感受。这样做，还能防止你过分强调未来可能经历的情况，不至于小题大做。

（5）放松

感到焦虑的时候，你通常都会处在极度兴奋的状态，这就意味着此时的你很难放松和平静下来。你可能会注意到自己坐立不安，不停地敲击着自己的腿，或者一直感到很烦躁。尽管此时你能够做到的、最有效的事情就是放松心情，可这种情况却很难让你放松下来。果真如此的话，你不妨尝试一下逐渐放松肌肉或者正念（mindfulness）之类的技巧（参见第十一章），来帮助你降低心理干扰和保持冷静。

下面就是几种应对脚本，可供你在孩子面前运用：

"我现在感到很焦虑。我不知道究竟是为什么，但这不要紧。我要停一下，做5次腹式呼吸，这样做一向都有效。"

"现在我没法把注意力全都放在你的身上，因为我正在想法填完这份在线表格，它让我觉得很懊恼。我要出去散5分钟的步，呼吸呼吸新鲜空气，回来再试一次。我填完就会来找你。好不好？"

"我的心思不停地跳到明天上班后要做的报告上。我觉得很紧张。我要去客厅里坐着，做一次正念练习，好把我的心思拉回现在。"

"度假要打包的东西实在太多了。我得花几分钟来注意我能听到的所有事情，才能更加专注，把精力集中到需要做的事情上。然后，我准备列一张表，每次做一桩事情，确保带上了我们需要的所有东西。"

3. 健康的生活方式

心理学家兼演说家安德鲁·富勒（Andrew Fuller）很喜欢对听众说，父母的职责就是教导孩子好好生活。这是一种优美的表达，有助于我们将注意力集中到养育孩子的重点上。这句话提醒我们，非但我们的话语和态度一览无余，孩子们会加以模仿，而且我们的生活方式也是如此。健康的生活方式，是一种含有良好的身心健康习惯的生活方式。睡眠、锻炼、饮酒和我们彼此之间的关系，都会对心理健康和焦虑产生影响。在本书的其他章节里，我们将探究健康的生活方式中的一些因素，它们都有助于将焦虑降至最低程度，将儿童即便在受到焦虑威胁的情况下也能度过幸福人生的能力发挥到最大。至于眼下值得我们牢记的则是，儿童和青少年通常都会以父母为榜样，故你应当思考一下呈现于孩子面前、供孩子去模仿的那种生活方式。

06

回应孩子的焦虑时刻

在上一章里，我们讨论了榜样对孩子们控制自身焦虑时所用方法的影响。我们论述了家长可能出现的 4 种常见反应：激烈反应、解救、放弃或者回应。在本章中，我们将进一步探究，孩子在经历一个重大的焦虑时刻时，你如何有效地做出回应，好让孩子觉得你倾听和理解了他们，并且最重要的是，以便你能够帮助孩子保持冷静，而不是被他们的想法和感受所压垮，或者因为这些想法和感受而变得惊慌失措。

我们将向你介绍两种可以同时发挥作用的体系。第一种就是"冷静（SOBER）体系"，它的焦点集中在为人父母的你身上，以便你能够有效地做出回应。第二种体系称为"焦虑响应规划"（Anxiety Response Plan），它会向你表明，如何对一个焦虑的孩子做出回应。

应当保持冷静：哦，当然啦，没错吧？

焦虑具有感染性，因此在对焦虑的孩子做出回应时，你自身的紧张与担忧之情很容易带来妨碍作用。你自己产生焦虑情绪之后，要记住当下的重要之事，就会变得困难得多，因为焦虑会干扰你的决策。这就是我们极其喜欢用

"冷静"这个简单易记的缩略语的原因[1]。

S：停下（Stop）
O：观察（Observe）
B：呼吸（Breathe）
E：拓展（Expand）
R：回应（Respond）

停下

"一心多用"（multi-tasking）可能会在养育孩子的过程中发挥出巨大的作用。在一个典型家庭中的一个晚上，父母需要准备和烹饪晚餐，可能要给孩子报听写，或者帮助孩子完成家庭作业。家里可能有洗完的衣服需要晾晒，有账单需要支付，有邮件需要回复，有白天的经历需要分享。这些任务当中，许多都是同时完成的。所有家庭的情况，在某个时候都会属于这种模式。人们常常还会觉得每天的时间不够用，没法做完所有的事情。

我们很理解这种情况，因为我们也都经历过。不过，我们可以告诉你的是，"一心多用"属于用词不当。实际上，我们不可能同时进行两项高级的思维任务。虽说我们可能觉得像是"一心多用"，可事实上却是一种任务切换。只是由于切换得极其迅速，我们才觉得像是两件事情同时发生似的。这种情况，就像是在电脑屏幕上打开的两个标签页之间快速切换。

至于说养育焦虑的孩子，他们在感到焦虑时需要你给予充分的关注。通过把全部注意力集中到他们身上，你就能够更好地利用自己在本书中学到的有用的新方法去回应他们。你不必在孩子需要你的时候马上丢下一切，你完全可以说自己正在做某件事情，但一会儿就去陪孩子。那样的话，来到孩子身边之后，你就更易集中注意力，真正地去倾听他们的心声了。"一心多用"还会加剧你的紧张程度，这种情况，你很可能早已受够了。

观察

观察是你了解实际情况的大好机会。你应当做一个观察者。应当观察和看清情况的本质。这种观点看似简单，做起来往往并非易事。孩子此时在干什么？他们的行为举止向你透露了什么？这种场景出现于你的面前时，你在想些什么？你有没有对再次发生这种事情感到生气？你有没有觉得不耐烦，想要介入和解决问题，以便结束此种局面？或者，你是否对孩子此刻正在遭受的痛苦感到伤心？在这些情况下，你需要花上一段时间才能回过神来，观察正在发生的事情。请务必对自己保持同情心和耐心。

呼吸

缓慢地深呼吸，就是我们可以激发放松反应、遏制"战逃反应"的唯一途径。此时花上片刻时间，做几次深呼吸，是你平复自身的紧张感与焦虑感，以便用良好的心态深思熟虑地对发生的事情做出回应的办法。

拓展

"冷静"方法中接下来的这一组成部分，是指你将认识加以扩展，考虑当下的各种可能性。你在哪里？接下来会发生什么？你是否处于最佳状态，能否用自己喜欢的方式做出回应？如果已经无法准时赴约，心中已经开始感到焦虑，你又能用什么方式做出回应，才能让大家继续前进，而不再回到过去喜欢逃避和寻求安慰的老习惯上去？你还有哪些选择？

回应

在回应一个焦虑的孩子时，你作为家长，说出来的第一句话必须具有确认之意。此时，就是你说出"我明白"的机会。

婴儿会通过哭闹，让父母知道他们需要某种东西。有些婴儿的需求完全可以预见，很容易辨识和得到满足，因为他们会遵循进食、玩耍、睡觉的周期，其间还有换尿布。他们以哭闹表现出来的行为其实是一种信息，表达的意思除了其他方面，就是"我饿了""我困了""我不舒服"或者"我要抱抱"。焦虑的孩子同样如此。他们的行为，其实就是一种信息，要传达给身为家长的你。

他们可能会感到沮丧、生气，会哭鼻子，会渴望倾诉他们的焦虑，或者想要逃避一种诱发焦虑的状况。这些方面，都是他们感到焦虑的迹象。而他们首先需要的，就是你认识到他们有所需要，然后告诉他们，你接收到了他们的信息。你可以对他们说下述这样的话：

"我看得出，你对参加这次派对感到担心。"

"谢谢你告诉我，你对这次考试感到非常紧张。我明白了。"

"噢，我明白了，你以为自己发送的短信没有收到回复，就说明你一定是做了错事。"

"我听明白你的意思了。"

"我知道那是什么滋味。"

这样的回答，全都属于带着同理心进行回应的例子。

布芮妮·布朗博士解释了同理心是如何与人产生共鸣的。所谓的同理心，就是利用自己内心的相同感受，让别人明白你理解他们，因为你也有过那样的经历（但不要把话题转移到自己身上）。

这就是焦虑的儿童需要从家长那里得到的东西。如果当时拿不准该说些什么，你可以先说一句这样的话："你告诉了我，我感到很欣慰。"

你可能需要进行一定的练习，才能在对孩子的焦虑做出回应时记得运用这些思维技能。这种现象是完全没有问题的。大家都是凡人，这些情况可能会让你感到不安和紧张。但最终，你会变得更加自然地去回应。每次练习"冷静"技能时，你都是在重新训练自己的大脑来用这种有效的方式做出回应。

全局观念

最紧要之事，就是记住最重要的事情。

——铃木禅师[2]

焦虑是不可预知的，会在最不应该的时候出现。若孩子感到焦虑，不想去上学，不想参加派对，不想去拜访朋友，不想去购物中心，甚至不想参加最喜欢的体育训练，这种情况就会给家长带来极大的沮丧感。要记住，即便心中怀有一些无益于解决问题的念头，也要善待自己，要对自己抱有同情心。

对焦虑的孩子而言，此时就是他们"战逃反应"中的"逃"这一部分在发挥作用。离家去某些地方，甚至不管去哪里，都有可能触发他们内心中的警报，而逃避即逃跑，似乎就成为他们感觉最安全的选择。

由于他们的大脑极其努力地想让他们远离危险，因此他们有可能一叶障目，很难看到"森林"，只能看到"树木"。他们的眼界会变得非常狭隘，有可能看不到对他们真正重要的东西。

> **莎拉（Sarah）的故事**
>
> 刚过 15 岁，莎拉就在本地一家面包店里找了一份兼职工作。她的积极性很高，梦想着读完 12 年级之后，就跟她的闺密一起去环游欧洲，所以把自己挣到的钱存下了一半。

> 莎拉 12 岁的时候，家庭医生诊断出她患上了焦虑症。莎拉是个积极进取的小姑娘，通过每天冥想和定期锻炼，很好地控制住了自己的焦虑。可随着年岁渐长，学校和社会带来的压力渐增，她开始发现自己每天早上越来越难以起床上学了。她开始说起想辞掉兼职的事情。
>
> 莎拉的父母当时并不知道，他们对莎拉考虑辞职这个问题的回应是多么有力。他们提醒莎拉，问她起初为什么要找那份兼职工作，说她的海外游历将多么精彩，从而激发出莎拉继续工作下去的意愿，并且不断提醒她，说这项工作是她一个更大计划的组成部分。
>
> 他们带着莎拉去了一家旅行社，拿了一些宣传海报，使得莎拉在自己的卧室墙上，贴满了她计划去游历之地的精美图片。尽管莎拉患有焦虑症，可这样一来，这些图片就会不断提醒她，要她朝着自己的目标努力前进。

规划好自己的回应

事先知道自己如何去回应一个感到惊慌失措的孩子，或者知道如何去回应一个情绪激动到了"换气过度"（hyperventilation）的孩子，可能极其有益。我们已经发现，列于本章后文表格中的这种方法在孩子深陷焦虑当中时，能够有效地让他们平静下来。

辨识

或许，父母在这一过程中最难做到的一步，就是认识到孩子正在经历焦虑或者恐慌。了解有可能诱使焦虑发作的情况类型，也会有所助益。如果上学时学习新科目或者新主题是以前导致孩子产生焦虑情绪的原因，那么孩子在新学期不愿去上学，就不足为奇了。这样做，也有助于你了解孩子焦虑发作时的典型症状，如生气、哭鼻子、逃避、愁眉苦脸或者沉默寡言，就是孩子可能出现的一些行为。有时你会很忙，因而会忽视许多明显的迹象。或者，过去不曾导致孩子产生焦虑的情况或事情首次导致孩子产生焦虑情绪时可能让你大吃一惊。随着你日益熟练地做到与孩子心意相通，辨识孩子是否焦虑也会变得日益容易起来。

确认

最重要的是，孩子在感到焦虑时，都会希望有人理解他们。你不是非得去解决他们的问题，但你必须向孩子表明，你明白他们正在感到焦虑。"啊"这样的话语，就是确认孩子感受的一种好办法。重复自己听到的话，用它们去回应孩子，表明你正在倾听和试图理解孩子所说的话。这也是帮助孩子培养出一种更加微妙的情感表达能力的好办法：

"啊，你现在觉得很焦虑……"

"啊，你怀有一种'我可能搞砸'的念头……"

"啊，你觉得很失望，因为没有如你的愿……"

呼吸

就像你在孩子感到焦虑时，做几次深呼吸让自己不至于产生相同的焦虑感很重要一样，我们强烈建议你敦促孩子也来练一练呼吸之法。如果孩子熟悉深呼吸的技巧，那么你可以悄悄提醒他们做几次深呼吸。如果他们对深呼吸并不熟悉，或者孩子难以平静下来，那么你不妨建议说"来吧，让我们做3次深呼吸"，跟孩子一起做上几次。

注意力

一名儿童在恐慌发作或者深陷焦虑之中时,他们的心思总是紧盯着未来,总是在担心尚未发生的某件事情或者某种状况。你应当利用孩子的触觉、视觉、听觉或感觉,将他们的注意力拉回当下。

行动

等孩子平静下来之后,你就应当引导他们付诸行动,去做重要的事情了。如果是学校的一次考试导致孩子出现了焦虑,那你不妨帮助孩子制订出计划,让孩子尽量考好。全面地谈一谈孩子可以如何备考。应当提醒孩子说,只要他们尽了力,你就会对此感到欣慰。应当尽力缓解孩子因为此种状况而承受的压力与紧张,但不能允许逃避变成孩子的一种选择。

焦虑响应规划	
1. 辨识孩子的焦虑: ⊙了解诱发因素,如即将到来的考试、必须做演讲、结识新朋友。 ⊙了解焦虑的表现方式,如生气、哭鼻子、逃避。	辨识
2. 确认他们的感受: ⊙利用"啊"这样的话语。 ⊙匹配你的反应。 ⊙构建他们的环境词汇。	确认
3. 鼓励孩子做缓慢的深呼吸: ⊙提醒他们做深呼吸,如"我们一起做 3 次深呼吸吧"。	呼吸
4. 将他们的注意力带回当下: ⊙利用感官来转移他们的注意力,如"你看得见、听得见或能够触摸到什么?" ⊙让他们做运动,如专注地散步。	注意力
5. 引导他们采取行动,去做重要的事情: ⊙提醒他们什么才重要,如学业进步、与朋友玩耍、享受体育运动。 ⊙重新承诺采取成功的行动。	行动

关于忍受不适感的说明

尽管不属于"焦虑响应规划"中的明确措施，但支持感到焦虑的孩子忍受不适感，也是你可以采取的确认孩子当下焦虑经历的一种办法。

孩子们始终都在忍受不适感。他们只是没有意识到这一点罢了。忍受不适，是一种技能。我们可以把它看作一块经过训练之后变得更加强壮的"肌肉"。每次成功地忍受住了不适感，他们都是在强化自己忍受不适的能力，巩固他们总是会毫发无损地走出困境的这种认知。

说出一种感受，并且忍受这种感受带来的不适，会帮助他们迅速渡过难关，比不去理睬此种不适感更快。

忍受不适感，就是愿意忍受一种令人觉得不舒服或者情感上令人痛苦的感受。练习机会很多，一名儿童出现下述各种情况时，我们都可以找到这样的机会：

- 觉得饿了。
- 觉得渴了。
- 想要得到他们无法拥有的东西。
- 不得不停止使用电脑、手机。
- 分担家务。
- 错过了求职面试。
- 邀请某人约会。
- 没有收到派对邀请。

忍受不适，并非要孩子咬牙硬挺。它是指教导感到焦虑的孩子注意到自己的感受方式、说出他们的情绪，并且练习接受他们当时的感受。应当让所有孩子都知道，他们的感受是暂时性的，他们都有热心而善于安慰的父母在亲切地支持他们。如果将忍受不适与对孩子的应对表现进行社会奖励（比如表扬或者分享一项有趣的活动）结合起来，你就会帮助孩子增强高效应对的技能。

通过"社交故事"（social storytelling）缓解焦虑

天性焦虑的孩子通常都不喜欢改变，在面对新的事件、新的社交环境和陌生人群时，他们就会感到不自在。你可以注意到，随着新学年开学越来越近，他们会变得日益焦虑不安，因为他们意识到，自己将不得不去适应换了老师、结交新朋友、有可能去学校的另一个班级等变化情况。或者，你也可以注意到，孩子在最后一刻找借口推迟跳爵士芭蕾舞，因为随着约会对象越走越近，孩子起初的兴奋感会被紧张和不安所取代。在一名儿童或青少年觉得自己特别脆弱或者生活中有很多事情要做的时候，一想到要面对即将发生的新事件或新状况，他们原本相对轻微的不安感和不确定感通常就会大幅增加。

避免最后一刻产生焦虑情绪的最佳办法，就是为焦虑的孩子提供尽可能多的信息，帮助他们提前做好准备。我们建议你培养出一种习惯，那就是带着孩子演练陌生的场景，让他们产生自在感和掌控感。应当尽可能做到生动形象，并且给出他们如何为陌生场景做好准备的提示。"频谱旅程"（Spectrum Journeys）是一家为自闭症儿童的家长提供帮助的机构，其创始人凯特·约翰逊（Kate Johnson）把这种类型的准备称为"社交故事"。约翰逊认为，要想让患有自闭症的儿童有效地发挥出各项机能，孩子的家长与老师首先必须帮助他们控制好焦虑情绪。"社交故事"是一种有力的方法，可以帮助患有自闭症的儿童应对新的环境与事件。这种方法，并非只有自闭儿童才会从中受益。任何一个感到焦虑的人，在一个富有爱心的成年人冷静地领着他们演练一种陌生的状况或者事件之后，都会从中获益。下面就是一个例子：

亚历山大（Alexander），去参加诺亚（Noah）的派对时，你心里很清楚，派对上会有很多不认识的小朋友。你必须对这种情况做好准备。或许你可以想一想，结识新朋友时你该说些什么。我会带你去，但我在那里只会待上几分钟，直到你能适应。然后我就会离开，因为我可没有受到邀请。好不好呢？你认识诺亚的妈妈，所以你觉得想要休息的时候，就可以去找她。派对上很可能会玩一些游戏。你可能不想全都参加，但我认为你至少应该参加一项。好不好？去之前，你也许应该考虑一下自己想要参加哪些游戏。记住，你的爸爸会去接你。他会进屋去找你。没问题吧？要是他没有准时去接，你等着就行了，因为他有可能遇上交通拥堵。

准备好减轻孩子的负担

许多患有焦虑症的儿童，也都是积极性强、追求好成绩的学生。青少年很容易用具有挑战性的学习任务和活动来填满他们的日程，以至于变得不堪重负。正在上12年级？是的。踢足球？是的。有兼职工作？当然啦。参加学校演出？有何不可。参加慈善义跑？肯定的啦。一个上进心很强的孩子或青少年在全力以赴时，通常只需在他们的日程中再增添一项活动、一场疾病或者学习成绩小幅下滑，就足以让他们变得焦虑重重。突然之间，一切都会让他们感到焦虑不安。他们会对踢足球感到紧张，他们会担心自己的成绩，他们会后悔干了兼职，他们会对校园演出失去自信，他们甚至忘了还要参加慈善义跑。这并不是说，仅凭任何一项活动就会导致焦虑，而是说这些活动结合起来之后的总活动量可能让人觉得，所有的活动都在导致焦虑似的。此时，父母最好是找到办法来减轻孩子的负担。你可以帮助孩子重新制定日程，讨论一下他们应当放弃或者应当暂停参与哪些活动。你应当考虑减少让孩子独立行事的做法，为他们的众多日常任务多提供帮助。你还要考虑减少他们承担的家务量，努力给他们留下消遣放松的时间，以防孩子负担过重，因为负担过重往往会导致孩子经常感到焦虑。

结语

焦虑的孩子通常需要有人帮助，才能后退一步考虑事情，才能更全面地去看待问题。这种孩子，需要有人帮助他们看清事物的本来面目，而不是透过有如模糊镜头般的焦虑去看待事物。身为焦虑儿童的家长，你往往看得清楚大局。如若不然，你就应该抽出时间，跟孩子谈一谈那些对他们真正重要的东西。

看清焦虑的孩子当时的情况之后，你的部分职责就在于，想一想究竟是什么原因在妨碍孩子前进，帮助孩子减轻任何有可能让他们不堪承受的负担，并且鼓励他们一步一个脚印地生活下去。

07

培养孩子的适应力与独立性

　　适应力与独立性，是当下两个广为流行的时髦用语。事实上，这两个词汇用得极其广泛，以至于它们似乎已经丧失了原有的意义和重要性。这两个术语不能互换，但它们紧密相关，缺一不可。孩子若总是依赖别人，就不可能具备独立性。同样，如果想让孩子变得独立，就必须具备适应力。获得独立性的道路可能漫长而崎岖，因此适应力会与独立性相辅相成、携手前行。

　　适应力的定义有多种。心理学家兼演说家安德鲁·富勒认为，适应力是指能够在人生道路上忍受像"蹦极"那样大起大落的本领。澳大利亚著名的育儿专家迈克尔·卡尔-格雷格（Michael Carr-Gregg）则把适应力定义为"一个人从消极经历中恢复过来的能力"[1]。

　　我们认为，适应力具有两个大相径庭却又同等重要的重点，一个重点是着眼于当下，另一个重点是聚焦于未来。儿童和青少年既须能够面对和应付眼前的挑战、挫折和困难，同时又须逐渐增强应对未来挑战和困难所需的力量、技能和心理顽强性。提升适应力，就好比是孩子们在今天花掉一部分零用钱，同时也将部分零花钱存起来以备将来的不时之需。孩子应对具有挑战性的情况之后，会获得立竿见影的效果。但若是积累了一定的资本来帮助应对未来的挑战，他们自然也会获得未来的回报。

风越强，树越壮

经历人生当中的正常挫折与挑战，有助于增强孩子的适应力。孩子经历的那些看似不起眼的失望，如没有被选入运动队、由于生病错过了一场生日派对、在学校考试时没有获得自己期望的分数等，都有助于让孩子做好准备，去应对一些更加重大的困难，如进入青春期及以后可能面对的变化、冲突和排斥。

勇敢面对恐惧和直面那些导致焦虑的情况而非逃避它们，不仅有助于培养孩子的品格，也是增强焦虑儿童所需的心理顽强度的行为。

至于提升适应力这个方面，与那些无忧无虑地度过了童年的孩子相比，焦虑的孩子拥有一种优势。焦虑的孩子很清楚，在经历恐惧和面对困境时，他们内心紧揪、神经紧张是什么感觉。他们也很清楚，战胜疑虑与恐惧带来的喜悦与解脱是种什么滋味。在父母无微不至和敏感细心的养育下，他们还具有逐渐培养出一系列像疏导、情感智慧与专注之类技能的优势。这些技能，让孩子能够灵活地去应对未来的挑战和困难，不管是来自学业上、工作上还是社交上的挑战和困难。

为何人们认为老二更具适应力

人们认为，二胎生的孩子适应力比其他各胎孩子都要强。倘若你想一想，头胎孩子在关注度、资源和特权方面其实都占尽优势，那么这种情况就显得非常奇怪了。老二之所以具有更强的适应力，部分原因就在于他们很多时候都不得不屈居配角的位置。他们会更多地依靠自己，故很小就学会了不过分依赖别人来满足自己的需求。他们的适应力较强，还有一个原因，只是我们经常忽视，这个原因就是，二胎生的孩子天生具有一种灵活性。大多数二胎孩子的生活，都是围着头胎孩子的生活打转。率先出世的孩子，给父母的日程定好了安排。他们会率先走路、说话、去托儿所、上幼儿园和上学。他们都属于开拓者，带着父母第一次进入他们的每一个成长阶段。在此期间，二胎孩子降生，加入了这一过程，学着适应哥哥或姐姐的生活。还在蹒跚学步的时候，父母就会把老二从午睡中唤醒，去幼儿园接哥哥或者姐姐。上幼儿园的时候，他们可能会在下午跟着父母去参加老大的家长会，或者交由别人照料，好腾出父母去参加老大的家长会。上学之后，父母又会要求他们去观看哥哥或者姐姐的第一场音乐会或体育比赛，甚至有可能没完没了地看着哥哥或者姐姐为比赛进行训练！因此，大多数老二都本能地知道，他们必须去适应别人的环境。老二最有可能率先逃离温暖的家庭，要么是去旅行，要么只是为了体验一下离家的生活，这种情况可不是什么巧合。成年之后，他们更有可能适应不断变化的新环境。他们对未来感到焦虑和担忧的可能性也较小，因为他们的人生态度要自由放任得多。这种灵活性，就是培养适应力的一种巨大优势。

让焦虑的孩子培养出灵活性

灵活性是我们必须让儿童和青少年培养出来的一种重要的韧性特质，但让高度焦虑的孩子培养出这种品质，却是一项艰巨的任务。不确定性和缺乏掌控感，是导致许多儿童产生焦虑情绪，尤其是患上广泛性焦虑障碍的主要原因。在不确定自己能否应对一种状况时，孩子通常都会产生焦虑感。焦虑的孩子渴望确定性，会逃避他们无法确保成功的许多情况。

家长怎样来鼓励这些渴望获得确定性的孩子，让他们抛开掌控每种局面的需要，去承担随着适应力而来的风险呢？关键就在于，应当让焦虑的孩子逐渐接触让他们觉得不适或者他们有可能失败的情境。这种做法，在很多方面都会显得有违常理。如你所知，焦虑的孩子并不喜欢惊喜。他们喜欢自己掌控局面的感觉，喜欢了解正在发生和即将发生的事情。"社交故事"之所以极其有效，原因就在于此。所以，细心和关注孩子的父母通常会付出大量的时间，给焦虑的孩子提供产生掌控感所需的信息。他们早上就会告诉年幼的孩子，放学后是爸爸去接还是妈妈去接，以及放学后要做些什么事情。他们会跟孩子详细讨论一种新的情况，如去朋友家里做客，以便孩子知道接下来会发生什么。他们会尽可能详细地跟孩子谈论返校第一天的情况，以便孩子为开学第一天做好准备。这种类型的准备，会让焦虑的孩子觉得安心，但也有可能剥夺孩子培养出个人应变能力的机会。这种应变能力，源自孩子在没有计划和脚本可以遵循时不得不进行的"即兴发挥"。尽管焦虑的孩子会从父母提供的学习计划中获益良多，但他们也需要被置于那种没有做多少准备，或者他们必须自行去解决问题的环境中。

逐步接触会产生动力

约翰·莫纳什爵士（Sir John Monas）是一位传奇人物，他在第一次世界大战期间领导手下军队走向胜利时所用的那种开创性做法，会让我们惊讶地认识到，"逐渐接触"的观念如何可以用于改变人们的心态。莫纳什是此战中第一位出生于澳大利亚且指挥澳军的将领。与他的前任不同，此人拒绝牺牲手下的军队，不愿让澳军在法国战场上当炮灰。人们普遍认为，他通过不懈地规划和关注细节，扭转了战争的局势。

对其成功同样产生了关键作用的，是他将军队的心态从防御转为进攻的本领。这可不是件容易的事情，因为当时澳军已经在战壕内困了好几个月。他于1918年接管的澳军，已有两年多没取得过任何重大的军事胜利。莫纳什策划了一系列小规模的连续对敌突袭。这样一来，他的军队就可以再次逐渐感受到成功带来的喜悦之情了。他很清楚，部队在战斗中获得的胜利越多，他们就越想获得胜利。从小的胜利开始，然后利用动量之力，他在手下部队里树立起了一种成功文化。

这种逐渐接触的观点，也适合用在家里或者课堂上来创造变化，尤其适合用在那些具有根深蒂固的习惯和恐惧心理的儿童身上。我们可以让焦虑的孩子在没有任何准备的情况下，逐渐接触新的或者不熟悉的环境。我们建议，家长带着孩子去某个新的或者不同的地方时，可以偶尔抛开那种"你料想得到"的脚本。可以让孩子体会没有准备带来的那种不适感，与此同时，孩子也能获得那种知道自己尽管感到不适和焦虑，却也能做得很好所带来的满足感。

焦虑的孩子喜欢了解每天的情况，若惯常做法中出现了变化，他们就有可能感到困惑。事实上，在假期里，许多焦虑的孩子都会有一段时间觉得不舒服，直到他们习惯了这种新的假日生活。你不要害怕偶尔改变一下孩子的日常惯例，这样他们就会明白，自己完全可以在 7 点吃饭，而不是非得在通常的 6 点吃饭。这样做，并不是欺骗或者有意刁难孩子。相反，这是人为地给孩子创造机会，让他们既可以感受到稍稍接触时所带来的不适感，同时又能了解到，自己在不可预测的规则下而非一切都井然有序的情况下，也能表现得很好。这种逐渐接触不可预知性的做法，可以帮助焦虑的孩子产生所需的动力，使他们所用的方法变得更加灵活，并且不再那么害怕新的、不同的或者以前对他们具有挑战性的状况。

以群体为基础

在论述这一主题的大量文章和书籍中，我们很少看到一个方面，那就是适应力的群体性。尽管重点在于培养孩子们的个体适应力，但我们也不能忽视，适应力是群体的一种作用。如果家人具有适应力，那么孩子很可能也会具有适应力。虽说适应力强的父母可能会生下具有适应力的孩子，但我们必须指出，若把重心放在整个家庭而非单独放在孩子身上，家长就最能提升孩子的适应力。一切以孩子为基础的养育方式，或者将单个孩子优先于家庭的做法，在碰到困难时很少获得成功。整个家庭携手合作，分享每个成员的快乐、痛苦和挑战，是培养孩子适应力的最佳办法。这种以群体为基础的育儿观念，在只有两个或两个以下孩子的家庭里运用时会出问题，因为在小家庭里，我们很难做到不去着重关注孩子个人。家中有 4 个以上孩子时，父母的养育就会较倾向于以家庭为重心了。在这种家庭中，父母是领头者，会把大量的工作和一些照料任务交给其他家庭成员去承担。这种情况会产生一种"衍生效应"，让家人的关系变得更加亲密，让兄弟姐妹在生活艰难时更能做到相互扶持。若你家也有患上焦虑症的孩子，那么你应当尽可能地在家人之间培养出一种亲密感。如此一来，孩子就会觉得有人支持他们，并且明白，无论生活看似多么不顺心，他们都绝对不会觉得自己是在孤身一人面对挑战。

培养独立性具有良好的教养意义

培养孩子的独立性并不需要费脑筋，不是吗？从古到今，父母养育孩子的明确目标都是让孩子能够离开家庭，去养活自己。从根本上来说，人类这一物种的存续就取决于迅速培养出下一代，使之能够自立。这个目标，对数千年来的养儿育女方式产生了影响。随着生存变得日渐容易，家庭规模缩小以及人类寿命的延长，培养独立性就不再是养育子女的首要目标了。取而代之的是其他一些必要条件，其中包括建立人际关系、追求成就和幸福。家庭规模缩小意味着依赖性增强，技术减轻了人们的负担，使得孩子负重前行的可能性降低了。城市扩张使得孩子较难像以前的历代儿童那样到家庭之外去自由展翅，因此提升孩子的独立性也变得更加困难了。这种扼杀儿童独立性的形势，与孩子焦虑程度的上升有关。

独立有助于缓解焦虑

认为真正自立的孩子都不会感到焦虑，这种说法并不准确。我们在前文中已证实，焦虑与遗传有关，且这种相关性可能超越其他因素。然而，从长远来看，较高的自立水平无疑会降低儿童和年轻人的焦虑程度。独立性会增强孩子的个人能力。通过自主行事，他们会变得对自己所在的环境了如指掌。自己会系鞋带的孩子，不需要依赖别人来帮着完成。若能够安心地在社区里走动、在人来人往的街道上与人交谈，一名儿童对其父母就不再具有依赖性。这样的孩子能够自己去朋友家里玩，能够参加课外休闲活动和去商店买东西。世界突然在他们面前敞开，为他们提供了一种自由。孩子在必须依赖别人来帮助的时候，是无法获得此种自由的。这些驾驭感十分重要，因为它们有助于孩子拥有一种更强的掌控感。他们不用再听从父母的指挥。不过，这种较大的自由当中也含有一丝风险。突然之间，世界就变得更加不可预测了。事情有可能出问题。他们有朝一日可能会因为拐错了弯而迷路。他们可能遇到一些不常遇到的人，让他们感到不安。他们有可能经历大风大雨或者炎热等极端情况，并且不得不去面对。每次成功地应对了导致他们产生不确定感或者恐惧的情况之后，他们都会吸取适应力方面的重大教训，并且逐渐增强自身的驾驭感和掌控感。

自立自强的经验难能可贵，因为这种经历不但会增强孩子解决问题的技能和才智，也会让孩子获得应对未来的困难时克服自身恐惧所需的信心。

如何培养独立性

独立性具有多种形式，其中最重要的一种就是培养孩子的自立技能。只要孩子能够安全地完成任务，你就应当放手让孩子去做。莫里斯·保尔森（Maurice Balson）是《成为更好的父母》（*Becoming Better Parents*）一书的作者，他告诉家长们："千万不要经常替孩子去做他们自己能够做到的事情。"幼童能够自行吃饭和穿衣之后，你就应当让开，让他们自己来。上小学的孩子能够制作零食和帮着做饭之后，你就应当给予他们培养这些技能的机会。对于想在生活中获得更大自主权的青少年，你也可以给他们提供机会，让他们制定自己的预算和管理自己的支出。孩子会从这种自主中获得巨大的信心，但家长和其他成年人若出于好意，认为他们有责任替儿童和青少年包办一切，就很容易让孩子得不到这种信心。身为家长，你的职责就是让自己在有形意义上变成多余的人。孩子不再依赖你就可以完成他们的日常任务之后，你应明白自己的使命已经完成，因为他们能够照料自己了。

让孩子承担责任

培养独立性的下一步，就是让儿童和青少年去承担一些切切实实的责任。给予孩子责任说起来容易，做起来却有可能很难，因为那样做就意味着我们需要放弃自己的一些责任。在小家庭里，我们对孩子的生活情况了如指掌，因而很难放下自己的责任。在有4个或者4个以上孩子的家庭中，家长则较为容易将某种责任交给孩子们，接下来后退一步，让孩子真正去承担责任。由于家庭规模较大，父母往往需要关注很多方面，故对每个孩子的关注也会较少。

控制混乱局面与错误

将某些责任指派给孩子承担时，父母会面临一大挑战，那就是孩子们会不可避免地犯错。若让孩子装好自己从图书馆借来的图书去上幼儿园，他们很可能经常会忘记。若指望上小学的孩子每天都记得把自己的午饭带上，他们很有可能把午饭落在家里。若让十几岁的孩子负责每周清理家中的垃圾，他们很可能忘掉这回事，而垃圾桶在接下来的一个星期就会有垃圾溢出来。问题的症结，就在于此。我们必须允许孩子出现问题，而不能进行介入，不能去解救他们。我们解救孩子，就是在解除他们所负的责任。忘记带上从图书馆借的书、落在家里的午餐和垃圾塞到溢出的垃圾桶，就会变成我们的责任。我们的职责，其实在于让孩子更易记住他们的责任，并且帮助他们解决因为健忘或者只是因为做了个糟糕的选择所导致的问题，而不是替他们解决问题。我们非常忙碌的时候更易自己去解决问题，而不会给孩子留下自行解决问题的空间和机会。

杰瑞米（Jeremy）的故事

10岁的杰瑞米发现了一个多赚点儿钱来添补零花钱的好办法。他家养了很多鸡，鸡蛋通常都多到吃不完。获得了母亲的允许之后，杰瑞米开始每周向邻居出售半打鸡蛋。起初，杰瑞米满腔热情，定期把鸡蛋按照指定的日子送到邻居家。那时，他根本就不需要别人提醒。可过了几个月之后，随着创业带来的新鲜感逐渐消失，他的热情也开始消减。"星期五了，你平常不是要在今天送鸡蛋到隔壁家去吗？"妈妈不得不这样提醒他。杰瑞米虽说会接过鸡蛋，却显得很不情愿，样子还常让妈妈觉得内疚。可妈妈并没有为儿子的态度所动，她告诉儿子，卖鸡蛋一事的决定权在他自己手里。她提醒说，邻居们一到周末都在等着鸡蛋，他要是想赚邻居们的钱，就必须记得自己去完成这项工作。3个星期没有收到他送的鸡蛋之后，那位邻居便开始从超市订购鸡蛋，还礼貌地让杰瑞米明白，她可无法忍受供应不可靠的情况。杰瑞米大吃了一惊。他认为那位邻居不公平。可邻居不是不公平，她只是很现实罢了。

杰瑞米吸取到了关于责任的一次严厉教训。他从亲身经历中得知，责任可以带来回报，但也可以带来不利的后果。若没有履行承诺，你就得不到回报。这是一次严厉的教训，可生活本就如此。

教训存于错误与补救之中

经历这些涉及失望、失败和后悔的严厉教训，有助于培养孩子的适应力。孩子会得知，他们可以克服心中那些不快的感受，而不是为它们所拖累；尽管犯错会令人觉得尴尬和不便，但他们不一定要害怕犯错。实际上，他们根本没必要对未来的事情感到焦虑，因为就算失败，也不是什么世界末日。他们会从失败中恢复过来。生活会继续下去。这种情况也会过去。你若允许孩子对自身生活中的诸多方面承担全部责任，那么这些方面就是孩子将会吸取到的宝贵教训。

拓展孩子的眼界

与我交谈过的大多数成年人，都会带着蒙眬的眼神回忆起自己的童年，并且为他们的孩子没有享受到他们成长过程中的那种自由而感到遗憾。他们常常会充满感情地说起那种无忧无虑的童年。那时的他们，可以相对轻松地在当地的街道上到处闲逛。他们会回忆跟朋友一起散步或者骑自行车、逛公园、坐公交车去看电影，或者与朋友们一起闲逛时的情景。这些都是具有关键作用的童年经历，因为这种事情通常都发生在远离父母监管的地方，有时甚至还带有一丝冒险的色彩。

对儿童或青少年来说，长大必然会意味着拓展他们生理上的视野。他们会从独自在家中玩耍，发展到可能获得父母的允许去拜访近邻，再到获准在附近社区和更远的地方去玩。其中的每一步都代表着一种小小的挑战，代表着孩子（以及家长）必须做出相应的调整。比如，在社区里活动就意味着孩子会接触到陌生人，他们会顺着陌生的街道到不同的公园里去玩，而那些街道和公园无论是地处城镇还是位于乡村，都会让孩子远离家中的安全与舒适。这种更大的自由，会带来更大的不可预测性，给孩子带来更多的冒险机会。它也意味着，孩子必须不断利用自身的生理和情感资源才能摆脱困境，才能应对不确定的局面。

鼓励自我调节情绪

改变心情或者调节情绪的能力，是控制焦虑的核心。孩子可以利用很多技巧来改变他们的心情，其中包括听音乐、玩游戏、做几次深呼吸、冥想或进行体育锻炼。不管是通过消遣还是通过体育活动，孩子都能逐步积累起一整套策略。他们可以利用这些策略，在自己觉得情绪有如滚滚车轮一般把他们拖入困境时让自己平静下来，重新获得一定的掌控感。

我们坚信，为了增强孩子应对焦虑的能力，我们必须从小就开始培养，使他们形成独立性和适应力这两种不可分割的品质。我们可以寻找机会，从一些小的方面着手，从培养他们的心态开始。应当鼓励孩子运用自立技能；应当寻找机会，让孩子发现自己的问题；应当给孩子一定程度的自由，让他们能够经历新的和不可预知的环境；当孩子干得不顺利时，应当在情感上给予支持，帮助他们得心应手地去应对恐惧、疑虑和不确定感。

08
完善养育方式

有两种养育方式，对焦虑的孩子有所帮助。感到烦恼、恐惧或者担心未来之事的孩子，首先会从一种带有同理心的养育方式中获益。"我明白"，是孩子希望听到大人说出的话，那样他们就会觉得安全无虑。大人说出"我认为你做得到"这样的话语，鼓励孩子去面对恐惧，以及改变环境让孩子更易成功，这些方面也会让孩子获益。尽管这样做可能会对任何一个想要逃避导致其焦虑的环境或事件的孩子构成一种挑战，但这种类型的家长通常态度都较为坚定。按照 20 世纪 60 年代探究过养育方式的研究人员狄安娜·鲍姆林德（Diane Baumrind）的观点，这种结合了呵护与严厉的风格，称为"权威式管教"（authoritative parenting style）。一种纯粹呵护的风格称为"放任式"（permissive style），而一种特别严厉的风格则称为"专制式"（authoritarian）。

无论是放任式还是专制式管教，最终都不会在焦虑的孩子身上奏效。只管呵护却不严厉，意味着孩子不会有面临困境的挑战，其焦虑情绪就会继续增加。反之，如果只有严厉而没有呵护和理解，则会导致儿童或青少年觉得无人支持或者被人误解了。这些感受，更有可能加剧他们的焦虑，而不是将他们的焦虑降至最低程度。不管孩子是否有焦虑的倾向，全然严厉的养育方式所提倡的那种"不成功即成仁"的方法，对孩子几乎没有任何益处。

在讨论权威式养育方法时，我们常常喜欢引用小猫和小狗来打比方。不妨从小狗开始。假如你养有一条小狗，那你就知道，小狗通常都很友好，想要表达出它的爱、友情和关心。小狗是一种关系型的动物，会对你的关注报以热情的回应。"狗式"养育就是一种同感养育，会在孩子感到焦虑的时候，让他们知道你"明白"。猫类却不一样。它们通常都能做到自给自足，没有你也能过得很开心。用比喻来说，家长的"猫式"养育更能给孩子带来挑战，并且鼓励他们去"尝试"。这种家长能够让自己超然于孩子之外，后退一步，并且不允许情绪去左右他们的决策。

每个人身上都既有"猫性"的一面，也有"狗性"的一面，只不过大多数人都较容易倾向于其中的一种养育风格罢了。所用的养育方法较具"猫式"风格的家长，会更倾向于督促而非呵护孩子。不过，这并不是说这种家长就无法运用"狗式"养育方法。这种说法只是意味着他们需要稍为自觉一点，才能提供焦虑儿童所需的同理心。其他一些父母则更乐于运用"狗式"养育方法，在孩子身陷困境时完全下意识地提供帮助和理解。这种父母在必要的时候，也能利用自己身上"猫性"的一面，只不过这种方法并非他们的默认风格而已。

"猫式"与"狗式"养育方法的区别

"猫式"与"狗式"养育风格，都会通过我们的非文字语言，即通过我们的语调、姿势和头部的运动表现出来。长于"猫式"者，说话时声音会低沉、短促。他们的头部纹丝不动，身体挺得笔直，自信得很。长于"猫式"者都很冷静，沉默寡言，掌控一切。大喊大叫或者咄咄逼人，并不是他们的风格。

而长于"狗式"者说话时，语调变化很大，他们说话时会经常微笑，并且身体前倾。这是一种更加热情、更加平易近人的风格。这种风格适合用于交谈和建立人际关系。有的时候，这种风格会带有情绪化，更加坦诚，也更适用于表达同感。

热情的"猫"，坚定的"狗"

你认同这两种风格中的哪一种呢？如果偏向其中的一种，那么你可能必须稍加努力或者更加自觉一点，才能去运用另一种风格。在现实生活中，许多家长都在相互协作，由父母双方分担"狗"和"猫"两种责任，就像孩子们不那么完美时，他们有时会分别扮演好警察和坏警察那样。

不要错混两种方法

错误地运用"猫式"和"狗式"养育方法，会让你在孩子感到烦恼、紧张或者焦虑的时候采取的措施收不到效果。在孩子的焦虑时刻，假如你的第一反应是疏远和难以亲近，那就无法满足孩子当时的情感需求。你一开始就用"猫式"方法是不合时宜的，孩子会觉得被你误解了和没有获得你的帮助。孩子怀着真正的忧虑之情来到你的面前时，他们需要的是你的亲近或者"狗式"方法。若过后孩子继续感到焦虑，你就必须将平易近人的"狗式"风格抛到一边，用"猫式"方法冷静、确定无疑地敦促孩子去做几次深呼吸。在孩子需要控制自身的情绪和思想时，容易激动或者情绪化的"狗式"方法只会加剧孩子的紧张程度。

做出正确的回应，你就能够给焦虑的孩子或青少年带来他们真正需要的东西。也就是说，能够给他们以猫类的冷静、自信和安全，以及狗类天生具有的呵护、认可与理解。

分别运用两种方法

我们常见的一种错误做法，就是大人没有将两种方法分开运用。假设你的儿子放学回家时神情非常不安，你不知他究竟出了什么问题，但还是会密切留意。接下来，他骂了妹妹一句，导致妹妹来找你寻求支持。告诫过儿子之后，你便怜悯地问他出了什么事情。从儿子那里，你极有可能听到令人一头雾水的回答，因为你将管理（这是一种"猫式"做法）和建议（这是一种"狗式"品质）混合起来了。我们最好是分开来运用这两种方法。在这个例子当中，你最好是告诫儿子注意自己的行为，或许还可以让他回到自己的房间去反省。接下来，等一切都平静下来之后，你就可以悄悄地去找儿子，谈一谈他可能碰到的问题或烦恼了。分开运用这两种方法，既会确保严厉的"猫式"方法收到效果，又会在留出一定的时间和不同的空间之后，以"狗式"特点的方法发挥出魔力。

松开"狗带"

在孩子对自己会生病和对将来的事情（比如开始上中学）感到担忧时，我们很容易表现得不屑一顾。你若不是那种喜欢担忧的人，则尤会如此。不过，如今你不应再那样做，而是应该正视孩子，真正去倾听他们的心声。这样做，有助于你辨识出孩子是否有可能感到焦虑。如果他们的感受得到了你的认可，那么孩子在此时就会做出最佳的回应。"我看得出你很不安。这是完全可以理解的。"孩子需要的就是此种回应。只有将自己内心中那条"狗"的"狗带"松开，你才能真正去倾听和认可孩子的感受。一种"猫式"回应，是不会松开"狗带"的。我们不妨来看一看，你如何才能接触到内心中的那条"狗"。

了解你内心中"狗式"天性最快捷的办法，就是深呼吸一次，然后在说话时掌心朝上。现在就让我们来练习一次。坐直或者站直，上臂贴于身体两侧，双手向前伸出，掌心朝上。现在开始自言自语，或者与别人说话，注意你说话时的声音、姿势以及头部的运动。很有可能，你会采用一种平易近人的风格，身体前倾，头部上下摆动，声音抑扬顿挫。掌心朝上的姿势，有助于你迅速接触到自身天性中"狗式"的一面。或者，你可以设想自己正在跟一位久未联系的老朋友交谈。你会身体前倾，面带微笑，进行眼神交流，声音则会上下起伏。你甚至会模仿朋友的解释风格，因为你的内心就像房子着了火一样，热情洋溢。这就是平易近人的"狗式"方法的最佳状态。

把"猫"从袋子里放出来[1]

很多时候，我们需要运用那种坚定的育儿方式。后退一步，允许孩子体会错误决定带来的后果，这样做需要我们坚定立场。比如说，坚持让孩子去参加学校举办的露营活动，因为你知道这是最好的决定，就算孩子感到焦虑也是如此。这种坚持，就需要家长具有钢铁般的意志。冷静地应对孩子的焦虑时刻，而不是做出情绪化的反应，也需要家长付出一定的努力。上述每一种状况，都要求家长的做法更具"猫式"风格，即运用一种冷静、严格而可靠的养育方式。若沟通得当，"猫式"风格就会向孩子表明，他们努力的时候会很安全，他们会成功摆脱困境，而不会为困境所扰。

希望找到你内心中的猫性一面？你不妨站直或者坐直身子，眼睛看着前面，说话时保持头部不动，上臂贴在身体两侧，双臂伸出，掌心朝下。保持这种姿势不动，你就会以一种可靠而自信的育儿方式，去跟孩子进行交流了。采用这种"猫式"方法时，你还会觉得自己更具权威性。或者，你可以设想自己正在给一位陌生人指路，引导此人开车通过迷宫般的城市街道，前往下榻的酒店。你在说话的时候，很可能会用简短、清晰的句子，表达时语气非常冷静，经过了深思熟虑。你还会盯着陌生人的脸部，确保他们明白了你所指的方向。此时，你一直都在处理他们做出的反应。这就是可靠的"猫式"方法的最佳状态，会通过其冷静、自信的态度来传播信心。

与配偶协作

对配偶及其育儿方式来说，"猫"和"狗"这个比喻同样适用。在配偶关系中，每位家长所用的方法通常都不相同。比如，父亲在养育儿子时通常都更具"猫式"风格。他们常常对儿子抱有很高的期望，而当儿子为学业、友谊或者个人问题所困时，父亲的态度通常也更为淡然。母亲呢，若意识到了问题，她们通常都会采用一种更具"狗式"风格的体恤之法，付出时间去查明事情的真相，并且安慰儿子说事情总会有转机。在孩子的情感需求得到了满足之后，在父母双方就养育孩子的问题上所需的最佳方法达成了一致意见，以及任何一方都不会当着孩子的面公开质疑对方时，这种双重做法会很有效果。

单亲家庭："猫"和"狗"

如今，越来越多的孩子由单亲抚养长大，至于原因，或是夫妻关系破裂，或是一位家长（通常都是父亲）长期在外工作，或者这位家长虽然住在家里，却并未积极参与育儿过程。单亲家长需要集坚毅严格的"猫"和呵护备至的"狗"于一身，这是一种挑战，因为我们往往会默认一种风格，而摒弃另一种。它有助于你认识到，自己偏爱的究竟是"猫式"方法还是"狗式"方法。这种认识，会让你具有更大的灵活性，能够在处境困难时满足孩子的需求。有的时候，你需要停下来倾听他们的忧思；有的时候，你又需要鼓励孩子去冒冒险。你可能需要安慰孩子，即便安慰并不是你喜欢的养育风格。或者，你可能需要当一名严格的家长，就算那样做可能让你觉得不舒服，也是如此。对单亲家长来说，"猫－狗"体系是一种非常实用的方法，可以提供孩子需要且适合不同情况的养育方式。

"猫式"和"狗式"养育风格小结

如果能够下意识和自然而然地在"猫式"和"狗式"风格之间转换,那么你自然会是一位魅力非凡的家长。从我们的经验来看,你可以在这两种模式之间进行无缝转换,只是需要将自觉与练习结合起来,你才能做到这一点。假如你天生偏向于"猫式"模式,那么,当孩子身陷困境的时候,你或许必须做出有意识的努力,才能带着同理心和呵护的态度给予孩子回应。你可能必须提醒自己,才能看出孩子什么时候需要你停下来,身体前倾,与之进行眼神交流,并且真正地去倾听。或者,你可能轻而易举地采用具有"狗式"风格的做法,却必须更加努力,才能提高孩子的独立性,或者在孩子感到焦虑时指导他们采取行动。随着时间的推移,随着你的意识增强,随着你采用新的和不熟悉的方式跟孩子协作,这样的转换就会变成无意识的行为。

Part 4

控制焦虑的工具

若经历过焦虑，你就会明白，焦虑绝不会真正消散于无形。焦虑始终都会停留在隐蔽之处。这是一种需要加以控制的状态，那样你才能继续生活，去做必须做的事。被焦虑击垮，与能够控制自身的焦虑且将焦虑对你和健康的影响降至最低程度，二者有着天渊之别。前者会损害你的身心健康，导致你不是逃避那些可能引发焦虑的活动，就是陷入一种高度情绪化的状态。在这种状态下，你会事无巨细地应付每一项活动，并且为所有可能出现的意外做好准备。你可以控制好自己的焦虑，但代价高昂，因为你必须付出巨大的情绪能量，才能控制好自己，同时预测和应对每一种可能出现的变化因素。用这种方式来控制焦虑，会让人变得精疲力竭。

我们应对焦虑的办法，就是学会与之共存，而不是与之抗争。我们继续做自己想做的事情时，必须将焦虑隐置于背景当中。然而，这样的自我调整并不会因为我们希望就能做到。我们必须有一套通用的技能和工具可用，才能有效地应对自己的情绪和身体状况，才不至于失控，陷入逃避或者微管理模式中去。

我们已经确定了5种对焦虑的自我调节不可或缺的工具，并广泛地将它们应用于自身，亲身体会到了它们的作用，我们也见证了它们对儿童和青少年产生的积极影响。在后续各章中，我们将为你介绍这些方法，以便你可以将它们传达给孩子。无论孩子是否感到焦虑，其中的每一种工具都会给他们的心理健康带来积极的作用。然而，这些方法的真正价值，仍在于它们都是焦虑控制工具。这些工具有：察看（checking in）、深呼吸、正念、锻炼和摆脱。我们该对它们有所了解了。

09

察看：一种情商工具

你还记得今天早晨自己是怎么醒来的吗？当你第一次摇了摇头，将眼中的睡意驱走时，心中想到了什么呢？你有没有提前考虑今天的事情，有没有预先察看这一天的感受呢？也许，你两个方面都做到了。这是我们的经验之谈，而聆听我们演讲的观众也证实了这一点，因为大多数人每天早晨脚刚着地，就开始提前计划一天的事情了。极少数人还会将自己的注意力降至情绪化的层面，预先察看他们这一天的**感受**。你醒来的时候，有没有感到紧张或者不安呢？你醒来的时候，有没有感到愉快、充满热情和干劲十足？你了解这种情况吗？

焦虑控制需要用到我们的情商。要想应对焦虑，儿童首先必须认识焦虑。情商高的孩子能够辨识各种各样的情绪，令人愉快的和令人不快的情绪都能辨识出来。他们还能辨识出一些不那么强烈的情绪，如满足、平静和无聊感，以及一些较为明显的情绪，如能够引发激烈行为反应的愤怒、恐惧与热情。下一步就是给他们的感受命名，并且越细致、越准确就越好。然后，我们就需要进行鼓励，让孩子将他们的情绪与可能率先导致这些感受的事件、情况或者人物关联起来。这种认识，是焦虑控制过程中极其重要的一步。对于启动这一情商过程的技能，我们建议采用的方法就是察看，这是一种简单而效果强大的本领，5 岁以上的所有孩子都可以通过练习和坚持学会这种技能，并将它融入自己的焦虑控制工具中去。

本章将教会你运用察看这种技能，以便你能够将其传达给孩子。在介绍"察看"的概念之前，我们还需要先确立一些关于情绪的基本认知。

情绪就是信息

情绪给我们提供了关于自身和孩子的一些重要信息。如果你做出了一个重大的决定，可后来又因为"感觉不妥"而改了主意，那么你就成功地感受到了自身的情绪。这种"直觉"就是信息，为你可能做出的各种决定和可能采取的方针提供了至关重要的线索。例如，为孩子选择学校时，你原本可能在权衡全部利弊之后，选定一所具体的学校，可结果却选择了一所完全不同的学校，至于原因，可能只是后面那所学校让你"感觉对头"。一些原本极其理性的决定，却有可能因为我们产生了一种"古怪的感觉"而被推翻，这一点实在令人惊讶。在大多数情况下，我们都能相当容易地说出自己的理由，却很难确定甚至很难证明影响一种决定的情绪根源是否合理。这是因为，情绪事实上是在一个不断变化的、黑暗晦涩的隐形世界里发挥作用，而大多数人并不熟悉这个世界。若没有工具来帮助我们深入探究自己的情绪，我们就会忽略大量的信息。

马克·布兰克特（Marc Brackett）教授是耶鲁大学情商中心（Yale Center for Emotional Intelligence）的主任兼该中心"标尺"（RULER）个性课程的联合创始人，他声称："情商必须成为家庭体系中的一部分。"我们同意这种观点。让家庭变成一个重视情绪的地方，你将开始发掘出一种极其丰富的信息资源，这种信息不但会引导你做出决定，还会让你的家人变得更快乐、更成功，而最重要的是，会让你的家人变得不那么焦虑。

情绪无所谓好坏

如今人们有一种倾向，喜欢对情绪进行价值判断，其实，这是一种无益的做法。他们认为，情绪或好或坏，不是积极的就是消极的。这种认为情绪非黑即白的说法过于简单化，暗示着有些情绪不应当去经历。人之所以为人，意味着我们每天都会感受到各种各样的情绪。我们认为，你在任何一天都会感受到烦恼、愤怒、骄傲、悲伤、担忧、失望、幸福与快乐等情绪。我们最好是将情绪看作令人愉悦的或者令人不快的，而不是将其看作好的、坏的或者积极的、消极的。像愤怒这样的情绪可能让人觉得很糟糕，但其本身并非坏的或者消极的。由愤怒导致的攻击性行为可能对他人产生不利影响，因而可以称之为坏的或者消极的，可愤怒这种情绪本身却无所谓好坏。我们跟孩子一样，都需要自如应对一系列情绪，无须逃避那些令人不快的情绪。焦虑、忧愁、担心、恼怒和烦恼，就是孩子通常经历的一些典型的不快情绪。孩子能够辨识并且自如应对这些情绪很重要，因为这是情绪调整的第一步。

感受不同于情绪

感受与情绪之间的区别，可以简单地总结如下：感受稍纵即逝，情绪却会挥之不去。调整自己的情绪时，你可能会注意到，自己会感受到众多不同的情绪。就在短短的一瞬间，你可能会因孩子的打扰而觉得心烦，对即将到来的求职面试感到兴奋而又紧张，同时热切盼望着你与朋友们业已计划好的1个小时后外出度过狂欢之夜。感受来了又去。情绪却会持久存在，很难改变。情绪其实就是我们因为拒绝放手而紧紧留住的那些感受。倘若我们不断地想着一件事情，愤怒感可能很快就会变成勃然大怒。不过，我们有能力通过锻炼、幽默或者将心思转移到别的事物之上，来有意识地转移我们的注意力。我们建议，你应当跟孩子、青少年谈一谈感受稍纵即逝的观点，以便他们在产生那些感受的同时，心中明白它们很快就会消散。

察看

调整行为与想法很容易，但重新设定你的"天线"来接收自己或者他人的情绪，常常需要进行练习。鉴于此，"察看"这一技巧就是一种优秀的情商工具[1]。"察看"可以用于辨识你在任何时候的感受。这种技巧的练习步骤是：

1. 站立不动，闭上双眼。
2. 排除所有的外部噪声，做几次深呼吸。
3. 闭着的双目低垂至水平面以下，帮助进入大脑中情绪所在的部位。
4. 片刻（不到1分钟）之后，睁开眼睛，确认你能够辨识的任何一种感受。

学习这种技巧的时候，你每天都应当经常性地重复这种"察看"过程。用日记将你辨识出来的不同感受以及可能导致那些情绪的原因记下来，是一个极佳的办法，可以让学习这种新工具的过程深深印刻在你的心中。

身为成年人，你应当让"察看"成为日常生活中的一个常规组成部分。你应当在每天早晨和晚上，以及开会、演讲和做其他可能导致紧张或需要消耗一些正能量的事情之前，进行"察看"。一般说来，在"察看"的时候，你应当努力辨识出至少一种感受（有时会有多种情绪在争夺你的注意力），然后将它们与一种可能的原因关联起来。比如，"我感到很满意，因为我度过了一个富有成效的工作日"，或者"我感到不安，因为我要做出一些艰难的决定"，或者"我感到如释重负，因为我一直担心的那个项目刚刚完成了"。

教导孩子"察看"

"察看"是一种奇妙的工具，可以推荐给所有的儿童和青少年，尤其适合推荐给那些经常感到焦虑的人。我们认为孩子无力控制他们的情绪，因为令人愉快和令人不快的感受都有可能在他们最不经意的时候出现。然而，通过辨识自己的感受，思考可能导致此种感受的原因，他们就能更好地应对自己的情绪。"察看"这种做法有助于儿童和青少年更加自如地去应对那些令人不快的感受，并且逐步增强他们的能力，将自身的感受转化为一种更可取或者更合适的状态。

在向儿童介绍"察看"技巧之前，你自己应当先熟悉这种重要的工具。你至少应当练习2周，其间每天起码应当"察看"3次。耶鲁大学情商中心开发了一款名叫"情绪测量仪"（Mood Meter）的应用程序，它让你能够在手机上设置定时提醒。或者，你也可以利用其他的工具来提醒自己练习"察看"，或者将"察看"与一些常规活动关联起来，如早上起床、吃饭或者锻炼的时候。这种关联，既会帮助你记住"察看"，同时还会引人入胜地让你深入了解不同的活动给自身整体健康带来的影响。你一旦觉得能够自如地进行"察看"之后，就应该把这种方法介绍给孩子了。

如果孩子已经见过你自己进行"察看"，那么将这一技巧推荐给他们就会比较容易。这种有意识的榜样，会让"察看"变为一种正常行为，给孩子创造出练习这种技能的环境。孩子若看到你经常这样做，他们就会开始把它当作一种具有积极意义的正常行为。不论是在厨房里抓住一个安静的时刻，在一起等列车时静静地闭上眼睛，还是在观看一场体育比赛的时候花上片刻时间来思考，你都可以把"察看"融入日常活动中去。儿童和青少年可能会问你在干什么。出现这种情况时，你不妨把整个过程向他们解释一遍，然后邀请他们跟你一起做。一起"察看"，就是让你的孩子参与进来的一个好办法。

如果孩子不愿意，你可不要逼得太紧。然而，在可能的情况下，你还是应当说明这样做的好处，包括帮助他们更好地认识到不同的感受，让他们在感到恐惧、焦虑和紧张时能够应对这些感受。他们也会对自身的情感世界形成更深刻的认识，能够更好地转换或者接受负面情绪。这种方法，还会让他们认识到感受转瞬即逝的性质，让他们明白感受会此消彼长，其中就包括有可能令他们感到不适的焦虑感。同样，这样做还会教导孩子懂得，他们能够同时产生多种情绪。

你应当教导孩子，在"察看"时用"我"开头的话语来进行描述。用一句以"我"开头的话来确认一种或多种感受，并将它们与一桩可能的事件关联起来。例如：

"我觉得生气，因为我的朋友在一次课间游戏中作弊。"
"我觉得很不高兴，因为最好的朋友让我很失望。"
"我觉得很兴奋，因为我明天就要参加第一场网球决赛了，可我也很紧张，因为我不想把比赛搞砸。"

你应当鼓励孩子说"我觉得生气/不高兴/兴奋"这样的话，而不是说"我很生气/不高兴/兴奋"。后者更多地陈述了一种情绪，持续的时间久得多，而前者描述的则是一种稍纵即逝的感受。感受的短暂性，对有效控制焦虑至关重要。把感受与人分隔开来，我们就能够控制好自身的状态。一个人若给自己贴上焦虑的标签，那么应对起焦虑来就要困难得多了。这一点表明，一个人要想控制焦虑，就必须做出改变。如果谈论的是焦虑感，那么我们就可以说，只要拥有合适的工具，我们就能够控制或者改变自身的焦虑状态。语言表达上的差异虽小，由此带来的影响却是巨大的。

应当帮助孩子确定一天当中最适合"察看"的时间。许多采用了这种情感–智能练习的学校，都为学生提供了在特定的时间进行"察看"的机会，如课间休息和午餐时间。首先，学校会让学生保持安静和平静，为"察看"做好准备。其次，老师会鼓励孩子闭上眼睛，做几次深呼吸，然后问一问自己有什么感受。学生能够确定自身的感受（有的时候，学生的心中会充斥着多种情绪）之后，就可以睁开眼睛了。

你应该向孩子说明，他们如何为"察看"做准备。你可以鼓励他们静坐或者站立不动。他们应当闭上眼睛，做几次深呼吸。建议他们通过将注意力集中到呼吸上，摒弃大脑中的杂念。鼓励他们垂目俯瞰，直视自己的呼吸源头。俯视水平面以下，会帮助他们找到大脑中感受到情绪的那个部位。若孩子难以确定一种感受，你不妨鼓励他们说出心中想到的任何一种感受。他们最初猜测的那些感受，通常都会惊人地准确。开始，孩子常常会说他们没有什么感觉。若如此，你不妨稍加敦促，要他们想出一个词。你甚至可以提出一些建议性的词汇，如平静、无聊、快乐、沉闷。辨识像愤怒、悲伤、兴奋和恐惧之类的极端情绪较为容易，但确定满足、关心和感激等不那么强烈的情绪，则较为困难。

鼓励孩子写日记

你应当鼓励孩子，把以"我"开头的句子在日记中记下来。这样做，有"一箭多雕"的作用。首先，将感受写下来有助于他们逐渐积累情绪词汇。给一种情绪命名，孩子就会朝这种情绪安然地迈进了一步。所用的词汇越精确细腻，他们就会越有能力转换自己的感受。标记与词汇量的发展息息相关。一名刚上小学的儿童，情绪词汇中包含的词汇数量较少，他们在描述自身的焦虑时，可能顶多说一句"我觉得肚子不舒服"。青少年可能会使用像紧张、战战兢兢、不安和急躁这样的词汇，而随着时间的推移，他们的词汇量还会扩展到能够使用像过度紧张、焦虑不安和烦躁不已之类的词汇。若说得出自己的感受，你就能够约束这种感受了。

其次，写日记会促使他们去思考。孩子若付出时间去记录自身的感受，就会促使他们深入审视自己的内心，并且更有能力去思考自己的感受。孩子写日记时，最初的自我陈述常常都会出现变化，因为深入的思考能够让他们更加准确地描述自身的情绪状态。最后，日记为孩子在一段时间内的情绪状态提供了一种精彩的记录。日记还会提供孩子在词汇发展方面的证据。事实表明，日记可以带来极大的激励作用，因为孩子既可在日记中见证自身词汇量的提高，同时也能看到自身情绪状态中涌现出来的各种模式。

10

深呼吸

曾经在全神贯注地观看一部电影或者一场势均力敌的体育比赛时，你有没有发现自己坐到了椅子边沿呢？假如留过心，足以退开一步去观察自己的身体情况，那么你可能已经注意到，当时自己的姿势显得很紧张，身体很警觉，眼睛则睁得大大的。实际上，你的身体当时正在重现"战逃反应"，因为你的交感神经系统已经全力以赴，让你做好了面对危险或者逃离危险的准备。你的心跳可能已经加快，呼吸可能已经变得急促，让你准备好在必要时迅速做出反应。一旦电影放完或者比赛结束，待起初的安心、喜悦或者失望等反应过去之后，你的身体多半就会恢复到一种较为放松的状态。你的肩膀会下垂，心跳会放缓，呼吸会变得悠长。情况恢复正常了。

然而，对许多人（其中也包括儿童和青少年）而言，他们的正常状态却是高度紧张的。他们时时刻刻都在为自己无法掌控的事情感到担忧，以至于身体和大脑总是处于高度警觉的状态，因此会不断地感到紧张和焦虑。他们通常都是用胸部呼吸，而不是用横膈膜进行深呼吸。若感到惊慌失措，他们就会呼吸急促，仿佛身体得不到空气似的。这种持续不断的呼吸短促会加重身体的负担，却不会提供身体发挥最佳机能所需的氧气。谁又会想到，像呼吸这样基本和简单的官能，竟然能够如此有效地帮助我们发挥出最佳水平的机能呢？

在本章里，我们将探究深呼吸在预防焦虑和控制焦虑中的地位、如何有效地进行深呼吸，以及你如何将深呼吸练习融入孩子的日常生活当中。

深呼吸之法

呼吸对我们的生存至关重要。它是一种无意识行为。我们平时根本不会想到它，除非是在呼吸困难或者在水下的时候。到了那时我们才会明白，呼吸是多么重要的一种维生力量。然而，用正确的方式在正确的时候呼吸，却不只是一种维生机制那么简单。在我们需要发挥最佳状态的时候，深呼吸能够帮助我们获得更好的感觉、更好地进行准备，并且表现更好。

你需要将空气吸入自己的腹部，而非仅仅吸入胸部。你的身体，会提供呼吸质量是好是坏的线索。你可以静止不动，然后注意自己的呼吸情况。如果吸气时肩膀耸起而呼气时双肩下落，那么你就是将空气吸入胸部，这就是所谓的浅呼吸（shallow breathing）。假如你吸气时腹部扩张而呼气时腹部收缩，那么你就是把空气吸入了横膈膜处，也就是所谓的深呼吸。虽说在日常生活中，我们的呼吸方式会有所变化，但大多数人都是用胸部呼吸的，这一点既说明人们普遍感到紧张、有压力和过着缺乏锻炼的生活，也是导致压力的一个原因。

早在古罗马与古希腊时期，人们就已认识到了深呼吸带来的诸多好处。当时的医生曾建议人们用有意识地屏住呼吸、将空气留在肺部的办法，来清除体内的杂质。深呼吸练习包括用鼻子深吸空气、将空气留在横膈膜处以及缓慢地将空气从口中呼出3个步骤。下面就是一种简单的深呼吸方法，你可以试一试：

1. 用鼻子吸气，扩张腹部。吸气的同时，从 1 数到 5。
2. 屏住呼吸，同时从 1 数到 3。
3. 口部微张，充分呼气，同时从 1 数到 5。
4. 重复上述过程，至少练习 2 分钟。

在后文中，我们还将探究你可以推荐给孩子的一些呼吸方法。但在目前，我们建议你自己先行练习这种简单的深呼吸法，以便你能够体会到这种方法带来的益处。

深呼吸的益处

深呼吸给我们带来的生理益处，可谓良多：降低患心血管疾病的概率；促进充分的氧气交换，为身体处理毒素提供最佳的条件；增强剧烈运动时的耐力，同时改善姿势，缓解肌肉的紧张程度。

缓解紧张

如果你的身边有一个喜欢担忧的人，那么我们可以说，你会付出大量的时间来帮助他忘掉自己的烦恼。去朋友家做客、坐在沙发上看电影或者沉迷于电子设备，是许多年轻的多虑者用来分散注意力的一些办法。在这些办法当中，我们还需加上深呼吸，因为深呼吸能够激活身体的放松反应，从而缓解一个人的紧张程度。深呼吸会向大脑中的副交感神经系统发出信号，表明大脑应该放松和休息了。结果，我们的心率就会下降，肌肉就会放松，瞳孔就会收缩，而胃部则会重新开始发挥其重要的功能。这一系统会在很短的时间内，让紧张不安的孩子从一种极度焦虑甚至恐慌的状态，进入一种较为平静的状态。

平复焦虑

儿童焦虑的时候，呼吸就会变得短促。在极端情况下，甚至会喘不过气来。在为焦虑所困时缓慢地做深呼吸，是让他们恢复平静最快捷的办法。深呼吸是唯一一种能够让副交感神经系统活跃起来的体内运动。斯坦福大学（Stanford University）的科学家们已经确定了一小组负责让大脑平静下来的神经元，我们深呼吸的时候，就会激活这些神经元。这项研究，为我们早已了解多年的知识提供了科学依据，即深呼吸能够平复心灵、放松身体[1]。

增加能量

深呼吸能够增加能量，而孩子在感到紧张和焦虑时会消耗能量。与不焦虑的同龄人相比，焦虑的孩子消耗更多的情感能量。生活在焦虑之中，是一种艰辛的情感劳动。通过有规律的深呼吸，焦虑的孩子就会重新获得一些能量。养成用横膈膜进行深呼吸的习惯之后，他们最终会获得更多的能量，因为深呼吸会给他们的身体提供更多氧气。随着能量增加，孩子就更有能力进行清晰的思考，也更有能力去完成他们因为厌倦或疲惫而拖延的那些人生使命了。

让孩子关注当下

喜欢忧虑的人和焦虑的孩子，会花大量的时间思考未来的事情。正如前文所述，他们常常会把想法与事实混淆起来。简单来说，是他们的身体分辨不出想法与事实之间的区别，因此不管一种紧张源是想象出来的还是真实的，他们的身体都会做出同样的反应。正如一只假想的老虎会像真老虎一样，能够让人出现同一类生理反应，对考试不及格的担心也会如此。把注意力集中到呼吸之上，就会迫使孩子关注自己的身体，从而不去考虑那些导致他们感到焦虑和烦恼的事情。

深呼吸并非人人适用

值得注意的是，深呼吸有可能对一小部分人产生不利的影响，因为对他们而言，深呼吸非但不会降低他们的焦虑，还会增加其焦虑程度。如果你或者你的孩子做完深呼吸练习之后感到头昏、晕眩或者感到更加焦虑，那就不要再做这种练习。此时，你应当运用其他的技巧让自己或孩子平静下来，如正念或分散注意力。

如何教导孩子掌握深呼吸之法

提出让孩子和你一起来做呼吸练习，这种做法刚开始可能显得有点古怪。你甚至有可能遭到孩子的抵制。然而，你也不要低估了孩子接受新观念的意愿。我们的原则是，建议你在采用任何一种新的或者不同于孩子生活方式的事物之前，都应当先用孩子理解的语言，解释清楚这种事物带来的益处。正在上小学中高年级的孩子和中学生，都能理解呼吸对其生理和情绪的作用，如舒缓心率、放松肌肉以及帮助他们关注当下。至于年幼的孩子，则应当加以帮助，让他们明白深呼吸有助于放松下来和保持平静。你应当让深呼吸变成一种令孩子觉得愉快的练习。

你还可以利用一种有趣的深呼吸练习法，那就是面对孩子站在桌子一侧，你和孩子手里都拿上一根吸管。然后两人轮流把一颗小弹珠从桌子的一侧吹向另一侧，且双方都应当缓慢而平稳地呼气。

不妨考虑考虑，采用一些呼吸游戏、一种让孩子在睡觉时放松下来的活动，或者每天早晨醒来之后，让孩子跟你一起做3分钟的深呼吸练习。这种有规律的练习，有助于将深呼吸牢牢地融入孩子的生活方式当中，让深呼吸成为一种能够预防和治疗焦虑、紧张与烦恼的有效工具。

帮助孩子践行深呼吸

焦虑发作时，大脑中负责思考的部位就会丧失功能。专注而有意识的呼吸，有助于让杏仁核平静下来，缓解焦虑，让大脑中负责解决问题和进行思考的那些部位重新发挥作用。这是焦虑的孩子向大脑表明他们很安全，以便随后能够将注意力转向重要之事的一种途径。克里斯·麦柯里博士开发了一些奇妙的呼吸练习，可供儿童采用。我们选取了其中的3种。

体会呼吸

让孩子逐渐熟悉深呼吸带来的种种生理感受，是很有好处的一种办法。能够通过有意识地利用呼吸来关注当下，会令孩子觉得很安心。

1.陪同孩子坐下。让他们用鼻子自然地呼吸。帮助他们找到一种感觉舒服的呼吸节奏与速度。孩子睁着眼睛或者闭上眼睛都可以。

2.要他们体会呼吸过程中气流在鼻孔里进出时带来的感觉。每次缓慢吸气的时候，他们都能注意到吸入的空气拂过鼻孔四周皮肤时那种凉凉的感觉。在徐徐呼气的时候，则应帮助他们注意到呼出的空气被身体加热之后那种较暖的感觉。

3.鼓励孩子继续呼吸，并且要他们注意呼吸质量中一些更加细微的变化，如空气的速度和压力、温度、柔滑度、有没有像吹口哨那样的杂音等。要他们注意身体内外出现的其他感觉。如果孩子发现自己走神了，你就应当教他们慢慢地把注意力收回来，放到自己的鼻孔和呼吸上。

4.年幼的孩子，每次专心做上5次至10次吸气——呼气循环练习就足够了。

一起缓慢地深呼吸

要想让焦虑的孩子平静下来，带着孩子做几次深呼吸是一个很不错的办法。你可以向孩子做出如下说明：

来吧，让我们一起做3次深呼吸。好了，准备开始。先用你的鼻子，使劲地吸入一大口气。一，二，三，四，五。现在，屏住呼吸。一，二，三。好了。把空气从我们的口中呼出来。一，二，三，四，五。我们再来一次吧。

假如你们在心境平静的时候一起练习过，那么，与深陷焦虑之中的儿童或青少年一起练习深呼吸法，就会比较容易。

腹式呼吸

腹式呼吸是一种很不错的工具，可以让你迅速掌控自己的身体，并且在心生恐慌时让大脑镇定下来。这种方法并不显眼，可以在任何地方、任何时间进行。你可以把它当作在超市里排队等候时的一种放松方式，可用于在演讲前缓解烦恼，或者在一天的工作即将结束时消除一些不必要的紧张感。下面就是孩子们可以练习腹式呼吸的方法：

1. 坐在一张舒适的椅子上，背部挺直，双脚着地。
2. 用食指找到自己的肚脐，然后将另一只手搭在这根食指上，平放于肚子上。
3. 接着是吸气。吸气的时候，应当想象自己正在吹一只气球，让气球在手掌下方鼓起，继续通过吸气来给这只"气球"充气，直到完成吸气过程。
4. 将"气球"里的气放掉，直到肚子在双手下面稍微塌陷下去为止。
5. 每次坐下来进行8次到10次腹式呼吸练习就足够了。应当每天练习两次，早上刚起床和晚上睡觉前是进行练习的最佳时间。

有很多的呼吸方法，可供你与孩子一起来练习。我们的在线课程"养育焦虑的孩子"当中，涵盖了更多有趣和实用的练习。你还可以在网上找到其他一些练习方法。或者，你也可去本地的图书馆、书店，查找这一领域的更多资料。

让深呼吸成为孩子生活方式的一部分

要想让深呼吸成为一种有效的焦虑控制工具，我们首先应当让它变成孩子生活方式中不可或缺的一个部分。在 21 世纪的今天，做到这一点并不是很难。许多学校都认识到，良好的心理健康在学习方面具有教育效益，所以正在将一些可以融入或者促进深呼吸的活动，如正念和瑜伽，纳入常规的课堂生活中。在大多数学校里，有规律的体育活动如今已与有规律的心理健康活动一起，成为必要的学习辅助手段。我们建议，家长应当利用学校将心理健康实践常态化的趋势，采用这些做法，使之成为家里日常生活的一部分。我们建议，就像你们可以一起在固定的时间用餐，通过这种方法来增强归属感和确立牢固的家庭纽带一样，你们也可以抽出时间，跟孩子一起进行正念、冥想和深呼吸等活动。

现在正当时

那么，你应该在什么时候将深呼吸法教给孩子呢？从成长的角度来看，孩子形成习惯的理想时间，就是他们上小学的时候。在这个年龄段，孩子会形成许多终身受用的行事方式与习惯。就算到了青春期，他们可能不再遵循这些做法与习惯，可成年之后，他们又会回到老路上去。10 岁以下就开始养成的一些习惯会变得根深蒂固，如一起就餐、养成良好的睡眠习惯与锻炼习惯，因而会成为孩子生活方式的组成部分。

从家长自己坚持每天练习 10 分钟开始

与我们希望孩子接受任何积极行为时的情况一样，倘若父母、孩子信任的其他成年人（比如老师）也采取那些行为，我们往往就更有可能获得成功。榜样不但会将那些行为正常化，还可以实现更为广义的两个目的。正如前文所述，榜样会给孩子赋予权限，而在练习呼吸的情况下，榜样则是将深呼吸变为一种有趣和可以接受的活动，让孩子来进行练习。通过观察你的行为，孩子就会了解深呼吸的精妙之处。

倘若你对深呼吸还不太熟悉，那么，刚开始你可能很难在感到紧张时记住去做深呼吸。我们建议，你每天都应当进行 10 分钟的深呼吸练习。我们在前文所述的"体会呼吸"与"腹式呼吸"两种练习，会帮助你在感到紧张时自然而然地去做深呼吸。你不妨在一天当中选择一个适于练习的时间坚持下去。你还可以把深呼吸练习与另一种活动关联起来，如定期去健身房健身、每天散步或者跑步。将一项新活动与一项已成惯例的活动挂起钩来，你就更有可能养成一种新的习惯。

回应焦虑时刻

有规律的深呼吸是一种美妙的心理健康活动，它可以让人恢复精力，帮助孩子放松下来，释放积聚的压力与紧张情绪。就像体育活动可以降低体内的应激激素水平、刺激内腓肽的分泌一样，深呼吸会引导大脑释放出体内的天然止疼剂与情绪调节剂，并且是一种很好的工具，可以在孩子陷入高度焦虑的状态时，帮助他们控制自身的情绪状态。如果孩子深谙深呼吸之法，那么，一个冷静而又关心孩子的成年人只需简单地进行敦促，就足以鼓励他们放松下来去做深呼吸。然而，倘若孩子不熟悉深呼吸之法，那么此种敦促也有可能适得其反，让孩子变得更加焦虑不安。在这种情况下，最好的办法就是让孩子跟着你一起做深呼吸。一起做深呼吸时，你应当靠近孩子，让孩子的呼吸能够与你保持一致。孩子心中惊慌或者觉得他们无法平静下来时，这种镜像效应能够对他们产生积极的作用。当然，你必须保持冷静，才能给一个焦虑不安的孩子带来安抚作用。你应当陪着孩子，直到他们放松和平静下来，直到他们的情绪状态开始与你保持一致。

11

正 念

  人类的思维,有一种天马行空的倾向。你可能上一秒还舒舒服服坐在椅子上休息,下一秒心中却想到了以前的一件事情,如犯下的一个错误,或者一个令人尴尬的时刻,并且再次感受到了当时随之而来的那种情绪。接下来,你的心思又有可能在一瞬间就转到了未来,要么是期待着一件激动人心的事情,要么就是害怕某种新的、不同的或者可能令人难受的东西。然后,你又将产生随着这些想法而来的情绪,即一个热切期待的时刻到来时的幸福感,或者对一件不那么愉快之事的焦虑感。

  思维不安分,既有好处,也有坏处。思维若让我们窥见积极的未来,我们就会感到快乐,甚至有了信心去实现这种未来。不过,若让我们联想起过去或者未来让我们的内心充满恐惧、感到焦虑的事情,那么,我们的不安全感和焦虑情绪也有可能被激发出来。我们天马行空的思维需要休息和适应当下,给我们提供一个放松、平静下来和将精力集中于眼前之事,也就是更加专注于当下而非过去或将来的机会。

  在本章中,我们将探究"正念"这种可以把孩子的心思带到当下的工具。

我们将探究下述内容：正念是如何发挥作用的；它为什么是焦虑儿童应当习得的一种重要技能；如何将正念带到你自身和家人的生活中去。

正念是一种冥想，也是一种生活方式

许多读者可能都熟悉正念修习，因为这种方法在西方国家已经流行了十几年。你可能上过冥想课或者正念课，可能下载过有关正念的应用程序，在业余时间里进行修习，甚至有可能是孩子推荐给你的，因为如今许多学校都把正念修习纳入了课堂生活当中。正念是冥想的一种形式，它把感官视作一种将注意力带回当下的途径。这种方法可以阻止杂念让你走神，将你的思想牢牢地留在当下，最起码也可以让思想短暂地停留在当下。

正念并非一次性的活动。它也是一种生活方式。但在如今这个充斥着手机与多任务的时代，正念的许多方面都与我们的生活背道而驰。你是不是在排队等候的时候，宁愿玩手机而不会做做白日梦呢？每天早上起床之后，你是会留出时间让自己彻底清醒呢，还是会立即查看邮件？你是每次只专注于一项活动呢，还是会得心应手地一边做饭、听孩子朗读，一边又在为第二天一场重要的工作会议做计划呢？若属于后者，那就欢迎你来到这个充斥着手机与多任务的世界，而许多人都已对这一切习以为常。这种生活方式令人疲惫、感到紧张且会导致焦虑，因为我们无处不在，却唯独没有活在当下。过一种专注的生活，就意味着我们每次只把注意力和思想集中于一件事情上，从而更真切地了解当前的环境。而且，我们花在数码设备上的时间会变少，而付诸当下和感官世界的时间则会增加。

正念修习有益于焦虑的缓解

正如前文所述，焦虑是大脑中的爬虫类脑[1]不恰当地激发的"战逃反应"

导致的。也就是说，当我们身陷危险之中时，大脑会本能地逃跑或者战斗。然而，我们的爬虫类脑无法区分现实与想象。倘若求职面试、公开演讲和参加晚宴聚会这样的事情让我们觉得恐惧与担忧，那么爬虫类脑对它们的反应，就会与我们面临一种真正的人身危险时做出的反应几乎完全一样。

正念是治疗焦虑的一种有效办法，因为它会把我们的思想带回当下，让大脑中的杏仁核平静下来，从而导致生理、情绪和行为方面出现各种变化。正念修习会通过感官，将我们牢牢地置于当下，关闭"战逃反应"。而且，这种情况可能在一眨眼之间发生。下一次若因为将来的一件事情开始感到紧张，即你注意到自己的大脑开始飞速运转，感到烦躁、心浮气躁或不安，情绪焦虑或心烦意乱时，不妨找个安静的地方，最好是到户外待上一段时间。你可以做几次腹式深呼吸，并且睁大眼睛，环顾四周，说出自己看到的 5 种景象。如果仍然觉得焦虑或者过度担忧，那你不妨再来一次，说出自己能够听到的 3 种或 4 种声音。继续这一过程，直到你觉得平静下来，能够自制为止。这种简单的正念修习，并不会解决你面临的问题，但会帮助你变得心情更平静和更有掌控感，也更有能力去应对预期的各种挑战。

经常忧心忡忡、反复思量问题或者想得太多的儿童和青少年，很容易打开爬虫类脑的"开关"，使之发出与"敌人"战斗或者逃离现场的信号。不过，倘若这个"敌人"是一种想法，在他们的脑海中挥之不去，而非某种有形和真实的东西，就很难与之搏斗或者逃离了。正念修习可以帮助孩子放松下来，使得他们不再那么紧张、不知所措和失控。

成年人的冷静陪伴

你有没有过陪着一个闷闷不乐的孩子时，突然发现自己也变得闷闷不乐起来的经历呢？这种现象是有原因的。人类是一种社会性动物，故我们往往会感染并反映出亲近之人的主要情绪。这种情绪感染是一种群体功能，它会受到两个因素的影响。首先，我们更有可能感染的，是社会关系亲密的人或者我们认同之人的情绪。其次，像沮丧或愤怒之类的极端情绪，通常要比烦恼、冷漠等较平淡的情绪更有感染性。比方说，一名儿童若对同龄人说他坏话造成的影响小题大做，他通常就会发现，家长或老师会匹配他们高度焦虑的状态，也做出过度的反应。

孩子们感到心烦意乱、情绪激动或者焦虑不安时，他们需要身边的成年人保持冷静和自持。如果说焦虑这种高度紧张的情绪状态具有感染性，那么冷静也可以感染孩子，只是因为冷静是一种较为平淡的情绪，故需要我们稍微多付出一点儿时间和努力罢了。修习正念的成年人在孩子感到不安时，就更有能力去陪伴和让孩子平静下来。要想让孩子变得更加专注和立足于当下，他们生活当中的成年人也须专注于当下才行。这一点，就要求我们把正念当作一种活动来加以修习。

你该如此去做

父母的地位得天独厚，可以通过教给孩子一些关键的自我调整技能，帮助他们控制自身的焦虑情绪。我们必须带头修习正念，因为它是面对诱发紧张和焦虑的状况时，一种健康有益的应对方法。

孩子都是在很近的距离之内观察父母的。他们会见证我们许多最感快乐的时光，因而会看到我们最好的一面，他们也会注意到我们应对紧张与挑战的方式。他们会看到，我们究竟是逃避挑战，还是会深吸一口气，勇敢地面对挑战。这些方面，都是值得孩子学习的极其重要的教训。成年人处于压力之下时让儿童看到的一举一动，通常都会对他们产生最大的影响。假如我们喜欢小题大做，把问题无限夸大，那么孩子多半也会认为，小题大做就是他们面临挑战时一种可以接受的应对机制。倘若我们深思熟虑、冷静而专注地去应对困境，那么我们就会向孩子表明，他们该如何用类似的方式去应对困境。

陪伴孩子时应专注于当下

为人父母者最艰巨的任务之一，就在于陪伴孩子时，我们应当在精神上与情感上都做到"人在心也在"。我们有可能紧挨着孩子，可心思却放在别的地方，如想着工作上的问题、思考晚餐该做什么，或者在计划一次课外活动。养育孩子，意味着各种优先事项必然会打架，而我们的天生倾向却是思考："下一步该干什么？"凭借亲身经历，我们都明白全心全意地陪伴孩子究竟有多难。生活总是会对我们的良好意图造成干扰，因此制定一些基本准则来确保我们能够完成一些重要的事情，是很有好处的。

下面就是我们建议的 4 条准则，它们可以让你摆脱同时从事多项任务的"一心多用"状态，确保在家时"人在心也在"。

1. 陪伴家人时不使用数码设备

我们建议，家长应当在数码设备的使用方面给孩子制定规矩。这是一种很好的做法，我们都可以效仿。应当养成把数码设备放在家中指定位置的习惯，而不要时刻都带在身上。这样做，你在家时就不太可能受到不必要的电话干扰，也不太可能沉迷于网络，而没有全心全意地做到"人在心也在"。

2. 回家前先做"精神排毒"

亚当·弗雷泽博士（Dr Adam Fraser）首创的"第三空间"（The Third Space）这一概念，是一种很聪明的理念，可以帮助你在陪伴家人时远离工作和其他干扰。所谓的"第三空间"，就是从一项活动或一个地方转换到另一项活动或另一个地方时，你的身心可以前去的一个地方。在这里，你可以暂时反思一下自己正在做的事情，放松一下，然后重新把注意力集中到下一项活动上。回家之前，你不妨停下来回想一下自己一天的情况，做几次深呼吸，来帮助自己放松下来，并且做好回家陪伴家人时做到全身心投入的准备。

3. 一次只做一件事

"一心多用"或者一次从事多项活动是一种习惯，但它同时也是我们做出的一种决定。你应当下定决心，一次只做一件事情，或者顶多从事两项活动，并且愿意找出不干其他事情的理由，即便那些事情对你的孩子很重要。比如，你可能正在做晚饭，孩子却想方设法要你去关注。你本能地明白孩子的问题很重要，不应该掉以轻心。此时，你就应当选择一项，而不要分散注意力来同时干两件事情。你可以放下做饭的事情，把注意力全都集中到孩子身上，也可以这样说："我知道这对你很重要。我希望能够把注意力全都放在你身上，可现在还不是时候。我做好饭后，马上就可以陪你坐下来，那样我们就能谈一谈了。"应当把注意力放在最重要的事情上，这样，你就能够全心全意而高效地分别做好两件事情，而不是同时去做，却哪一件也做不好。

4. 留出专门的一对一时间

我们早已认识到，一对一的时间具有让家长与孩子建立牢固关系的巨大作用。陪伴孩子、跟孩子一起参加活动，会逐渐增强你们的情感积淀。这种情感积淀，又可以抵御孩子进入青春期后出现的狂暴和偶尔出现的混乱局面。要想让一对一的时间发挥出作用，你必须全心全意地陪着孩子、重视并舒畅地与孩子为伴，一起享受一种活动。除非为此留出一定的时间，否则这种美妙的活动就不一定出现。孩子在很小的时候，通常都希望和你待在一起，故你很容易安排出一对一的时间。但随着孩子进入青春期，你可能就得坚持不懈、发挥出一点儿创造力，才能跟上孩子的成长脚步，才能去陪伴自己的孩子。

向儿童和青少年介绍正念修习

要想让正念成为控制孩子焦虑的一种有效工具，你就必须经常加以修习。

我们建议，你的目标应当是让每个孩子每天进行 3 次练习。从孩子 4 岁开始，我们几乎不用解释，就可以让孩子修习正念之法。让年幼的孩子开始修习正念时，你应当跟孩子一起修习。对于这个年纪的孩子，每次修习只需持续一两分钟就可以了，方法包括腹式呼吸与专注于自己的思想这两个方面。不妨用头顶飘过的云朵或者顺着溪流而下的落叶做比喻，帮助年幼的孩子后退一步，观察自己的想法来去无常的情况。

向小学高年级的孩子或者青少年介绍正念修习法时，则需要你做出较多的解释。你应当用孩子能够理解的话语，解释正念会怎样把他们的注意力带到当下。如果做得到，你还应当判断孩子的需要，以便你能够将正念修习带来的益处与孩子自身的生活联系起来。例如，一名儿童可能对将来的问题考虑得太多，在课堂上难以集中注意力，或者不断产生一些令人担忧的想法。此时，你就可以向孩子说明，正念修习可以帮助他们更好地学习、取得更好的成绩，并且变得更加快乐，因为这种修习会帮助他们活在当下，使之将注意力更多地集中在自己所做的事情上。

你应当鼓励学龄儿童在一天当中的不同时间修习正念。我们建议，每天早晨上学之前，所有孩子都应修习四五分钟的正念活动，因为这样做能够让他们做好准备，从而在一天的学习和社交中得到最大的收获。睡觉之前进行正念修习，则是帮助孩子放松下来、做好睡觉准备的一种好办法。

焦虑时刻运用正念之法

如果一个焦虑不安的孩子能够娴熟地运用正念修习法，那么将他们的注意力带到当下，能让他们自我舒缓下来。你可以鼓励孩子运用他们的感官，把自己的注意力带到当下："跟我一起做几次深呼吸吧。告诉我，你看得见什么？你听得到什么？你能触摸到什么？"或者，你也可以带着孩子散步，引导他们把注意力集中到自己的感官上，如脚踩地面时的感觉。

如果一个心烦意乱或焦虑不安的孩子并不熟悉正念修习法，那么，在他们情绪激动的时候，你是很难让他们采用这种方法的。然而，你应当努力引导他们的注意力，使之转向他们看得见、听得到或者做得到的事物上。让他们做某件不同的事情，你就是将他们重新置于当下，并且在这样做的过程中，让他们的杏仁核平静下来。

正念修习之法

你不但可以尝试很多的正念修习之法，可用的资源也不少。我们推荐你使用"微笑心灵"（Smiling Mind）与"头脑空间"（Headspace）这两款应用程序，它们都是由全澳知名的研究型权威心理健康机构开发出来的，为儿童、青少年和成年人提供了范围广泛的正念修习方法。你在网上也很容易找到这两款应用程序。

下面就是我们最喜欢的两种修习方法，据经验我们发现，这两种方法用途广泛、容易学会，且各个年龄群体运用起来都很有效。

1. "5-4-3-2-1"正念修习法

这是一种基础性的正念修习法，只要做得到，在户外任何地方练习都很美妙。

（1）描述自己看得见的5种东西。
（2）说出自己的4种感觉（比如，脚踩在地板上的感觉）。
（3）说出自己听得见的3种声音。
（4）说出自己闻得到的2种气味（或者，说出你喜爱的2种气味）。
（5）描述自己觉得骄傲的1件事情。

2. 正念行走

这种练习，能够让你把运动与正念结合起来。

（1）以一种放松的直立姿势站着，注意双脚踩在地上的感觉。轻轻地将全身的重量从一只脚转移到另一只脚上，然后再均匀地分配到两只脚上。

（2）双臂放松，或者用一只手轻轻地握住另一只手，放在肚脐上方，以便双臂的自然摆动不会分散你的注意力。

（3）迈出一步，感受一条腿从髋部开始摆动的状态，并且注意脚掌每个部位接触地面时，从脚跟到足弓、前脚掌，再到脚趾的不同感觉。

（4）迈出下一步以及后续各步时，同样如此。

（5）在思想走神时，应当将注意力重新转到双脚每次接触地面的感觉上来。出现这种情况时，不要苛责自己，而应善待自己，因为每一次都是你练习将注意力重新带回行走之上的机会。假以时日，你的心思就不会经常走神，而注意力也更易回到当下发生的事情上了。

（6）应当保持步调均匀，速度稍慢于你平时走路的速度。

主题多样化

我们还鼓励你跟孩子一起，在多种多样的活动中修习正念。例如，你可以专心致志地吃东西。要求孩子们放慢速度，真正地关注自己所吃的东西。你应当鼓励孩子把注意力放在饭菜的味道、质地和分量大小等方面。虽说这样做会让吃饭时间延长一点儿，但孩子可能发现自己更喜欢吃饭了。你可以鼓励他们专注地走路，或者到公园里去，注意自己的一种或多种感觉。当孩子从一项活动转到另一项活动时，你应当让他们进行为时很短的正念修习，来帮助他们放松和重新集中注意力。

鼓励孩子善待自己

正念涉及两个方面：让孩子将注意力放在当前之地，放在当下时刻。正念是控制焦虑的一种工具，而孩子的态度在正念修习的效果方面发挥着重要的作用。如果孩子对自己无法把注意力集中于当下这一点感到紧张或者烦恼，他们就有可能不再去修习。正念修习需要孩子采取一种接纳、宽恕甚至温柔的态度。高度焦虑的孩子通常都对自己的要求非常严苛，常常会为一些小小的错误责备自己，可其他一些不那么敏感的孩子，却不会为此种错误感到烦恼。若将自己的注意力集中到当下之时不能屏蔽掉各种各样的杂念，这些焦虑的孩子就有可能变得非常紧张或不安。你应当帮助孩子，让他们明白自己在修习正念的时候虽然不能阻止各种杂念进入大脑，但不一定非得去跟那些想法纠缠不休。如果孩子走了神，你应当鼓励他们不要太过苛责自己，这一点很重要。一种善待和容忍自己的态度，也是正念修习过程的组成部分，跟他们用来把注意力集中到当下的那些技巧一样。

12

锻　炼

　　小时候的你，闲暇时是在家里待得多呢，还是在外面玩得多？对许多家长来说，他们童年的大部分时间，都是在户外玩各种各样的游戏。现实情况是，当时吸引孩子留在家里的东西，可比如今要少。电视虽说很受欢迎，但除了一些卡通片和少量最喜欢的节目，几乎没有别的东西会让我们对电视上瘾。当时，家长叫孩子"出去玩"，也是一种极其常见的现象。可能是他们本能地知道，玩耍对孩子的心理健康有益，只是他们多半无法像如今的大多数家长一样，把那种想法清楚地表达出来。当时的家长只是凭直觉，明白身体健康意味着心理健康，明白孩子最好是到外面去玩耍。

　　短短几十年之后，一种久坐不动的生活方式，已经迅速变成了儿童公共卫生方面最首要的问题。这种情况不足为奇，因为不爱运动的孩子不但更有可能超重，也更有可能产生焦虑感和出现其他心理健康问题。锻炼不仅能够促进孩子的心理健康，也是孩子可以用来更好地控制其情绪状态的一种工具。

　　在本章中，我们将探究锻炼对孩子心理健康的好处，讨论我们如何能够利用锻炼和玩耍来控制孩子的情绪，并且看一看，有哪些方法可以让不愿意运动的孩子去进行锻炼。

> **迈克尔和朱迪的故事**
>
> 　　我们两人都有一种天性，那就是感到沮丧、担忧或者紧张的时候喜欢去进行锻炼。事实上，锻炼是我们两人生活方式的一个重要组成部分。锻炼和体育活动，也是我们儿时生活方式中的一部分。在一生当中，倘若减少锻炼，我们的心理健康与整体健康状况都会下降，这种现象并非巧合。我们凭借亲身经历就明白，生活方式中像生孩子、工作和旅行这样的因素，有时可能使得我们无法抽出时间去进行锻炼。现在，尤其是在我们感到焦虑或者压力太大的时候，我们两人的默认态度都是去进行某种剧烈的锻炼，让心跳加快，让思维活跃起来。之所以这样做，完全是因为锻炼让我们感觉很好。

锻炼与运动如何发挥作用

　　众所周知，锻炼对心理健康具有积极的影响。"体健智全"（healthy body, healthy mind）这句真言，已经流传了数十年，反映了人们长期持有的信条，即锻炼、运动与一个人的健康以及积极的心理卫生之间具有紧密的联系。澳大利亚人的童年，在传统上反映出了这种观念；然而，如今却有充分的证据表明，澳大利亚儿童进行的锻炼要比他们的父辈和祖辈更少，而从身心健康的角度来看，他们也正在开始为此付出高昂的代价：如今，澳大利亚儿童患有肥胖症、糖尿病、焦虑症与抑郁症的比例，都要高于他们的先辈。在探究如何才能让孩子多做运动之前，我们不妨先来看一看，锻炼与运动为何会与健康及焦虑控制息息相关。

1. 促进内腓肽的分泌

假如经常锻炼的话，你可能会对"跑步者的快感"（runner's high）并不陌生。这种说法，恰如其分地描绘了你在完成一段充满活力的健身运动、一次长跑、一场网球或壁球比赛之后，可能感到的那种愉悦。这种跑步者的快感，是大脑分泌内腓肽的结果。内腓肽是与大脑中的阿片受体（opiate receptor）相互作用，以降低疼痛感的神经递质（neurotransmitter），其作用类似于吗啡（morphine）和可待因（codeine）。人们认为，内腓肽是一种让人感觉好的化学物质，可以降低人体疼痛感、提升幸福感。内腓肽的这种分泌也具有成瘾性，从而解释了许多人就算以前嗤之以鼻，也会对锻炼上瘾的原因。

2. 在运动中造就专注

正如正念修习会把孩子的注意力带到当下，从而缓解儿童体内的"战逃反应"一样，一场激烈的比赛或者某种类型的剧烈运动，也会产生相同的效果。我们的注意力，会高度集中在比赛或者正在进行的活动上，从而缓解我们的烦恼，让我们摆脱纷繁芜杂的想法和紧张情绪。这种情况，在球类运动和团队项目之类的活动中更为明显。相比散步等重复性的活动，它们需要我们更加集中注意力，而在散步的时候，我们的思想却可以在不影响活动的情况下走神。

3. 缓解肌肉紧张

孩子们感到焦虑、"战逃反应"机制处于高度警觉状态时，心脏会把血液输送到他们的四肢，使之做好迅速有效地去应对威胁的准备。结果，孩子的胳膊、双腿以及肩膀等部位的肌肉就会变得紧张起来，随时准备采取行动。一旦威胁消失，这些肌肉就会松弛下来，而紧张状态也会得以解除。然而，倘若焦虑感挥之不去，那么肌肉的紧张状态就会持久保留，达到不健康的程度，紧张感也会持续下去。锻炼、运动再加上深呼吸，都有助于放松肌肉，降低随着时间推移而积聚起来的焦虑感。

4. 帮助睡眠

锻炼也能改善孩子的睡眠质量。他们的睡眠经常会受到紧张、抑郁和焦虑等情绪的干扰。在后文中，我们将更加详细地论述睡眠对儿童心理健康和焦虑控制的重要性。然而就目前而言，你只需记住锻炼和运动可以放松身体、缓解紧张、帮助孩子进入恰当的睡眠状态，就会有所获益。

5. 缓解焦虑

焦虑情绪常常会在一天当中一点一点地积聚起来，以至于有时我们甚至不知道有这种情绪存在。下了班或者结束一天紧张的电话交谈之后，我们回到家里时，有可能内心极度紧张，却要等到某个人或某件事情引起了我们的注意，才会意识到这一点，如会突然无缘无故地对一位家人发火。正是在这种时候，进行某种类型的体育运动就会发挥重要的作用。

孩子们也是如此。他们有可能带着一天当中积聚下来的紧张感回家，情绪变得非常低落。或者，他们有可能对兄弟姐妹或家长乱发脾气，以此来缓解他们的紧张感与压力感。锻炼和运动，就是改善孩子情绪、缓解其压力与紧张感的一种健康方式，无论是跟朋友打一场激烈的比赛、自己去打一会儿篮球，还是在公园里跑跑步，都是如此。

让锻炼成为家庭文化的一部分

身为一家之长，父母有能力让锻炼和独立性变成"我们家的做事方式"的一个组成部分。家庭内部的文化，往往会从孩子们在价值观和活动中的相似之处体现出来。虽说并不是所有孩子都会表现出完全相同的兴趣水平，或者具有完全相同的性格品质，但他们会不同程度地参与、表现出不同程度的兴趣。最有效地进行锻炼和运动，使之成为一种生活方式，而非仅仅是一种偶尔使用的补救性活动的办法，就是将锻炼深深地融入你的家庭文化当中。

远离沙发

假如你是一个喜欢体育运动和活泼好动的人，那么你的孩子多半会仿效你。如果他们正是上幼儿园和小学这样易受影响的年纪，则尤其如此。

我们并不一定要竭尽全力才能让孩子动起来，但若家长经常锻炼、积极运动并且留出锻炼的时间，他们就会向孩子传达出积极的信息，让孩子明白运动和锻炼带来的益处。

加入他们

"来吧，我们出去玩游戏吧。"

你最近一次对孩子这样说，是什么时候呢？但愿不是很久以前。正在上幼儿园和小学的孩子，通常都很喜欢家长陪他们一起玩游戏，或者出去玩。虽说青少年常常会假装对这种邀请不感兴趣，但很多孩子其实心里是很乐意你去跟他们一起玩游戏的，哪怕他们的目的只是为了证明他们能够打败你，或者如今他们比你更强健，或者技术比你更娴熟。你跟孩子一起参加锻炼和运动，还会带来诸多的额外益处，其中包括建立一种牢固的关系、鼓励公平竞争，教给孩子像坚持与诚实这样的价值观。然而，从鼓励孩子形成一种能够促进心理健康、促进幸福的生活方式这一角度来看，你经常积极地陪着孩子一起进行锻炼的意愿，才是值得称颂的。"随我所行，而非我言"，会对孩子产生持久的影响。

培养热爱运动的心态

科技进步已经让我们的生活变得更加轻松，让我们能够做到前人所做的一切活动，却不用付出那么大的努力了。互联网的发展，让我们无须再通过去图书馆借书来获得知识。很快就要实现的无人驾驶的汽车，让我们无须再自己开车。"优步"（Uber）和其他的上门送货服务，让我们无须再离家去吃晚餐。只要愿意，我们可能不需要做什么体力劳动，就可以生活下去。不过，如果把身心健康放在优先地位的话，那么我们强烈建议另一种选择：寻找甚至是创造机会，让孩子尽可能地动起来。这就意味着我们可以鼓励他们在社区里步行或者骑自行车，而不是开车接送他们去朋友家或者去参加业余活动。还意味着我们可以让孩子去做一些能够让他们动起来的家务与活动，如帮忙打理花园、到自家的鸡舍里捡鸡蛋或者倒垃圾。任何能够让孩子动起来的事情都可以。

让孩子动起来的 7 个办法

你的孩子可能习惯于懒散怠惰，或者天性就不活泼，让你觉得对孩子的健康不利。孩子可能不喜欢运动，空余时间里更喜欢看电视、玩电脑、看书或者钻研学习。尽管你使出了浑身解数要让他们出去活动活动，可在锻炼身体这个问题上，他们却没有你那么热情或者努力。下面就是一些稍有不同的方法，或许可以帮助你达到目的：

1. 用计步器计算步数

孩子们无疑都喜欢一些小玩意儿，若小玩意儿能够衡量自己的表现，他们就会更加喜欢。你不妨买一个计步器，这样孩子就可以记录自己每天所走的步数了。然后，你不妨创造一些小小的挑战，让孩子每天都有动力去运动。比如，你今天走的步数能够超过昨天吗？你能多快走完 100 步？走完 1000 步要多久呢？你在一个星期里的最高纪录是多少？

或许，你能不能记下每天所走的步数，然后举办一场气氛友好的家庭比赛？这样的可能性，是无穷无尽的。

2. 别出心裁

我们全都熟悉足球、板球、篮网球、篮球、田径运动、爵士芭蕾这样的大众性体育活动，可它们并不是对每个孩子都具有吸引力。现实情况就是，并非人人都喜欢传统的体育项目与活动，故你应当考虑孩子可能喜欢的一些其他活动，如攀岩、舞蹈或者武术。你应当保持耐心，因为有些孩子需要付出时间，才能找到最适合他们的体育项目或活动。

3. 做家庭作业时休息一下

坚持要孩子出去玩耍，效果可能适得其反，反而导致孩子产生逆反之心。一些态度执拗的孩子，可能会这样回答："你想要我出去玩？那就等着瞧好了。"相反，你应当考虑把体育锻炼当作一种奖励，尤其是当作孩子可以不做家庭作业或者其他学习任务的奖励。若体育锻炼意味着他们可以休息休息，不用去做家庭作业，孩子可能就会高兴地去踢球和射门。

4. 以一换一、以一换二

有些孩子喜欢与家长讨价还价。如果你的孩子惯于这样做，你就不妨考虑跟孩子做个交易，用玩数码产品的时间交换进行锻炼或参加活动的时间。你会协商一个什么样的交换比例呢？玩1个小时的数码设备，换1个小时的锻炼和活动？活动内容是什么，是剧烈的体育锻炼呢，还是在街区里遛狗？这完全取决于你与孩子的协商结果。陪着孩子走上这条道路之前，你最好先提高自己的谈判能力。

5. 寻找显得很酷的培训班

并不是每个孩子都有动起来的积极性，但这并不意味着你就要对孩子的这个方面不抱希望。你不妨货比三家，看看有没有一些带有"附加分值"的培训班或活动，如那些具有内在的"显酷因素"，或者能给孩子带来交友机会，甚至带有一丝冒险和英勇色彩的培训班和活动。瑜伽、合气道（aikido）或者滑板运动，可能就会提供一些额外的威望，从而赋予孩子动起来的积极性。

6. 或许孩子更喜欢表演

有些孩子喜欢赢过别人，有些孩子喜欢跟朋友们一起玩耍，还有一些孩子则喜欢表演。那么，让你的孩子产生积极性的是哪个方面呢？如果是后者即表演，那么把表演元素与运动结合起来的机会有很多。爵士芭蕾、跳舞或者体操，或许就是能够让你的孩子动起来的那类活动。

7. 让锻炼成为简单的事情

有些孩子就是不喜欢参加传统的体育运动与活动。但这并不意味着他们无法变得活泼起来。让孩子动起来可能很简单，如每天晚上带着小狗出去散散步，或者到最近的室内攀岩中心去攀岩。在缓解孩子紧张情绪、调整他们的焦虑状态和注意孩子的整体健康等方面，最重要的就是让他们动起来。

让孩子在焦虑时刻动起来

一旦焦虑来袭，再让孩子去进行体育运动，可能就是一个棘手的问题了。孩子因感到焦虑而不知所措时，最恰当的活动就是做腹式深呼吸，让他们的杏仁核平静下来。然而，孩子恢复平静之后，你就应当尽量让他们活动活动。你可以明确提出建议，如："你出去踢一会儿足球吧。那样会让你感觉好起来。"或者，你也可以狡猾一点儿，让孩子帮你干一件事情，如去遛宠物，或者骑自行车去商店替你跑腿。孩子到了合适的年龄之后，对他们开诚布公就很重要了。你应当向孩子解释清楚，锻炼是一种必要的工具，可让他们用于改善情绪、减少焦虑，并且最终让他们培养出健康的心态，去应对那些导致焦虑的状况。通常来说，绝大多数孩子在深陷恐惧与烦恼情绪之中时，最不愿意干的事情都是运动锻炼。此时，你应当施以援手，让他们把注意力从自己身上转移开去，并且做一些必要之事，来让他们的生理机能恢复到某种平衡状态。大多数孩子在感到焦虑的时候，既要跟自己的生理机能抗争，又要跟自己的思想进行搏斗，而让他们回到正轨、掌控情绪的一个行之有效的办法，就是让他们去锻炼、玩游戏，或者进行某种类型的剧烈运动。

13

摆　脱

　　此时此刻，你的心中在想什么呢？是在继续几分钟之前的想法呢，还是已经开了小差，转到了一个新的方向？你在专注于自己的行为时，可能很难注意到这些方面。对大多数人而言，我们的行为就是处理完待办事项，接着开始下一项活动，如此度过一天。但我们认为，了解自身的思维对你的效率和健康至关重要，对你的孩子来说，也是如此。在本章里，我们将为你介绍"摆脱"这一工具，帮助孩子摆脱消极想法。我们需要更加深入地理解"关注思想"，它是我们在前文中介绍过的一个概念。

> **夏洛特（Charlotte）的故事**
>
> 　　11 岁的夏洛特早上醒来后，记起今天是她要去参加学校举办的一场为期 4 天的野营活动的日子。她一直都害怕参加这次野营，因为她觉得到时自己会想家，而且她在内心深处还害怕大家都知道她是一个邋遢的孩子，害怕没人会喜欢她。她已经被这些想法折磨好几个月了。她一

> 直在对自己说，"离家后我会想家的"和"我是一个邋遢和令人讨厌的人"。至于这些想法究竟对不对，并不重要。它们对夏洛特的感受与行为产生了不利影响，还变成了夏洛特在所有类似情况下的说辞。

想法并非总是事实

夏洛特跟我们其他人一样，依赖自己的想法来得知自己应当如何度过人生，即她应当做什么和应当避免什么。她的想法并非总是事实，尽管她做出的反应显得它们都是事实。世间有许多跟夏洛特一样的孩子，他们无法区分想法与事实，并且因此而深感痛苦。他们可能会逃避某些情况，因为他们确信，自己在那些情况下会失败，会表现得不完美，大家都会嘲笑他们。或者，他们尽管可以勇敢地面对那些令他们感到惧怕的情况，可他们需要付出努力与精力才能做到，这一点却会对他们的心理健康和幸福产生重大的影响。"关注思想"或者"元认知"，则有助于解决这些问题。

何谓"关注思想"？

所谓的"关注思想"，指的就是观察自身想法的能力。实际上，它就是"对思考的思考"，只是不一定用剖析的方式来进行。它是我们全都必须后退一步去了解自身思维的一种能力。

儿童可以接受训练，通过倾听大脑中无休无止的声音与连续不断的对话，来练习"关注思想"。向他们介绍"关注思想"的一个简单办法，就是让他们站在一面镜子前，并且注意到自己心中对所见情景的描述。孩子可能会把他们看到的景象告诉你，如此来描述事物："我有一头金发。""我站得笔直。""我的眼睛是蓝色的。"这些都属于观察所得，而非想法。从它们对儿童行为与感受的影响来看，二者之间的差异虽小，意义却很重大。你不妨再把难度增大，要孩子将他们的心中所想告诉你。他们可能会说出像"我很漂亮""我太矮小"或者"我这样的个子，不可能擅长体育运动"之类的话。这些就属于想法，而非观察结果。不管真实与否，它们都有可能变成青少年的指导原则。大脑极其擅长讲故事，因此就调整孩子的焦虑情绪而言，拥有后退一步去观察大脑所讲故事的真假这种能力，是非常重要的。

夏洛特对学校野营活动感到害怕的主要原因，就在于她需要母亲，以及她意识到自己可能不招人喜欢。这些理由，会通过众多纷繁芜杂、此消彼长的想法呈现出来。有可能是过去一些事情或者别人对她的评价导致的，也可能是她几年前在一场通宵派对上觉得想家，而且从那以后就再也没有离家过夜了。她可能从未进行过检验，看自己会不会再次想家。她可能曾经受到一群小姑娘的排斥，她们当时说出的恶言恶语，如今仍然在她的脑海里萦绕不去。至于那些恶语是否正确，至于姑娘们的行为是否正当，这一点并不重要。重要的是，夏洛特认为她们说得对也做得对。夏洛特已经把她的想法与事实混同起来，以至于如今那些想法与事实完全混为一谈了。

重要的是，我们应当告诉夏洛特，她不一定非得要相信这些说法，或者坚持这些说法。她可以选择看透那些说法的本质：它们都是一些来去不由人的想法，反映的可能是以前一些未经证实的观点。这种做法，与人们普遍持有且经常对孩子提出的建议，即孩子应当完全将他们的消极想法转变成积极想法不同。把脚本从"我竟然是这样一个白痴！"变成"我很聪明，拥有无限的潜力"或许说来容易，但这种类型的重新编程通常都不会有什么作用。想法与感受一样，来去无常且很难改变。教导孩子接纳自己的想法，并且教给他们一些技巧，既有效得多，也要现实得多。孩子可以利用这些技巧来疏远那些想法，使之逐渐消退，变成不太明显的"背景噪声"。

棍棒和石头

还记得"棍石可以断我铁骨,言语却无法伤我分毫"这句歌词吗?这首童谣虽然已经在校园里传唱了数十年,却说得完全不对。言语一样可以伤人。在说出恶言恶语的人早已忘却之后的很长一段时间里,它们仍会让听者耿耿于怀,深受其害。我们有可能在心中反复回想,以至于它们似乎都成了真的。每次回想起来,我们都会再次体味到当时的羞耻、尴尬或者痛苦等感受。有的时候,我们在回想过程中还会放大这些感受。"思想疏远"(Thought-distancing)技巧,则可以降低言语和想法对我们情绪的影响程度。

让孩子远离他们的想法

我们不妨做个练习:想一个反复让你感到不安或者烦恼且会在你最意想不到的时候突然出现的想法。这种想法,应当以"我……"开头。比如说"我很傲慢""我在坚持做项目这个方面毫无希望""我不够优秀"。抓住这个想法,感受它对你的影响。

接下来,在描述想法的句子前面加上"我认为……"。那么,我们所举的例子就变成了"我认为我很傲慢""我认为我在坚持做项目这个方面毫无希望""我认为我不够优秀"。现在,你对自己的想法感受如何呢?你有没有感觉好一点儿呢?

这一次,我们再在想法前面加上"我注意到,我认为……"。于是,我们所举的例子就变成了"我注意到,我认为自己很傲慢""我注意到,我认为自己在坚持做项目这个方面毫无希望""我注意到,我认为自己不够优秀"。现在,你的感受又如何呢?

但愿你已经注意到,每次你觉得自己与那种想法之间的距离稍远了一点儿,它的影响就减弱了。加上"我注意到,我认为……",有助于你获得一定的空间，让你能够后退一步，注意到自己的想法。这种空间或者距离，会降低想法变成理由的可能性，是你应当教给孩子的一种重要技巧。我们并不是要改变想法的用词或者理由，而是只需注意到自己的想法，任由它们来去消长，并且降低它们的影响。

并非老一套

给想法命名，是你可以教给孩子的又一种疏远技巧。如果孩子总是认为自己无可救药、肥胖或者令人生厌，那么你就可以提出，让孩子给这些想法相应地起个名称。突然之间，他们就有了"无可救药的说法""肥胖的说法"和"令人厌烦的说法"。他们在告诉你自己毫无希望、肥胖或者令人生厌的时候，十有八九会让你获知他们的想法，因此你可以帮助他们给那些想法命名。应当让他们把注意力放到自己的说法上："下面又是那种老套的'我不可救药'的说法。"通过承认而非改变自己的想法，孩子就会与想法拉开距离，降低想法可能给他们带来的影响和力量。

有的时候，你也可以对孩子的自我认知提出质疑："你对自己太不公平了。你并不是不可救药。只要自己愿意，你就会非常能干的。"有的时候，孩子会把想法告诉我们，以便能够得到一个爱护他们的大人给出的安慰。然而，作为一种降低无益想法可能对孩子产生影响的疏远技巧，给他们的说法命名也是一种很不错的自我调整工具，你完全可以推荐给孩子。

再唱一遍

蓓克（Beck）向女儿推荐了一种有趣又很有效果的思想疏远技巧。当时，她的女儿正在为第二天要参加爵士芭蕾舞考试而发愁。时年 7 岁的茉莉（Jasmine）告诉妈妈，她一直担心自己会在考试中被自己的脚踝

> 倒。于是，蓓克用一首著名儿歌，即《香蕉兄弟》(Bananas in Pyjamas)的调子，开始唱起"茉莉总被自己的脚绊倒"。女儿很快也开始跟着她一起唱起来，并且母女二人都笑得前仰后合。蓓克没有试图质疑女儿的想法，或者试图代之以一种积极的想法，而是把女儿的想法融入了音乐当中，从而帮助女儿消除了这种想法的力量，降低了这种想法给女儿焦虑情绪带来的影响。

挑选一个声音

还有一种非常有趣的疏远技巧，许多孩子都很喜欢。这种技巧，要求孩子挑出动画片、电视节目或者电影中他们最喜欢的人物的声音。当孩子重复自己那些消极的或者令人不安的想法时，他们可以模仿达斯·维达、史莱克或者兔八哥的声音[1]。用达斯·维达的声音说出"我太蠢了，考不出好成绩"，无疑会让孩子打消这种想法。这样做，必然有助于降低一种无益想法给孩子状态带来的影响。

孩子的想法有益吗？

在本章的开头我们曾经指出，重点不应当放在孩子对自己、对一种情况或者一桩事件的想法是否真实上，而应当放在他们的想法是否有益上。夏洛特在学校野营的那天早上醒来，反复说着那些困扰了她好几个月的想法，即"离家后我会想家的"和"我是一个邋遢和令人讨厌的人"时，其实她是觉得自己开始感到焦虑了。虽然这些想法并不一定是真的，但在当时，它们对夏洛特无疑是毫无益处的。它们只会让她对即将到来的野营感到惧怕。事实上，夏洛特当时已到了恐慌全面发作的边缘，她的呼吸开始变得急促起来。母亲来到她的身边，陪她一起做了会儿腹式深呼吸，想让她平静下来。事实就是，在当时，那些想法并未给夏洛特带来任何益处。如果她将这些想法向母亲诉说出来，母亲也许就能帮助她疏远那些想法。不过，若夏洛特能够自我调整，那就更好了。也就是说，夏洛特必须能够认识到自己的想法，并且运用上述技巧中的一种，或者其他任何一种摆脱技巧，使她能够退离自己的想法一步，然后问问自己："这些想法此时对我有益吗？"如果答案是否定的，那她就应当后退一步，远离这些想法，并且开始勇敢面对自己必须去做的事情，即为参加学校野营活动做好准备。

焦虑的孩子会花许多时间思考

聪明的孩子，通常会在学校举行的颁奖晚会上受到大人的高度称赞，并且获得奖励。"那个孩子是个真正喜欢想问题的人。"大人通常会说这样的话来表扬孩子。然而，把大量时间都花在思索上的孩子，往往也是极感焦虑的孩子。而且，可能让他们感到极其焦虑的，正是他们的思索，或者说他们花大量时间沉迷于思考的这个事实。他们有可能发挥自己的想象力，想象面前可能出现的各种困难与挑战。他们有可能在心中反复浮现那些消极的想法，以至于它们似乎成了真的，并且他们很难将事实与假象区分开。接下来，他们就会对可能发生的事情感到担忧，从而让他们陷入不断上升的焦虑旋涡。不加控制地思考，有可能危害孩子的心理健康。他们的大脑会像停不下来的洗衣机一样一直运转，反复思量着那些相同的想法。

后退一步来观察自身思维的能力，是一种积极的心理健康工具，我们必须鼓励孩子培养出这种能力。跟孩子谈话的时候，我们可以用一些启发思维的话语做开场白，比如说："你那样做的时候，注意到自己在想什么呢？""那是一种想法呢，还是一种事实？"或者"那样想，对你产生了什么影响呢？"用这样的方式向孩子提出问题，就可以启动孩子的元认知过程。

我们还可以将"疏远思想"的对策教给孩子，其中有些我们已经在本章概述过了。我们可以向孩子表明，如何通过边想边说，让我们与自己的想法拉开距离。"当时我产生了一种可怕的想法，认为自己会在那场求职面试中搞砸。我意识到那样想没有任何意义，对我也没有任何好处，就问自己：'这种想法有益吗？'我回答说：'没有。'然后就接着为面试做准备去了。"这种边想边说的方法非常重要，可以向孩子表明我们是如何应对消极或无益的想法，防止那些想法将我们击倒的。

于是，摆脱技巧就会逐渐与适应力结合起来，让儿童能够理智而有目的地去应对以前让他们感到紧张或者害怕的情况。这样做，不一定会让孩子解决问题时变得更加容易，但"疏远思想"技巧能够让孩子去面对各种各样的经历，并且所用的方式有助于他们去从事重要之事，而不是去逃避重要的事情。

Part 5

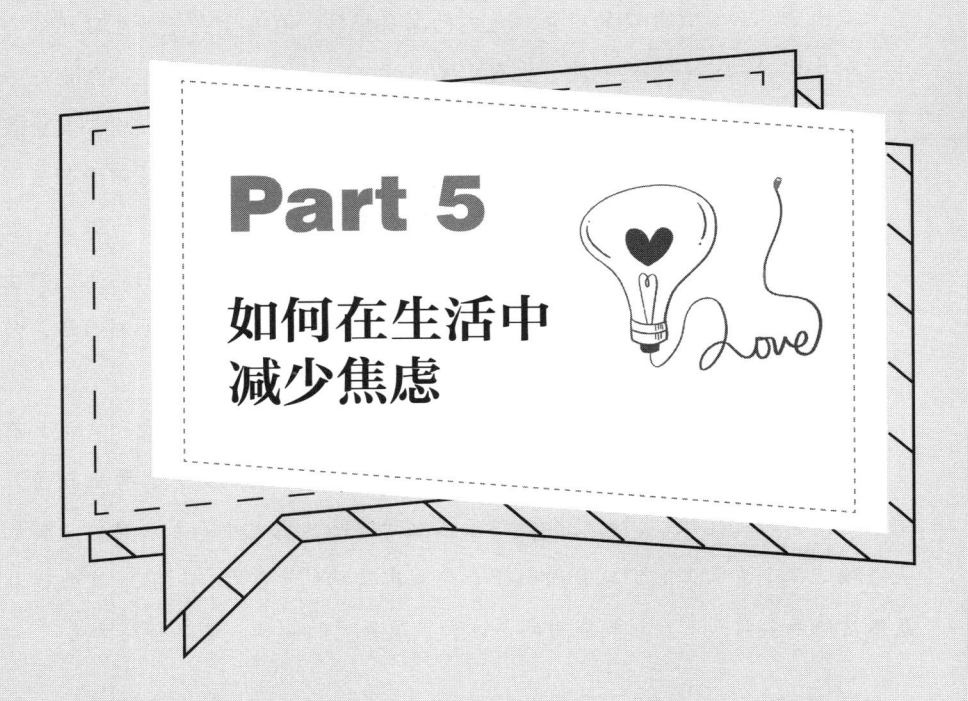

如何在生活中減少焦慮

焦虑是一种非常复杂的现象。焦虑的深层根源，存在于孩子的生理机能当中，但生理、心理和直接环境，也会影响焦虑在孩子人生当中所起的作用。一名天生容易感到焦虑的儿童，若生活在一个接受其焦虑状态的家庭中，就会获益良多。家长若能够确保惯常做法且家庭结构都井井有条，防止给孩子带来不必要的压力，同时给孩子提供像深呼吸、"关注思想"和正念之类的工具，就会帮助孩子去应对他们的焦虑时刻。孩子的生活方式，也会对他们的焦虑产生巨大的影响。除非获得一种能够促进身心健康的生活方式支持，否则的话，焦虑应对措施就不可能完全有效。

在本书的这一部分，我们将探究生活方式中对儿童的心理健康和幸福具有重大影响的7个因素。其中的每一个因素，都会以其特有的方式，降低孩子产生焦虑情绪的可能性，同时还会让孩子不至于深陷焦虑之中而无法自拔。若切实遵循这7个方面，它们就会对孩子产生焦虑情绪的可能性、对孩子在焦虑和紧张情绪来袭时正常应对的能力两个方面产生巨大的影响。这7个因素是：

- 睡眠。
- 营养与肠道健康。
- 玩耍与运动。
- 绿色时间。
- 了解自己的价值观。
- 志愿活动。
- 健康的关系。

现在，就让我们更仔细地来看一看生活方式当中，这些能够促进心理健康与幸福、让孩子应对紧张与焦虑的能力达到最大的因素。

14

获得充足的睡眠

生活在 21 世纪，我们在保持一种健康的生活方式方面，可以说面临着诸多的障碍。例如，过去 10 年间，手机在青少年当中大行其道，随之而来的就是青少年的睡眠时间减少了。数码设备让青少年可以在网络空间里漫游，它们具有成瘾性，并且会带来具有兴奋效果的副作用。手机发出的蓝光会刺激大脑，可能让孩子们到了深夜都难以入眠。睡眠不足会损害儿童控制思维的能力，加剧孩子小题大做的倾向，削弱他们的应对机能。

众所周知，澳大利亚是一个睡眠不足的国家。"睡眠健康基金会"（Sleep Health Foundation）最近进行的一项研究表明，有 33%~45% 的澳大利亚人睡眠不足，这对他们的生产效率、整体健康和幸福产生了影响[1]。这一数字实在惊人，说明睡眠不足正在像流行病一样蔓延开来；但睡眠不足对健康的有害影响，并不像酗酒、吸烟和非法吸毒产生的有害影响那样受到人们的重视。

睡眠不足，是许多发达国家中的一种普遍现象，包括美国和欧洲国家。最近一项针对 13 个国家（不包括澳大利亚）公民睡眠习惯的研究表明，有 37% 的英国人睡眠不足，紧随其后的则是爱尔兰共和国（Republic of Ireland）、加拿大和美国。

并非只有成年人睡眠不足。儿童与成年人一样，也有过度消耗精力和睡眠不足的倾向。大多数国家的卫生当局都建议，青少年每晚应当睡8个小时至10个小时的觉。不过，最近的数据表明，澳大利亚大多数青少年的睡眠时间都低于这一建议范围。据维多利亚州政府"促进健康频道"（Better Health Channel）网站上的"青少年与睡眠"（Teenagers and sleep）页面称，大多数青少年每晚的睡眠时间为6.5个小时至7.5个小时，远远低于最佳睡眠时间。事实表明，学龄前儿童和小学生的睡眠时间也低于建议的10个小时至13个小时，降到了9个小时至10个小时。

焦虑与睡眠不足

良好的睡眠模式，具有重大而意义深远的好处。睡眠会给孩子的学习、记忆力和情绪稳定带来影响。积极的睡眠模式，还与减肥、长寿以及亲社会行为密切相关。睡眠有助于我们发挥出最佳水平。反之，睡眠不足会让你像在雾中一样稀里糊涂；你可能度过了一天，却不会是全力以赴。而且，睡眠不足还与焦虑、抑郁之间具有紧密的联系。为了理解其中的原因，我们必须简要地来看一下，睡眠在日常生活当中是如何给我们带来益处的。

睡眠具有滋补复原的作用。它能让大脑清除一天的能量消耗过程中积聚起来的毒素，有助于为第二天创造出以最佳状态来学习和思考的条件。睡眠还能让身体恢复活力，修复组织与肌肉，让白天升高的激素水平恢复正常。反之，睡眠不足则会影响我们的恢复与修复能力，从而使得我们每天应对困境和紧张情况时会更感困难。因此，睡眠不足者在日常工作中会更感焦虑，悲观地思考问题的倾向也更加严重，而这种倾向又与焦虑密切相关。

睡眠不足会损及身体产生血清素的能力。血清素是一种让人产生良好感觉的激素，有助于调节情绪与健康。身体分泌的血清素不足时，我们就会把多巴胺当作替代品，来改善我们的情绪。使用社交媒体和饮酒的时候，我们体内的多巴胺会大量分泌，可使用社交媒体和饮酒都是无益于健康的活动。多巴胺大量分泌导致的兴奋状态有如快餐，虽然有可能在短期内让我们感到满足，但很快又会让我们渴望获得更多，毕竟快餐几乎没有什么长久持续的营养价值。所以，睡眠不足者在完成日常任务时出现更严重的焦虑水平，就是不足为奇的一件事情了。

优先考虑睡眠

许多儿童的生活方式，都会对他们的睡眠构成妨碍。各家各户通常都会根据孩子上学、休闲与家庭活动（比如吃饭）来调整睡眠时间，而不是调整这些活动，来确保孩子每晚都获得最理想的睡眠量。家长和老师都应当把睡眠当作孩子的首要任务，这一点至关重要。这可能意味着我们需要调整孩子的作业量、调整孩子的课后活动量，并且改变家中的用餐时间，以便孩子有充足的时间养成晚上睡得香甜所需的良好睡眠卫生习惯。培养这种习惯，应从给予睡眠应有的重视开始。

最佳的睡眠体系

焦虑常常会阻碍儿童和青少年入睡，而这种倾向还有可能变成一种恶性循环。有一种方法，可以打破这种"担忧——清醒——担忧"的循环，那就是利用孩子的睡眠生物钟，培养出促进睡眠的良好习惯。不过，人们经常以各种相互矛盾的优先事项为代价，忽视了孩子的睡眠生物钟。下面这5种对策，将有助于你的孩子获得所需睡眠时间。

1. 找出最佳的就寝时间

传统观点认为，常规活动是确保儿童每天晚上都睡得香甜的关键。规律性对于确立良好的睡眠模式同等重要，而睡眠模式又是由褪黑激素的分泌决定的。褪黑激素是一种调节人体昼夜节律的睡眠激素。所谓的"昼夜节律"，就是以 24 小时为周期，帮助控制孩子何时入睡、何时醒来的睡眠生物钟。褪黑激素的分泌与阳光相关，并且会随着正常的季节更替进行调整。褪黑激素喜欢规律性，对重大变化则会做出不利反应，如跨越时区，或者周末一次性睡上半天来弥补一周当中欠缺的睡眠量。儿童从睡眠中获得的诸多好处，都源自我们在适合儿童及其生活方式的最佳或完美就寝时间的基础上，确立一种有规律的作息方式。

你可以用以下方法来找到孩子的最佳就寝时间：

从孩子必须起床的时间往回推算。如果他们必须在早上 7 点起床，开始为一天的学习和生活做准备，那么你可以从这个时间算起，加上他们这个年龄段的推荐睡眠小时数。小学生每晚的建议睡眠量是 9 个小时至 11 个小时。你可以减去 10 个小时（也可以减去 9 个小时、11 个小时或者更多，这取决于孩子的年龄和以前的睡眠情况）。所以，晚上 9 点钟就是孩子的就寝时间。你应当确立一种睡前例程，确保孩子晚上 9 点钟上床睡觉。要么给孩子定一个闹钟，要么就在早上 7 点钟叫他们起床。如果孩子在起床时间的 10 分钟左右之前醒来，那他们就找到了自己的最佳就寝时间。如果你必须去叫醒孩子，那就应当把他们的就寝时间向前调 15 分钟。要是 3 天过后，你还是需要叫醒孩子，那么你可以再把他们的就寝时间向前调 15 分钟，并且重复这种做法，直到孩子开始在早上 7 点之前醒来。最后确定的就寝时间，就是孩子的最佳就寝时间。

推荐睡眠量

年龄	每晚的推荐睡眠量
3~5 岁	11~13 个小时
6~9 岁	10~11 个小时
10~18 岁	8~10 个小时

来源：澳大利亚育儿网（Raisingchildren.net.au）

2. 制定一种有规律的、令人放松的睡前例程

睡眠方法就像搭讪艺术，需要付出时间、需要专注，并且关键是要营造出一种合适的氛围。你至少应当在距就寝还有 45 分钟的时候，就开始这种睡前例程。对于学龄前的孩子，提前的时间可以短一点儿。这种例程的目的，就是让孩子放松下来，关闭他们的大脑，并且向身体发出即将睡觉的信号。要想保证做好睡前准备，你必须在距睡觉时至少还有 45 分钟的时候，把手机和其他数码设备都拿走。如果孩子难以放松或者安静下来，你不妨用舒缓的音乐、正念、冥想、着色练习，或者其他一些活动来帮助孩子放松，阻止他们再想东想西。有规律的活动，如睡前刷牙、与坐在床边的家长聊天、给孩子阅读或者在床上与孩子共读一本书，都有助于孩子做好就寝准备。

3. 在恰当的时间吃饭和锻炼

在身体放松、神经系统平静下来之后最容易入眠。因此，你应当把运动时间安排在吃饭之前，并且把吃饭时间安排在就寝的 3 个小时之前。食物会对神经系统产生刺激作用，使得孩子较难入睡。尤其是对年幼的孩子，若想要他们在晚上 7：30 之前就上床睡觉，你可能不得不做出一些妥协。下午 4：30 就吃晚餐，很可能不太现实，所以，你只能根据实际情况，在孩子就寝与吃饭之间留出最大的时间间隔就行了。

白天的锻炼、玩耍等运动，会让孩子感到疲惫，从而使得他们更易入睡。然而，睡前进行锻炼却有可能产生相反的效果，因为这是在孩子本该放松的时

候对他们进行刺激。

4. 营造睡眠圣殿

孩子的卧室，可以有多种用途。它们经常被用作孩子接受惩罚的地方、学习区和玩耍的场所。你应当只把卧室当作孩子睡觉和放松的地方，在家里另找地方，让孩子去休息与反思、写作业和玩闹。"关联"是一种具有强大力量的概念。如果孩子总是在床上做家庭作业，那么他们很可能会把床与作业关联起来，可能会很难入睡。如果家里实在没有其他地方可给孩子做学习场所，那么起码也应当鼓励孩子坐在桌边写作业，而不是在床上。

孩子的卧室，应当像个洞穴。也就是说，应当光线昏暗、凉爽且没有电子设备。黑暗会促进褪黑激素的分泌，褪黑激素则会调整我们的"睡—醒"模式。你应当拿走所有的电子设备，哪怕是最微弱的光线，也会让褪黑激素产生反应，向身体发出此时应当醒着的信号，所以睡觉前不宜使用数码设备。

你应当确保孩子所睡的床铺很舒适，确保卧室内的空气清新、气味怡人。这些方面，都有助于孩子进入深度和具有复原性的睡眠。室温应当保持适度，既不太热，也不太冷。睡觉时，人体调节体温的能力会下降，恰当的室温能够帮助孩子入睡，并且防止夜间醒来。

5. 按时起床

孩子找到自己的最佳就寝时间之后，你就应当鼓励他们每天都坚持在同一时间上床睡觉。尽管周末睡个懒觉很让人动心，你也应当敦促孩子不要在周末睡懒觉，青少年尤当如此，因为睡懒觉会重置他们的睡眠生物钟，导致下周上学时更难醒来。所有年龄的孩子到了周末通常都会晚睡，可若优先考虑睡眠的话，周末的就寝时间就应当与平日差不多才行。要想获得最理想的睡眠量，就寝与起床时间都必须尽量做到有规律。

美美地睡上一晚，能够改善孩子的情绪，从而增强他们应对问题与烦恼的能力。由于睡得越来越晚，孩子们（尤其是青少年）很容易变得睡眠不足，积累大量的"睡眠债"。长此以往，"睡眠债"会带来严重的后果，导致孩子的焦虑、抑郁和整体的烦恼水平相对于睡眠充足者来说都要更高。可惜的是，青少年是无法获得睡眠"信用"，提前替一个忙碌的星期"储存"睡眠的。睡眠不是那样发挥作用的。规律性和例程，就是促进睡眠的两种因素。坚持这两个方面需要自律与承诺，将睡眠置于高度优先的位置。

15
营养饮食

"体健智全"这条准则，是陪着我们从小到大的一句真言。那时的体育教育，是学校课程的一大特色，而西方各国的家长，也都要求孩子们"关上电视，到外面去玩"。当时，人们认为体育和运动是获得最佳学习效果和健康状况的必要条件。

在当前儿童心理健康备受人们关注的环境下，"体健智全"这一准则，也需要在一定程度上做到与时俱进才行。在如今这个时代，我们需要坚定地关注孩子的心理健康，然后再去考虑他们的学习能力，因此"肠健脑康"才是一种更加恰当的准则。拥有健康的肠胃或者消化系统，与拥有一个功能齐备的大脑不相上下。只有两者兼备，才能在一个节奏很快、科技发达的世界里去应对繁重的工作。大脑与身体息息相关，因此科学家和医学专家通常都把肠道称为我们的"第二大脑"。

肠道健康与心理健康之间的联系

如今,科学家们开始研究和报告所谓的"肠—脑轴"(gut-brain axis),在这个方面,早期阶段的动物研究已经发现了微生物组与临床情绪障碍(比如广泛性焦虑障碍)之间的联系。肠道中菌群的健康,取决于我们的饮食与生活方式。通常来说,产生"焦虑时刻"的孩子,体内的肾上腺素水平会很高(这会让大脑保持高度警惕的状态),而GABA,即 γ-氨基丁酸的水平则很低(这种物质对大脑具有镇静作用)。这种不平衡会在大脑中创造条件,使得儿童或者青少年更有可能产生广泛性的焦虑和恐惧,从而生活在不断地担忧与紧张的状态中。这种孩子,即便身处朋友和家人之间,心情也无法放松下来。有些孩子可能在一些特定的情况下才会感到焦虑和害怕,如周围都是陌生人或者身处高楼之上的时候。对这些孩子而言,哪怕是轻微的紧张状况,也有可能导致他们头疼、失眠和肌肉紧张。

肠道的作用和对焦虑的影响

我们的肠道微生物群,是由十万亿细菌组成的。这些细菌,能够防御肠道内的入侵者,如病毒和霉菌。它们让整个消化系统保持清洁,能够让神经细胞分泌出血清素和其他神经递质,如有助于调节大脑的GABA。血清素是一种让人感觉良好的激素,能够调节我们保持冷静的能力,且对心理健康的影响最为重大。保持最佳心理健康机能所需的血清素中,90%~95%由肠道内的神经细胞分泌出来。肠道内如果全都是有益菌,就会产生充足的血清素,让大脑能够有效运作。人们认为,这种情况还可以促进沿着"肠—脑轴"进行的生化信号传递。

肠道需要有益菌来保持健康。我们的饮食直接影响细菌的生成,进而会影响我们的心理健康和应对压力的能力。能够促进肠道健康的食物,有富含蛋白质的食品（包括鸡蛋、燕麦、肉类和奶酪），有复合碳水化合物（比如杂粮面包）以及不含添加剂和防腐剂的食物。它们都是通过刺激消化系统的活动和肠道中有益菌的生长，来发挥出有益作用的。

摄入过多的糖为何会导致焦虑

在过去的十年间，社会上出现了一场猛烈的反糖运动。其间，许多书籍和纪录片都强调了摄入过多的糖对我们的身体健康产生的不利影响，尤其是强调摄入过多的糖与肥胖症及 2 型糖尿病患病率的增长有关。糖是一种常见的添加剂，大量使用于加工食品、包装食品以及商业化批量生产的软饮料[1]当中。坚持无糖饮食的人常常会说，他们很难找到商业性批量生产且不添加糖的食品和饮料。事实表明，从饮食中剔除过量糖分的最佳办法，就成了远离加工食品、包装食品和饮料，同时食用未经加工的或者天然的食品，如水果、蔬菜和谷物。

软饮料或加工食品中所含的糖分，会很快被我们吸收到血液当中。这种迅速吸收，会导致能量的初始高位或者剧增。大多数父母对"吃糖后的兴奋感"这种说法都很熟悉。一名激动不已的儿童若在生日派对上大吃大喝，享用甜腻的蛋糕、软饮料和彩珠糖，回来之后就会出现这种兴奋现象。他们无法安静地坐着，制造出来的噪声简直大得吓人。一旦"吃糖后的兴奋感"消失，他们很可能就会感到疲倦、烦躁，要么是举止烦人，要么就是非常黏人。然后，他们就会不可避免地情绪崩溃。

那么，究竟是什么导致了"吃糖后的兴奋感"呢？原来，身体摄入大量糖分后出现的反应，就是产生过多的胰岛素来调节血糖水平。接下来，90 分钟至 120 分钟之后，这些胰岛素就有可能导致低血糖。而这种状态，又会导致身体释放出应激激素。这一点，就是孩子吃了含糖的派对食品之后，不久就会变得较为焦虑和紧张的原因。低血糖会促使肾上腺分泌出肾上腺素，后者则会让整个身体系统保持高度警觉，并且导致孩子陷入一种高度焦虑和激动的状态。此外，高糖饮食常常还会对肠道的重要机能造成干扰，妨碍到血清素、γ-氨基丁酸以及让大脑保持健康机能所需的其他激素的生成。

你或许还记得，自己在一生当中有过这样的时刻：为了考试而临时抱佛脚，为了工作而熬夜，或者仅仅是陷入了聚会模式，完全靠糖、咖啡因和肾上腺素来生存一段时间。在这种模式下，你或许在短期内能够正常发挥机能，但若长期用这种方式虐待自己的身体，最终你就会垮掉，导致精疲力竭、精神崩溃，或者患上某种生理疾病，它们都会让你停下来，去改变自己的生活方式。

营养不良盘踞在许多儿童的生活方式之中

在一个食物极其丰富的时代，像澳大利亚、美国和英国这样的西方国家，却出现了各个年龄段的人都存在严重的肥胖与心理健康问题的现象，这一点颇具讽刺意味。虽说心理健康问题非常复杂，需要从整体上加以解决，但研究表明，食用营养价值很低的食品，就是导致目前焦虑症与心理健康问题盛行的一个因素。

显而易见的是，良好的营养和饮食习惯对患有焦虑症的儿童有益。而从长期来看，这也是一种重要的预防措施。下面的健康饮食结构，将帮助你的孩子在身、心两个方面保持最佳状态，从而有效地发挥自己的能力，获得良好的心理健康。

健康饮食结构

1. 食用天然食物

全球的饮食习惯，在20世纪发生了重大的变化，糖、快餐食品、加工食品、外卖食品和高能食品的消费量，都显著增加了。与此同时，营养丰富和高纤维食物的消费量却下降了。看一看你家的冰箱或者食品储藏室，就会看出你在这个方面的情况。如果看到的全都是坛坛罐罐、罐头、贴有标签的盒子和瓶子，那么你家食用的很可能是大量加工食品。如果食品架上摆满了自制的食物和汤汁，那么你可以获得满分，因为你家的饮食似乎是以新鲜的、未加工的食品为主。

你应当选择真正的食物，尽量减少食用加工、制造、预包装的食品和快餐食品。这些食品不仅营养价值令人怀疑，其中许多食品的含糖量也很高，还有其他一些添加剂。糖是心理健康的大敌，添加剂则有可能损害大脑应对焦虑的能力。我们建议，你应当选择富含复合碳水化合物的食品，它们能够促进血清素的生成，而血清素是一种改善情绪的激素，还能让大脑平静下来。在挑选碳水化合物时，应当选择全谷类，如全麦面包和糙米，而不要选择加工过的精制食品，如甜食、白面包和白大米。全谷类食品在我们体内需要较长的时间才能消化，会按照身体的需要，缓慢地释放出糖分。加工过的碳水化合物一开始时会提供充沛的能量，可随后血糖水平就会迅速下降，导致身体感到无精打采，进而促使身体渴望获得更多的糖分。

2. 坚持量小、规律和均衡的饮食

人体自成一个生态系统。获得适当的休息和营养之后，人体就会产生发挥最佳机能所需的能量。睡觉时，大脑会进入清理模式，清除掉一天的能量消耗过程中积聚下来的毒素。适当的营养，会给肠道中的有益菌提供食物，让身体保持健康，并且促进血清素的生成，从而改善你的情绪，逐步增强你的应对能力。这个生态系统依赖良好的营养，在饮食有规律的情况下才能焕发出勃勃生机。你应当让孩子少食多餐，食物中应当含有一定的蛋白质，如肉类、蛋白质、奶酪或者酸奶，还应含有健康的脂肪，如鳄梨或者坚果，它们能够降低血糖的上升水平，防止出现"吃糖后的兴奋感"。吃零食的时间应当有规律，将不合理的零食降至最低程度，并且要防止孩子吃过多的含糖零食。

孩子们感到焦虑或者想要摆脱烦恼情绪时，常常会把吃东西当作一种自我治疗的手段，这种情况有可能导致孩子暴饮暴食。紧张状态下靠吃东西来获得安慰而形成的依赖性，很容易变成一种难以改变的积习。

3. 早餐应吃蛋白质和复合碳水化合物

患有焦虑症的儿童，通常都对他们身体上出现的任何生理变化异常敏感。血糖水平下降给他们的感觉，可能类似于恐慌症发作。富含蛋白质和复合碳水化合物的早餐，有助于孩子的血糖水平一整天都保持平稳状态。要想在孩子的早餐中增添蛋白质，你不妨借鉴30年前的做法。当时，早餐时人们通常会给孩子吃鸡蛋、燕麦加牛奶或者天然酸奶。鸡蛋富含蛋白质，容易烹制且含有胆碱（choline）。胆碱是一种抑制焦虑、增强记忆力的营养成分。吃上一个鸡蛋和一些全麦面包或全麦吐司，就会确保你的血糖在整个上午逐渐而持续地释放出来。不要吃高糖的早餐麦片，而应吃燕麦加天然酸奶。再喝上一杯牛奶，你就为肠道提供了发挥其机能所需的营养。

4. 多喝水

你可能知道，脱水常常与唇干舌燥、口渴感有联系，但你知不知道，脱水也与焦虑有关呢？脱水会让身体陷入恐慌状态，使人心跳加速、头晕和不安。水分充足和脱水之间的界限非常微妙。活泼好动的孩子常常会忘记喝水，从而导致脱水。他们也有可能全神贯注地完成一项任务，如学习、玩电子游戏或者看电视节目，以至于忘了喝水。我们应当鼓励孩子随时带着水瓶，经常喝水。应当抑制他们口渴时喝含糖饮料的习惯，以防摄入过多的糖分。日常补水的首选办法就是喝水，故喝水应当成为孩子们终身坚持的习惯。

5. 让孩子远离咖啡因

众所周知，无论是咖啡还是能量饮料中所含的咖啡因，都会对睡眠产生不利的影响。咖啡因是一种兴奋剂，会激发"战逃反应"，不适合那些天生就有焦虑倾向的人。只要过量摄入咖啡因，就足以诱使焦虑症发作。有焦虑倾向的人只要喝上一杯中等浓度的咖啡，就有可能产生紧张、不安和恐惧等情绪。医生通常都会提出建议，要患有焦虑症或者出现焦虑症状的成年人限制咖啡因的摄入量。

在以前，摄入咖啡因主要是成年人的问题，可如今也成了孩子身上必须加以解决的一个问题。尽管孩子上小学时可能不会喝咖啡，但含有咖啡因的能量饮料和软饮料，正在这个年龄段中日益流行起来。青少年会经常喝能量饮料。然而，儿童的大脑仍在发育，因此我们建议，至少在 15 岁之前，他们的饮食当中都应当完全不含咖啡因。这就意味着，你不要在冰箱里存放含有咖啡因的食品，而应当用更健康的饮料来代替能量饮料和咖啡，如白水或者香蕉奶昔。

良好的营养，是心理健康的基础。正如一栋房屋必须建立在坚实的地基之上，才能抵御不断变化的天气状况一样，良好的营养也是我们保持最佳身心健康的基石。如今的孩子生活在一个快餐、加工食品和含糖饮料随处可得且在媒体和广告宣传中频繁出现的时代，不过，在影响孩子的饮食选择这个方面，父母处在极其重要的位置。这种影响，始于你明智地选择食物，然后拓展到你与家人关于健康饮食的谈话，并且身体力行，培养孩子饮食有度和始终如一的饮食习惯。健康饮食是一种生活方式，而不是在生病或者想要减肥时才会去做的事情。

16
玩　耍

跟成年人谈起他们最快乐的童年记忆时，他们大多数会谈到玩耍。有些人会回想起像"捉迷藏"（hide-and-seek）或"触碰捉人"（tag）这样的游戏、骑自行车在社区里兜风，或者参加有组织的体育运动和比赛。还有一些人记得自己参加过一些具有创意的活动，如修建堡垒、演话剧或者玩化装游戏。在大多数情况下，家长基本上不知道他们在干什么。

那么，究竟什么才是"玩耍"呢？快速到网上搜索一下，我们就会看到像"乐趣和娱乐""花时间做有趣的事情"和"参与游戏或者娱乐活动"之类的说法。

我们不妨借鉴斯图亚特·布朗博士（Dr Stuart Brown）与布芮妮·布朗博士的研究成果，将"玩耍"定义为"参与一种有趣、自由且涉及流的活动"[1]。它是一种备受期待（有趣）、自我引导（自由）和我们不想停下（流）的活动。

玩耍中的3个"F"

有趣（Fun）：游戏或者活动必须令人觉得愉快、有吸引力，是积极的而非消极的。

自由（Free）：玩耍是自由选择的，具有自我引导性，而不是一种参与者受到鼓励或者被人期待去参加的活动。

流（Flow）：参与者不觉时光流逝，不希望活动结束。

玩耍的没落

据广泛报道，在过去的几十年里，孩子们花在玩耍上的时间已经减少了。如今，儿童参加的活动日益成了由大人提出的、带有目的性和高度计划性的活动。足球、小提琴课、爵士芭蕾课、课后辅导，大多数孩子不都是如此吗？

你最后一次听人说起"我的女儿这个周末打算去玩"，是在什么时候呢？我们经常听到家长谈论的，都是周末和课后要开车带孩子去参加各种各样的体育运动、活动和上课。虽然这并不是说所有人都开始彻底告别自由自在的玩耍，但对于自由玩耍，我们如今完全不像对待有目的、有教育作用和有组织的活动那般重视了。

爱丝特丽德的故事

最近，我带着5岁的孙女爱丝特丽德去游乐场玩，那里有一些很具挑战性的游乐设施。爱丝特丽德很喜欢到攀爬器材上去检验自己的体力，可她是那种喜欢三思而后行的孩子。她来到游乐场里一个有难度的地方时，无疑犯了过于谨慎的错误。那是一段长达3米、令人害怕的飞车之旅，她要坐在一个圆环上，从一个平台滑向另一个平台，二者之间

> 有半米的落差。她紧紧地抓住圆环，双目紧闭，然后深吸了一口气，满怀信心地跳下了平台。直到滑至另一端，她才睁开眼睛。她脸上那种不确定的表情，被喜悦之情取代了。于是，她马上又开始玩，并且玩了一次又一次。
>
> 到了能够去户外环境下玩耍的年纪之后，儿童就会面临诸多这样的挑战。这些挑战，会鼓励他们勇敢地去面对自身的恐惧和应对犹豫不决，并且与那些令人不快的情绪自如共存。

心理控制源

恐惧是隐藏在大多数焦虑形式背后的一种核心情绪。这种恐惧，源自一种缺乏控制的感觉，后者会驱使孩子进行强迫性的准备、追求完美，导致他们逃避自己没有成功把握或者令他们感到不适的情况。玩耍对我们培养出具有强大适应力的孩子至关重要，因为玩耍有助于增强孩子积极地塑造环境所需的能力与信心。最重要的是，玩耍还能逐步增强这样一种感觉：他们有能力掌控自己的生活，能够影响和改变那些令他们感到烦恼的事情。反之，一种无助感则与焦虑、抑郁密切相关。

在《丹麦人的育儿方式》（*The Danish Way of Parenting*）一书中，杰西卡·乔尔·亚历山大（Jessica Joelle Alexander）和伊本·迪斯·桑达尔（Iben Dissing Sandahl）两位作者曾惋惜地指出，发达国家的人已经转向了一种倡导外控型的养育方式，儿童更多的是为成年人的抱负所激励，而不是被自己的兴趣和目标所激励。他们写道："觉得掌控不了自己生活的孩子，年龄正在变得越来越小。他们越来越早地感受到了这种无助感。这些年来外部控制源的增长，与整个社会抑郁症、焦虑症患病率的上升具有线性相关性。"[2] 随着人们施予的压力日益增加，要求孩子发挥出最佳的水平，孩子对玩耍的需求也前所未有地变得日益重要。

玩耍具有治疗作用

在第十二章里，我们已经讨论过运动和锻炼是如何通过释放内腓肽来缓解孩子的紧张情绪的。内腓肽是一种能够改善情绪和健康、让人感觉良好的化学物质。锻炼和体育活动，就是孩子们可以用于改变情绪、更好地控制焦虑的一种工具。让孩子变得活泼积极地玩耍，有助于他们去对抗焦虑。这种玩耍，有助于孩子产生良好的感觉，并且具有治疗作用。研究玩耍的专家布莱恩·萨顿 - 史密斯（Brian Sutton-Smith），曾经指出了缺乏玩耍带来的不利影响："玩耍的对立面并不是当下的现实或者工作，而是抑郁。"[3]专业人士都知道，患有抑郁症的人几乎会把生活当中的所有乐趣与玩耍彻底扼杀。遗憾的是，放弃玩耍的并不仅仅是成年人，许多儿童的自由玩耍时间，如今也已被占据了他们大部分时间的有组织的活动所取代，或者起码也受到了这些有组织的活动的排挤。

让孩子在生活中获得更多玩耍

"儿戏"这种说法其实很有问题，反映了我们对待玩耍的态度。如果人们认为一项工作是"儿戏"，那就是说这项工作非常容易，几乎不用付出什么努力，或者无须什么技能就可以完成。这种说法，其实是在贬低儿童和蔑视玩耍的作用。对一个人保持快乐感与良好的健康来说，玩耍具有至关重要的作用。

玩耍是一件严肃的事情，我们绝对不能草率对待。这样说可并不轻松，因为我们都有强烈的成功欲望，若不写博客、做饭或者做某件有意义的事情，我们往往就会感到不舒服。你想要我们去玩？我们要做的工作太多，哪有时间去干这样无聊的事情。不过，玩耍（即因为令人愉快才去做，而不只是为了实现一个目标才去做的事情）对一个人的健康成长而言，是至关重要的。说传统上本来就是玩耍高手的孩子应当多玩，这种观点看似非常古怪。但是，如今他们应该如此，因为他们玩得不够。而且，成年人也不应当摒弃玩耍。我们希望，玩耍与快乐会陪伴你的孩子长大成人。下面有 5 种方法，可以鼓励孩子形成一种融入了玩耍的生活方式。

1. 允许孩子玩耍

研究人员布芮妮·布朗称，在美国、英国和澳大利亚这些西方国家里，忙碌是对人们的幸福构成妨碍的主要因素。如今的文化常态是，你要是不忙，那就说明你一定是失败了，或者是没有什么上进心。在人们连每周工作 50 多个小时都可以接受的这个世界上，我们通常既不会给自己留出玩耍的时间，也不会允许自己去玩耍。如果大人不玩耍，那么孩子们就有可能仿而效之。我们必须允许孩子去玩耍、去感到无聊，并且将一定的玩耍纳入我们自身的成人生活当中。

2. 留出玩耍的时间与空间

在很多情况下，我们并非瞧不上玩耍，而仅仅是因为玩耍处在我们优先事项的最后一位。对大多数孩子而言，如今他们都得等到放学之后，等到完成家庭作业、家务和大人提出的活动之后，才能去玩耍。孩子跟父母一样，也很忙碌。没有时间，就是玩耍的大敌。我们强烈建议你看一看孩子的时间表，留出一些空闲时间，以便他们可以去玩耍，你的孩子若感到紧张或者产生了焦虑情绪，那就尤其应当如此了。

从促进心理健康和安全地冒冒险的角度来看，对孩子有益的玩耍通常都是户外玩耍。孩子离开家里的保护之后，世界对他们来说就会变得较为无常，甚至是不可预知了。不管是在灌木丛中、在公园里、在安全的街道上还是在一座精心设计的游乐场里，当孩子与朋友玩打仗游戏、在树枝上荡秋千或者只是从石头上跳下来时，我们都应当记住，他们不仅是在学习如何掌控自身所处的环境，也是在了解自己究竟能够承受多大的压力。

3. 给予孩子在无人监管的情况下玩耍的自由

许多对孩子具有重要意义的玩耍，都是在没有成年人监管的情况下发生的。儿童主动进行的活动，如建一个小房间、和朋友争论游戏规则，或者要打破不间断地弹击网球的世界纪录，其实都不必有大人在一旁见证。这些活动的目的，就是快乐。除了一句"我喜欢你去玩"，孩子并不需要大人的评判或者评论。

孩子们玩耍的时候，你应当抑制住那种想要留在孩子身边，以及想要了解孩子生活中所有事情的冲动。孩子需要自由自在地玩耍，并不需要好心的大人匆匆去保护他们免遭伤害、提出建议，甚至是阻止他们勇敢面对自己的恐惧之情。许多家长都不喜欢对孩子撒手不管，但为了鼓励儿童去玩耍，我们建议你还是应当给予孩子一定的空间。

4. 鼓励孩子独自玩耍

玩耍会给孩子的社交能力带来诸多的益处，其中包括：学会如何跟个头比自己大、脑袋比自己聪明或者比自己更穷的孩子进行交涉；了解什么是输赢的感觉；体会与朋友、兄弟姐妹一起玩耍时，受到他们的排斥以及其他一些问题。尤其是男孩子，他们常常会相互比赛，看谁最快、最久或最勇猛，从而有助于他们培养出自信和应对技能。

独自玩耍也会带来巨大的益处。独处的时间，会让孩子能够反思和处理一天当中发生的事情。不要让孩子每天都有忙不完的活动、每天都跟朋友待在一起。你应当鼓励孩子独处，无论是涂鸦、对着墙壁打网球还是完成拼图，都会给孩子带来放松心情和处理一天之事的机会。在如今这个纷扰不休的现代世界里，儿童有时很难找到独处的时间。可是，独处对他们来说却很重要。

5. 让其他成年人参与

你是不是担心，如果对自家的孩子撒手不管和采取这些玩耍原则，其他家长会来指摘你呢？在如今这个时代，我们都会仓促地对彼此进行评判。2009年，记者兼"自由放养儿童"（Free-Range Kids）育儿运动的倡导者丽诺·斯科纳兹（Lenore Skenazy）在《纽约时报》（*The New York Times*）上发表专栏文章，说明她让上小学高年级的儿子在无人照管的情况下乘坐地铁的情况之后，竟然被评论为"美国最差妈妈"。自遭受公众的猛烈抨击以来，斯科纳兹领导了一场运动，敦促家长和老师给孩子以必要的自由，让孩子去冒一冒合理的风险，从而培养孩子的独立性。正如斯科纳兹指出的那样，若允许孩子去玩耍、探险和解决问题，那么，十有八九你会招来他人的批评。

不过，在这场允许孩子玩耍的运动中，你也可以让其他成年人参与进来。你应当做好向他人解释的准备，说明自己的孩子玩耍是从有组织的活动中获得休息，因为他们需要一些属于自己的时间。你可以与其他家长讨论讨论，了解自由玩耍对孩子的健康成长和心理健康的重要性。你应当积极倡导玩耍的好处。这样做，其实既是为孩子的心理健康着想，也是为你自己的幸福着想。

我们可能伤感地回顾自己的童年，但我们的记忆其实具有选择性。小时候受到伤害、发生冲突、无事可做造成的失望或沮丧感等记忆会被我们遗忘，而有趣和快乐的美好记忆则会被我们放大。

我们认为，玩耍的益处远远超过了弊端。如果鼓励他们到户外去玩耍，将会给孩子带来极大的帮助。

家长也可以顽皮

你曾经有没有躲在一边，等孩子走过来时突然跳出去，吓他们一跳呢？尽管看似有悖常理，但这种顽皮的行为有可能帮助孩子对抗焦虑[4]。这种做法称为"具有挑战性的养育行为"（challenging parenting behaviours，简称CPB），包括嬉戏性摔跤、混战游戏、鼓励自信与冒险，以及调侃（只要不太过分）等行为。相比母亲，父亲更有可能用这些方式跟孩子玩耍；但不管是父亲还是母亲，若将"具有挑战性的养育行为"纳入玩耍时间里，孩子产生焦虑情绪的可能性都会降低。

孩子们都喜欢与父母一方或者双方共度这种美好的时光。这种时光，会让孩子觉得有趣和放松，会给孩子创造一个表现自己身体素质，同时安全地冒险的机会。在每一次"具有挑战性的养育行为"互动中，孩子或是会在受到引导的情况下，或是会主动大胆地走出自己的"舒适区"，产生一定程度的焦虑，并且了解到他们实际上完全不会有问题。他们会得知，世界其实没那么可怕。

"具有挑战性的养育行为"会给孩子提供机会，使他们了解到自己都拥有适应能力和本领，并且明白那些引发焦虑的情况其实是可控的。

17

享受绿色时光

1981年,未来学家菲丝·帕帕考恩(Faith Popcorn)创造了"茧居"(cocooning)一词,用来描述人们喜欢留在家里而非外出娱乐的趋势。她曾预测说,录像机(VCR)、快餐送货上门和家居服务行业的兴起,将让人们都"茧居"在自己的家里。当时,这可以说是一种大胆的预测。但即便是帕帕考恩本人也不可能预见到,科技发展会给人们的生活带来如此巨大的影响。进入新世纪后,新兴的通信、教育和娱乐技术,已经用多种多样的方式,加剧了这种"茧居"效应。

如今的家庭,足不出户就能满足绝大多数日常所需了。对大多数人而言,家就是一个极其舒适的地方,并且是太过舒适,以至于孩子们都不想离开了。他们无须离家去找朋友玩耍,就可以在网上联系,甚至在网上一起玩游戏。户外活动的吸引力对孩子们来说已经逐渐消失。澳大利亚的孩子,如今都成了室内儿童。而且,这种讨厌户外活动的现象,并不只是澳大利亚才有。英国最近进行的一项研究发现,如今孩子到户外玩耍的时间,只及他们父母一辈的半数[1]。如今英国儿童每周的户外玩耍时间只有4小时,而过去他们的父母一辈却有 8.2 个小时。美国和其他西方国家的研究，也得出了类似的结果。

科技是主打因素

在儿童问题上，数码技术的影响最为显著。儿童身边充斥着各种新娱乐媒体，从技术更成熟的电视和电影，到前沿的游戏、社交媒体和手机，不一而足。与以往相比，如今有了更多的娱乐消遣活动，占据了孩子的思想和时间。信息技术在学习中得到了广泛的应用，儿童花在数码屏幕前的时间也越来越多了。可直到最近数年，人们还没有广泛地去研究技术应用对儿童生活方式和心理健康的影响。直到最近，新南威尔士州教育部（The NSW Education Department）才成为澳大利亚首个开始研究技术应用对儿童和青少年产生影响的州教育部，其研究的目的，是为学生在学校和家里安全地应用科技提供建议。

使用电子设备付出的机会代价

从传统来看，人们一直都把户外时间与锻炼、体育运动联系在一起，锻炼和体育运动对孩子的健康和性格培养都具有积极的作用。我们中的大多数人都本能地明白，户外时间（尤其是亲近大自然的时间）有益于我们的整体健康，可如今又有大量的证据表明，户外时间对孩子的心理健康也会产生积极的作用。经常坐在屏幕前面，受到人为的蓝光辐射，会让孩子失去许多原本应当待在户外玩耍的时间。

要说户外活动有百利而无一害，室内活动则是有百害而无一利，自然是过于简单化。然而，儿时大部分时间都待在室内且久坐不动的这种变化已经达到了过分的程度，我们必须加以纠正，并且必须将这种纠正当作降低儿童焦虑和紧张程度、改善儿童长期心理健康的整体战略的一个组成部分。

绿色时间是关键

目前有一项奇妙的全球性运动,鼓励人们花更多的时间到自然环境中去。或许,其中最极端和最有趣的例子,就是 20 世纪 80 年代兴起于日本的"森林浴"(日语称为 shinrin-yoku)。"森林浴"的理念很简单,它是指在一种自然环境里安静地久坐不动。在这种环境里,人们可以像在森林里"沐浴"一般,运用自己的视觉、听觉、嗅觉、味觉和触觉去感受自然。人们待在森林里或者一个绿色的环境中时,会觉得心情更加平静,变得不那么紧张,精神也更加放松。任何一个在森林或者丛林里待过的人,都会自然而然地感受到这一点。在森林或者丛林中度过一段时间能够让人恢复精力的坊间传闻,如今则有了可靠的证据支撑。证据表明,这样做能够大幅改善人们的健康状况,从而让焦虑与抑郁情绪得到长期性的缓解。

英国最近发表的一项大型研究表明,绿色时间给公共卫生带来了巨大益处。东英吉利大学(University of East Anglia)的研究人员从 143 项研究中收集了大量的数据,其中涉及 20 个国家的 2.9 亿参与者。研究小组将人们在绿色空间里度过的时间,与 100 多项积极的健康结果关联了起来,包括降低患上心脏病、2 型糖尿病和低血压的风险。在绿色空间里度过的时间,会给心理健康带来显著的益处。研究人员发现,在自然环境中度过的时间与降低焦虑症、抑郁症之类的心理健康疾病发病率之间,具有直接的相关性。尤其是在自然环境中度过的时光,会降低皮质醇这种有助于维持焦虑状态的应激激素的水平[2]。

我们的研究也指出,绿色时间与锻炼结合起来之后,可以对孩子的焦虑程度产生积极的作用。在绿色环境里活动之后,青少年会睡得更香、更加放松和感觉更好。人类的大脑天生适合应对户外生存,因此在户外环境下感觉最舒适。数百万年的进化结果,不可能在几十年之内就遭到完全破坏。待在森林或者丛林中,会给我们带来一种熟悉感。到绿色空间里去,就像是遇见一位久违的老朋友,在它们的陪伴之下,我们马上就会有回家的感觉。

让孩子在生活中获得更多的绿色时间

"关掉屏幕,去锻炼锻炼!"这种吩咐可能有效,但只会有效一两次。现实情况是,数码设备必将一直存在。我们并不希望时光倒转,把孩子手中的电子设备全都拿走。使用得当的话,它们带来的益处其实是无与伦比的。只是孩子对科技产品的使用需要加以管理,起码也应当置于父母和老师的监管之下才行。孩子们情绪低落的时候,不可能总能到丛林或者某个绿色空间里去,让自己精神振作起来。我们必须确保孩子能够有责任心地控制自己使用数码设备的时间,并且确保他们达到最佳心理健康状态所需的绿色时间。

帮助孩子控制屏幕时间

我们有 3 种方法来应对孩子使用数码产品的时间。第一种方法是完全不管,将管理孩子使用数码设备的时间问题搁在一边,任由孩子随心所欲。这样做,你就有可能培养出一个以自我为中心的孩子(因为他们会时时刻刻守着一台数码设备不放手),同时有可能将孩子置于被陌生人利用的危险境地,让他们无力抵御网络霸凌,任由他们自己去了解网络上发布的照片和自拍等陷阱。而且,我们还没有考虑到持续使用手机可能对孩子情绪和健康产生的影响。

第二种应对孩子使用数码设备时间的方法,就是完全禁止或者部分禁止孩子在家里使用电子设备。这种方法不但会让你与孩子之间产生争执,还会让你在孩子如何安全和巧妙地使用数码技术方面几乎没有或者完全没有影响力。

第三种方法则是我们的首选,那就是积极参与和帮助孩子,使之尽可能充分而安全地使用数码产品。这就意味着,你必须坐下来陪伴孩子,制定一些基本的规则。你可以从马丁·奥格尔索普(Martine Oglethorpe)在"现代家长网"(The Modern Parent)上所称的"不必动脑"规则开始。马丁指出,尽管随着孩子年龄的增长,与数码产品相关的使用规则经常会改变,但家长仍然应当为整个家庭定下一些通用的规矩。"可以是晚上不准带手机上床。可以是一天的某个时间之后，不准再使用电子产品。当然还有，晚餐时孩子绝不能把电子设备带到餐桌上。"[3]

奥格尔索普建议，一旦制定了家中的一些规矩，家长就必须考虑使用电子产品对家庭生活其他一些方面的影响。假如使用电子设备导致孩子感到紧张、疲惫或者焦虑，那么家长就应该解决孩子使用数码设备的时间以及具体的使用方法问题。同样，如果孩子没有时间去进行其他的活动，如写家庭作业、坚持业余爱好和跟家人一起用餐，那么孩子可能就需要获得帮助或者指导，才能更好地控制他们的数码产品使用时间。我们赞赏奥格尔索普鼓励家长参与孩子使用数码设备的方法，家长应当把做出榜样、监管、友好讨论和规定限度等方面结合起来，确保孩子的心理健康不会出现危险，确保孩子有充足的时间用于别的生活领域，其中也包括户外活动。

让孩子接触大自然

想让孩子体会到绿色时间带来的诸多益处，你并不需要卖掉家里的房子，一头扎进丛林中。城市居民不必感到绝望。东英吉利大学进行的"元研究"（meta-study）发现，在公园和绿树成荫的街道等城市绿地里待上一段时间，与在郁郁葱葱的森林树冠下度过一段时间具有相同的镇定效果。你不是非得等到周末或假日，才能让孩子获得有益健康的绿色时间。城市居民（大多数澳大利亚人都是）可以看一看离家更近的地方。海滩、公园、后院、城市里的人行道和自行车道，都是能促进孩子心理健康所需的绿色空间。

把室内活动带到户外

孩子们可以把他们目前在室内所做的许多事情，带到户外去进行。他们可以在放学之后，到公园、游乐场或者足球场跟朋友会面，而不用在家里会面。生日派对和其他聚会，可以在海滩、公园或者丛林中举行。幼童约下的户外玩耍，可以安排在公园里、小溪边或者湖畔进行。应当让户外变成孩子和家人活动的一种新常态，而不应总是首选在室内进行。

学习斯堪的纳维亚人的做法

斯堪的纳维亚人对室内植物情有独钟，是完全有道理的。他们那里的冬天漫长、阴暗而寒冷，使得他们必须长时间待在家里。认识到绿色植物对情绪和健康具有积极的作用，他们开始在家里和公寓里栽满了绿植和灌木。研究人员还没有完全确定，绿色植物是如何对我们的大脑产生作用的。有一种理论认为，我们会对那些有益于自身的事物做出积极的回应，并且会把保护、营养和生存等方面跟树木、森林关联起来。

你可以效仿斯堪的纳维亚人，在家里、孩子玩耍的地方和卧室里摆放一些绿色植物。挑选、维护植物和决定合适的摆放位置时，你还可以让孩子参与进来。

去森林里玩耍

来一次与众不同的家庭度假如何？那就不要带着家人前往什么主题公园，不妨前往丛林中去寻找独处、冒险和乐趣吧。对平时接触不到绿色空间及其提供的那种巨大健康益处的孩子而言，到林中去度过一段时光，就是一剂"绿色处方"。

在大自然中度过的时光，大多会让你感觉更好。这种时光，很少会被浪费。然而，由于忙碌的生活方式对孩子的要求甚多，城市化进程日益推进，以及现代人对"茧居"的爱好，如今的孩子也日益无法体验到这种时光了。就像

19世纪美国东海岸的居民都受到鼓励"去西部"一样，在如今这个焦虑横行的时代，我们不妨也让"去林中"变成一句现代的口头禅。获得更多的绿色时间，既是治疗焦虑症的一个奇妙的自然良方，也是治疗电子设备使用时间增加导致的诸多弊病的天然解药。

18

明白最重要的是什么

避免陷入逃避模式

对许多孩子而言，逃避那些诱发其焦虑的事情会变成一种行为模式，而且一开始的时候对他们很有效果。在短期内，他们会消除自身的紧张感、担忧感和焦虑感。但许多采用逃避之法的孩子都会产生疑惑感和负疚感，极端情况下甚至会憎恨自己，因为他们无法逃避走捷径带来的那种失望感。

逃避可以有多种形式，包括拖延、自贬（比如"我不够优秀"）、逆反行为和缺乏兴趣。逃避会变成一种恶性循环：孩子越是远离那些具有挑战性的事情或者社交场合，那么当类似的场合出现时，他们的感觉就越焦虑。接触诱发焦虑的事件，就是帮助孩子克服焦虑而不让焦虑主宰他们生活的关键。

> **埃文（Evan）的故事**
>
> 9岁的埃文受同学的邀请，要去参加一场睡衣派对。埃文很兴奋，因为他最喜欢跟伙伴们一起出去玩了。可没过多久，他的热情就被一种

恐惧感取而代之了。埃文已经被诊断出患有强迫症，这意味着他会严格地坚持自己的日常习惯。他在上学期间已经养成了许多习惯，如每天早上到学校后就把钢笔整齐地摆放在桌子上，吃午饭之前小心翼翼地把午饭拿出来放在午餐盒的盖子上，并且总是从学校的同一道大门进出。伙伴们都知道他有一些奇怪的习惯，可他们并不知道他的强迫性行为究竟有多严重，因为埃文设法把大多数强迫性行为都掩藏起来了。然而在家里，他的强迫症却表现得淋漓尽致，他把许多日常事务都习惯化了，如吃饭、上学前的准备工作和睡前准备。他很清楚，到了那位朋友的睡衣派对上，自己的睡前习惯将被抛到九霄云外。

埃文为这场"睡衣派对"的事烦恼了好几天。他想象自己在晚上8：10做好了上床睡觉的准备，因为这就是他每天晚上准备就寝的时间。接下来就是刷牙。他看到自己把牙膏盖拧开，然后把盖口朝上，放到洗脸池上。他从左后部的牙齿开始，一路刷完下面那排牙齿，直到口腔的右后部，然后把牙刷转向牙齿的前面，按部就班地再次刷到口腔的左侧。然后他重复这一过程，刷完上面那排牙齿。刷牙顺序与他平时完全一样。接下来，他走到卧室，把睡衣摊开放在床上。他的就寝习惯就这样进行下去，直到晚上8：30熄灯。这些习惯，让埃文觉得有一种安慰感。他明白，这种习惯能帮助他入睡。但因此他也很害怕，不知道改变这种习惯会出现什么样的状况。

他悄悄地告诉妈妈，说他难以去参加那场睡衣派对。他期待着妈妈能同意。那年的年初，妈妈曾经允许他不去参加学校的运动会，因为当时他一想到运动会就要呕吐。可这一次，妈妈却让他吃了一惊。"我知道你对参加杰克的派对感到很紧张，我想我也清楚原因；但你明白自己很喜欢跟朋友们一起玩，杰克也是一个特别好的伙伴。我认为你应该去。让我们来想出一个办法，让你既可以去玩得高兴，又不会感到焦虑。"

妈妈对他说这些话的时候还交叉双臂，表示这件事情不要再讨论了。

埃文一直想着睡衣派对的事，这加剧了他的焦虑。进而，逃避就成了他的主要目标。他以为，只要不去参加睡衣派对，自己就会万事大吉。他的妈妈介入之后却提醒他，友谊和玩耍对他有多重要，他的焦虑则不应当妨碍他去参加派对。妈妈坚持认为，埃文应当以自己的价值观为引领，而不能被焦虑牵着鼻子走。埃文的妈妈理当受到赞扬，尽管采用的是看似强硬的原则，可她知道，从长远来看，这样做对儿子有益。

埃文的妈妈帮助他制定了一种更加灵活的就寝习惯，其中略掉了一些较为琐碎的细节，保留了足以让他感到安心的内容。她鼓励儿子在参加睡衣派对前的几个晚上，采用这种新的就寝习惯。她还提醒了杰克的妈妈，后者答应让其他孩子在就寝时都去忙别的事情，给埃文提供那种习惯性的私密性。

派对那天到了，尽管埃文心里很紧张，但他还是决心参加。有一个经过了练习的计划，让他觉得很安心，因此能够在派对上放松下来，玩得很开心。他的就寝计划，也顺利地实施了。过后，埃文很想知道自己之前为什么要那么大惊小怪。

帮助孩子建立属于自己的核心价值观

传统上，人们认为价值观类似于一种道德指南，像诚实、纪律和尊重等品质都应当经由价值观教导给儿童，并让他们培养出这些品质。不过，假如你是一个经常感到焦虑的人，那么这种狭隘的理解就不是完全有益了。我们认为，价值观就是引导我们行为的那些个人原则和根深蒂固地持有的兴趣。《幸福的陷阱》(The Happiness Trap)一书的作者路斯·哈里斯博士（Dr Russ Harris）

曾如此谈到价值观：

> 价值观是我们渴望不断前进的方向，是一个永无终点的持久过程。例如，渴望成为一个有爱心和无微不至的家长，就是一种价值观。它将伴随着你的余生。一旦不再怀有爱心、不再关心他人，你就再不是以此种价值观生活了。[1]

价值观之所以重要，是因为它有助于我们用真正重要的方式去行事。任何有意义的事物，都需要我们付出努力：养育孩子、成立企业、学会弹吉他、赢得体育比赛或者在体育比赛中表现优异，都是如此。这些活动，都具有挑战性。在获得成功之前，我们很容易放弃努力。可价值观的用武之地，正在于此。一旦明白什么东西真正重要，我们就会以付出努力为代价，克服碰到的任何挑战，不管要付出的是身体上的还是心理上的努力，都是如此。诚如哈里斯所言："价值观提供了一剂强有力的解毒药，提供了一种让你的人生变得具有目标、意义和激情的途径。"[2]

在埃文的例子当中，拥有朋友和获得乐趣就是他的核心价值观，这一点从他以前的表现中就得到了证明。他很喜欢请朋友来家里做客，而在上学时，他的身边似乎也总是围着不同年龄的伙伴。埃文还经常跟自己的弟弟妹妹嬉戏打闹。他的价值观，在他的兴趣和行为方式中体现了出来。

引导焦虑的孩子采取以价值观为导向的行动，是我们帮助孩子控制焦虑，而不是逐步为焦虑所害的方法当中的一大核心支柱。在前文各章中，我们已经概括出了许多对策，如修习与逐步接触，家长和老师可以用它们来帮助孩子采取实现目标所需的行动。但至关重要的是，你应当帮助孩子理解，哪些方面对他们很重要。下面的方法，会帮助你和身边的孩子更好地理解他们的价值观、更好地理解它们为什么重要，而最重要的是，懂得如何将这些价值观付诸行动。

1. 了解哪些东西才重要

你可以与上小学的孩子一起完成很多活动，来阐释价值观[3]。下面就是一个例子，你可用于正在上小学高年级和上中学的孩子。

"你会干什么？"

你可以鼓励儿童或者青少年将这些问题的答案写下来：

（1）假如你拥有数十亿美元，想怎么花就怎么花，那你会买什么，又会干什么呢？

（2）好，现在你已经拥有了自己想要的一切，接下来你又会干什么？你会不会干一些具有创造性的事情？会不会帮助他人？会不会创立企业？会不会为你信仰的一项事业采取行动？列出你在拥有了自己想要的一切之后，想去做的至少10件事情。

这份列表会让你和孩子深入了解到，哪些方面真正对他们很重要。

了解孩子价值观的另一个方法，就是帮助孩子发掘自己的兴趣与爱好。看一看孩子会如何应对自己的兴趣，以及他们表现出来的品质。如果孩子很喜欢在户外建造小房子，或者喜欢编演戏剧，那么对他们非常重要的，可能就是创造力。一个致力于社会服务事业、业余时间会指导小朋友打篮球和乐于帮忙做家务的青少年，可能会把服务和慷慨当作他们的核心价值观。假如孩子总是有始有终地完成每项任务，极其关注细节，那么孩子看重的可能就是卓越与高效。

下面还有一个简单的办法，可以帮助你理解孩子的价值观。用一项活动补全这个句子：

我的孩子在＿＿＿＿＿＿＿＿＿＿＿＿的时候感到最快乐。

举例如下：

我的孩子在户外骑着自行车玩的时候感到最快乐。

我的孩子在帮助弱者或为某种事业奋斗的时候感到最快乐。

我的孩子在演奏任何一种乐器的时候感到最快乐。

在上述每一个例子中，我们都必须稍微深入一点儿，不能只看表面答案。喜欢骑自行车在户外玩耍体现出来的价值观，可能是热爱户外活动或者喜欢探险。一个总是帮助弱者、热爱为某种事业而战的孩子，看重的可能是同情心或者社会公正。演奏乐器时最感快乐的孩子，可能很看重创造力、表演或者消遣。深入了解孩子喜欢做的事情，会帮助你理解那些给孩子的人生赋予了真正意义的价值观。

2. 把孩子与他们的价值观联系起来

你应当培养出把孩子与他们的价值观联系起来的习惯。做到这一点的办法，就是在平时的交谈中，描绘出他们的价值观。你可以这样说："我发现你似乎在用某种方式挑战自我的时候最快乐。你似乎总是乐于接受挑战，这一点真是太棒了。"或者："你似乎很喜欢漂亮的东西，无论是日落、一幅照片或者是一双鞋子。"或者："我很喜欢你提出很多问题的做法。你可能还会看书看得很入迷。你是不是很有好奇心呢？"

把孩子与他们的价值观联系起来，或者与给他们带来快乐的事物联系起来，会产生巨大的作用，因为孩子都渴望获得这种自我认知。认识自身的动力之后，他们就更有可能在社交或者其他领域里挑战自我了，即便他们有可能感到焦虑，也会如此。

> **科林（Colin）的故事**
>
> 科林原本该成为一个体育冠军的。小时候，不管尝试哪项运动，如足球、板球、网球，他都有如明星。凡是你说得出的体育项目，他都精通。他天赋禀异，因此小时候无须付出努力，就表现得很好。15岁左右的时候，他为职业足球队和板球队所吸引，有幸加入了职业队。他选择了足球，参加了澳大利亚澳式足球联盟（AFL）的选拔。他在选拔中很被人们看好，但只在澳式足球联盟中待了4年，就永远离开了赛场。他达到职业水准的时候，遇到了一些天赋不高的球员，后者年轻时都非常努力，为了获得成功，做出了必要的牺牲。那些球员都做好了准备，努力要在职业级别上获得成功。科林从来都不用在体育项目上努力，也没有准备好为成功付出任何努力。于是，他便成了自身少年天才的牺牲品。

体育界有许多像科林一样的故事，其中的主角都不愿为成功而付出努力。愿意去做必须之事的心态，在人生各个领域都意义重大。而对患有焦虑症的孩子来说，就尤其如此了。

3. 同一枚硬币的两面

在心理辅导课程中，克里斯·麦柯里博士有一项了不起的活动，来帮助孩子们迎接挑战，实现他们的目标。他将这项活动称为"同一枚硬币的两面"。他会让孩子们看一个大圆盘，其正面写着"美好的东西"（The Good Stuff），背面则写着"具有挑战性的东西"（The Challenging Stuff）。他用这个圆盘来提醒孩子，若想获得美好的东西，如学习上取得好成绩、交上相亲相爱的朋友、在一个体育项目上达到很高的水平，那么他们就需要去做出必要的努力，放弃某些东西，甘愿置身于让他们感到不舒服或者焦虑的环境下。这是一种好办法，可以提醒孩子，任何有价值的东西都来之不易。成功与挑战，是密不可分的。

明白什么是最重要的，是我们大多数人的终生追求。对人生意义和目标的追求，就是对幸福与成就感的追求。这一过程，可以从儿童时期开始。通过帮助孩子了解他们真正持有的价值观，而不是把尊重、诚实之类的外部价值观强加给他们，我们就能给孩子提供应对人生的奇妙工具。更重要的是，我们认为有了自身价值观的引导，尽管孩子们会感到不适与焦虑，他们也更有可能在成年人的支持下采取必要的行动，帮助他们在人生中的重要领域获得成功。坚持个人的价值观、不懈地努力去理解这些价值观，正是情感成熟、幸福快乐者生活方式的一个组成部分。

19

让孩子参与到志愿服务中去

如今，全世界都在开展志愿服务活动。至于原因，则是显而易见的。大多数自愿付出时间为他人服务的人都称，他们感受到了一种更重要的使命感，更感快乐，同时拥有了更多的归属感，觉得自己与他人的联系更加紧密了。研究也已证实，志愿活动会给身心两方面带来切切实实的益处，尤其是会缓解参与者的焦虑与抑郁程度。

人们经常把志愿服务与退休者及处于职业生涯后期的人联系在一起。但现实情况完全不是么回事。澳大利亚统计局（Australian Bureau of Statistics，简称 ABS）的数据表明，15 岁至 17 岁这一年龄段中，志愿者所占的比例最高，有 42% 的人都参与过志愿服务。位居第二的年龄段占比为 30%，那就是从 35 岁至 44 岁这一年龄段[1]。至于 15 岁以下儿童的志愿服务参与率，统计资料相对很少。但我们怀疑，这一比例可能高于许多人的设想。长期以来，各个学校一直在倡导社会服务，而像"童子军"（Scouts）和"女童军"（Girl Guides）这样的团体及一些体育俱乐部，也一直认为服务是其使命的有机组成部分。

志愿服务如何有益于焦虑的孩子

关于志愿服务给儿童心理健康带来积极作用的研究尚在展开，但有一些观点，说明了我们认为志愿活动有益于孩子的原因。有一种理论认为，青少年参与志愿服务时，他们体内的催产素这种控制社会关系的神经递质会增加，从而帮助他们在社交场合下控制内心的紧张感。因此，志愿服务对那些患有社交恐惧症、难以结交朋友的儿童有好处。更笼统地来说，志愿服务会给易患焦虑症的孩子带来3大好处，我们可以用影响（impact）、联系（connection）和同理心（empathy）这三个单词的首字母缩写ICE来概括。

1. 影响

志愿服务有可能增强孩子的自我效能感（self-efficacy）。在给生病的邻居跑腿，指导由年纪更小的孩子组成的篮网球队，或者发起闲置物品车库售卖（garage sale），为"食物银行"[2]募集资金时，孩子就会亲身体会到，自己的努力能够对他人产生巨大的影响。患有焦虑症的孩子通常都很忧虑，担心自己没有能力去应对一种新的状况或者事件。他们都很害怕，自己会在新的或者没有做好计划的情况下失败，或者出洋相。志愿服务会在压力相对较小的状况下增强他们的能力，因为在这种情况下，他们的注意力都集中在其他某个人或者某种事物上。它让孩子可以在相对不那么紧张的状况下增强自身的技能，而更重要的是，它能够让孩子体会到，他们做出的努力无论多么微小，都能对他人产生影响。

2. 联系

大多数志愿活动，都会涉及他人。无论是当网球场上的球童，辅导一个需要帮助做家庭作业的孩子，还是组织一场马拉松义跑，为有意义的事业募集资金，都能让孩子与他们家人之外的人产生联系。众所周知，与家人、学校和社区之间产生社交联系，是保护青少年心理健康一个强有力的因素。家庭和学校通常都会做出极大的努力，确保青少年有归属感。然而，他们可能很难与社区产生联系和参与有意义的活动。志愿活动是促进青少年参与社会的一种有力手段，因为这种参与具有目的性和持久性。这也是一个让青少年结交新朋友和建立新关系的好办法。我们将在下一章看到，这些方面都对他们长期的心理健康至关重要。

3. 同理心

同理心对孩子的生活方式具有深远的影响。没有同理心的孩子，很难体会到各种相互尊重的关系。不能对别人的感受产生同理心，会让孩子更容易排斥、欺负或者恐吓别的孩子。没有同理心的孩子，也有可能非常自私、固执，而若事情进展得没有计划中那样顺利，他们就会方寸大乱。一个人若为他人着想，尤其是为那些处境相对困难的人着想，就更有可能正确地去看待自己面临的挑战。同理心是通过接触他人的困难体会出来的，而不是由别人教会的。孩子需要与一种情况或一个人产生联系，才能培养出真正的同理心。志愿活动有助于孩子培养出同理心，因为志愿服务有助于他们体会和理解别人的生活方式。

将志愿服务融入你的家庭结构

我们该如何鼓励孩子参与志愿服务，更重要的是，该如何鼓励他们坚持下去，使得志愿服务变成孩子生活中的一部分呢？澳大利亚统计局收集的数据表明，2014年，三分之二（70%）的志愿者都有一位或多位家长参与了志愿工作。其中，又有近半数的家长已经从事了10年及以上的志愿服务。一旦家长开始从事志愿服务，他们的孩子也有可能随之效仿。这些数据都很惊人，不但说明了榜样的力量，还显示出家长做出的榜样对家庭文化产生的巨大影响。

寻找与孩子兴趣相辅相成的志愿服务机会，也会有所助益。例如，孩子如果对动物感兴趣，那就可以到本地的一所动物收容所去当遛狗志愿者。孩子如果喜欢体育运动，那就可以去找本地的一家体育俱乐部，看是否需要额外的人手。

与孩子一起做志愿服务

培养出一种从事志愿服务的家庭文化最有效的办法，就是家长与孩子一起参加志愿活动。这一点，可以通过多种方式来实现。从一起志愿清理邻居家的院子，到在一座业余剧院从事后台工作，或者全家参与一个国际志愿援助项目，都可以。还有许多社区性的项目，如"澳大利亚清洁日"（Clean Up Australia Day），也为各个家庭提供了投身于公共服务的机会。

让孩子在家免费帮忙做家务

孩子小时候的生活，会为他们日后的人生奠定基调。奥地利心理学家阿尔弗雷德·阿德勒（Alfred Adler）是"个体心理学"（individual psychology）理论的创始人。他认为，儿童早期的家庭生活经历，决定了他们在日后的生活中隶属于不同的群体。如果孩子对家庭的贡献获得了家人的鼓励和重视，那么他们就更有可能培养出一种健康的人生观，认为"我通过做出贡献而隶属于我的家庭/班级/车间，因此我是一个有价值的群体成员"。倘若儿童想要帮助个人和家庭幸福并为之做出贡献的早期尝试由于没有机会、家人的期望很低或者过度保护而遭到了阻碍，那么孩子们必然会找到其他的归属方式，包括"只有能够让别人为我服务，我才属于这里""只有能够随心所欲，我才属于这里"或者"只有成为群体中最聪明/最漂亮/最强大的人，我才属于这里"。你可能会在同事、朋友和合作伙伴中，看到这样一些人。

假如你希望孩子通过服务来培养出一种归属感，那么我们建议，孩子应当经常在家免费帮忙做家务。这样，他们就更有可能带着一种健康有益的归属感长大成人，认为"我能帮忙"，而不是想着"它对我有什么好处呢？"我们建议，孩子虽然应当获得零花钱，但你不要把零花钱与做家务关联起来。在一个家庭中具有归属感跟在任何一个群体中具有归属感一样，本质就在于我们会为家庭的持久幸福做出贡献。如此一来，服务与给予就会变成生活的一部分，变成一种再也难以动摇的模式。

20

建立良好的人际关系

"有人分担，问题就解决了一半"，这句众所周知的格言反映了这样一条真理：与能够给予支持的朋友或家人分担问题和烦恼，会让人感觉更好，会给人带来正确的观点，为他们提供安慰。近年来，人们已经撰写过大量关于社会分裂、许多人感到孤独的文章。在大多数发展中国家，城市化进程的加快常常与社区意识的弱化紧密相关。人们普遍认为，还有其他一些削弱社会联系的罪魁祸首，而长时间工作、通信技术和"茧居"这三个方面就位列其中。

反之，人们早已将积极的家庭关系和伙伴关系，与良好的心理健康和幸福联系起来了。20 世纪 80 年代，研究恢复力的先驱人物邦妮·贝纳德（Bonnie Benard）首次发现，与家人和朋友进行的积极社交互动，是青少年一个有力的保护性因素。自那以后，大量的研究已经证实，家人和朋友能够对儿童的健康产生积极的影响。当然，家人和朋友也有可能起到相反的作用。家庭关系异常和同伴之间的消极互动，可能成为导致儿童患上焦虑症和抑郁症的原因。

积极的关系是什么样？

孩子与家人、朋友进行关系亲密的互动时，能够发挥出他们的最佳水平。我们已经发现了家庭和友谊群体当中的3个关键特征，它们都有利于建立积极或有益的关系，从而帮助儿童去应对挑战和问题。

1. 积极的家庭关系

积极的家庭关系能够促进儿童的心理健康，并且帮助孩子去面对变故、社交问题或创伤性事件之类的挑战。它们就是那些充满了爱心、能够提供支持和促进归属感的家庭关系。

（1）爱

贝纳德的恢复力研究发现，"拥有一个温情和挚爱的父亲或母亲，与一个成年人的社交成就和幸福之间具有显著的联系"[1]。事实上，家庭亲情对儿童的机能与幸福具有长期性的积极影响。

（2）支持

孩子们出现问题后，家长若能够不去评判、让孩子向他们倾诉，并且愿意倾听孩子的心声，那么家长与孩子之间就会形成一种支持性的关系。

（3）归属感

倘若孩子受到家长重视，那么他们出现的任何问题或者他们表达出来的任何需求，都不会削弱他们在家人心中的位置感。

积极的家庭关系，可以最恰当地总结为：家庭就是让孩子们感到安全，他们可以自由练习在社会上成功生存所需的必要技能，并且明白不管自己表现得多么糟糕、生活变得多么艰难，他们都不会受到家人排斥的地方。

2. 积极的同伴关系

同伴关系和同伴之间的友谊，对儿童的成长具有重要的作用。在儿童早期，朋友是孩子通往家庭之外那个更广阔的社交世界的第一道大门。到了童年时期，友谊会帮助孩子形成自己的个性，但家庭通常仍是他们最牢固可靠的参照点。到了青春期，友谊则变成了一块踏脚石，通往他们开始组建自己的家庭之后的成年阶段。在没有组建自己的家庭时，友谊会变成一种替代品，满足许多年轻人对归属感、认同感、喜爱或者亲密感的需要。每一位家长都会明白，孩子的友谊可能是一把双刃剑，既有可能给孩子带来痛苦，也有可能是孩子快乐的根源。

从成长的角度来看，有些年龄段的孩子在交友方面更容易出现问题。例如，刚进入青春期的女孩子彼此之间可能会不那么友好，而她们的友谊也常常会随着时间的推移出现起伏波折。女孩子在这个年龄段的心理健康状况，常常会反映出她们主要的同龄群体的行为与态度。与朋友们的关系一切顺利时，她们会感觉很好。可一旦遭到拒绝、排斥或者出现矛盾，她们在家里就会变得喜怒无常、闷闷不乐和脾气暴躁。

研究表明，积极的青少年友谊当中，具有许多反复呈现的特点。这些特点，包括忠诚、诚实、坦率和诚信。通过对儿童和青少年进行的长期研究，我们发现，青少年的健康友谊中几乎全都存在3个关键的特征，那就是鼓励、接纳和大度。这些品质结合起来，就会产生最佳的整体效果。

（1）鼓励

美好的友谊会让人充满活力，而不会令人觉得疲惫。与好朋友一起度过的时光，会给人留下比他们刚开始结识时更加美妙的感觉。美好的友谊会散发出一种积极而非消极的氛围，后者则出现于不良的友谊当中。

（2）接纳

好朋友会接纳彼此之间的差异，并且真正对彼此的生活感兴趣。倘若与一个朋友相互接纳，并且知道向对方袒露内心深处的自我后，后者既不会向别人透露，也不会把它当作日后发生争执时的筹码，那么，一名儿童就更有可能把这位朋友当作自己的知己。

（3）大度

积极向上的朋友，在时间和精神方面都会做到相互大度。许多孩子之所以交友失败，就在于他们不肯对其他孩子敞开心扉。大度有多种形式，有的孩子为朋友赢得了奖牌、学习成绩得了 A⁺ 或者在音乐会上受到了真挚的称赞而感到高兴；有的孩子在朋友不开心时做出牺牲去帮助他们。一名青少年若很脆弱，可以向一位朋友倾诉自己的烦恼与难题，也会表现出大度精神。

培养积极的人际关系

世间没有什么促进健康人际关系的神奇公式。养育孩子最基本的任务之一，就是让孩子社会化，以便他们能够与背景不同的人（包括他们的直系亲属）、在不同的处境下（上学时和工作中），与朋友、同龄人和一个人生伴侣，形成健康的人际关系。从心理健康的角度来看，成年人可以利用大量的策略，来确保孩子与家人保持紧密的联系，同时也与同龄人保持积极的相互关系。我们不妨来探究一下建立人际关系时的一些关键策略。

1. 营造一种深厚的家庭饮食文化

你可曾注意，像意大利、法国和中国这些具有深厚传统饮食文化的国家，都对它们自身的实力感到非常自豪？那些真正重视饮食、用心烹制饭菜且有烹饪天赋、饮食节奏悠闲的国家，同时也高度重视家庭关系。这种现象，并不是巧合。经常坐下来跟家人一起分享面包，很可能就是家长用于建立一个关系牢固的家庭的一种最有力的习惯。在强大的饮食文化中，烹制饭菜通常都是全家的事情，大多数家人都会在烹制过程中的某个阶段帮帮忙，或是购买食材、烹制、布置餐桌、端饭端菜，或是饭后帮忙搞卫生。这种参与，营造出了一种共享所有权的氛围，使得用餐变为一件具有重要意义的事情，而不仅仅是为了吃饱肚子。

在大多数强大的饮食文化中，餐桌都是家庭赖以建立的支点。吃饭时，大家都应与家人一起，而不是让孩子在他们的卧室或者在电子屏幕前吃饭。吃饭是件大事，不能等闲视之。有明显的证据表明，青少年的心理健康，与经常跟家人一起吃饭（每周5次至6次）之间具有相关性。这一点并不奇怪，因为用餐时间给家长和青少年提供了相互交流的机会，而当青少年面临挑战的时候，这种交流对他们的健康就很有益处了。有规律的用餐时间，也给父母提供了机会，使之能够监测到孩子身上是否有焦虑和抑郁的迹象。如若不然，他们就注意不到这些迹象。

假如一起吃饭从来不是你家的优先事项，那你不妨从现在开始，让每周一顿饭变成一件家庭大事。让每个家人都参与到这顿饭中来，把所有的数码设备都扔到一边，尽量让一起用餐变成一件令人愉快的事情吧。

2. 暴露弱点

我们经常听到别人如此感叹："我没法让孩子对我敞开心扉。"这也是我们已经在自己家人那里经历过的一种挑战。有些孩子就像打开的书本，愿意与你分享他们的问题。还有一些孩子则有可能沉默寡言，不愿敞开心扉。

孩子常常需要时间和空间来处理他们的问题，然后才去找家长。许多男孩子都像穴居人一样，会到卧室里翻来覆去地把事情想清楚，然后才去跟大人讨论他们的问题。

有的时候，不管你怎么努力，青少年就是不肯对你敞开心扉。孩子们并不是一定会寻求帮助，来解决他们的问题与烦恼。不过，若有关怀和值得信任的成年人给他们指明道路，寻求大人的帮助就会对他们有所助益。那样做，可能意味着家长和老师需要表现出自己的弱点，并与孩子谈论他们遇到的一些困难。用安全的方式谈论自身的焦虑，不仅会向孩子展示谈论问题和倾诉情绪的方式，还让孩子得到了这样去做的许可。尤其是父亲，他们完全有能力引导儿子在情感层面上敞开心扉，只是他们首先需要做的，就是向儿子表明如何敞开心扉。

3. 公开讨论友谊

家长经常会担心，不适当的同龄人或者朋友可能给孩子带来消极的影响。"同辈压力"（peer pressure）这个术语就暗示，其他人的影响可能导致孩子做出不安全、违法或者愚不可及的行为。究竟能在多大的程度上对孩子的交友选择进行干预，是许多家长都觉得棘手的一个难题。影响孩子、让他们做出良好交友选择的有效办法之一，就是在家里营造出讨论健康友谊的对话氛围。尤其是能够区分小派小系和一个积极的友谊群体这一点，对孩子的心理健康至关重要。经常就积极的友谊进行交流很有益处，其间你还可以插入一些这样的问题："好朋友就是那样做的吗？""好朋友是什么样的？""你希望朋友那样对待你吗？"与青少年讨论友谊的性质时，把他们的价值观当作参照点是很有好处的。例如："在学校里表现好，这个方面对你很重要啊。朋友的行为对你在课堂上的表现是有所帮助，还是妨碍到你了呢？如果是后者的话，你可能就得想出一个办法，既跟他们做朋友，同时又能跟上你的功课。"这种有助于孩子深入了解友谊复杂性的对话，能够帮助他们形成自己的友谊观。这种对话还有助于孩子进行反思，使之能够深入探究他们在友谊问题中的角色，并且培养出做别人好朋友的本领。

4. 鼓励孩子广交朋友

心理健康专家一致认为，从长远来看，改善儿童情绪的一个可靠办法，就是让他们逐步建立起自身的社交关系网络。可惜的是，焦虑有可能阻碍儿童建立新的社交关系网络。假如你的孩子正是这种情况，那么我们建议，你应当帮助孩子逐渐去体验社交环境，直到他们觉得自己适应了一个新群体为止。我们还要敦促你鼓励孩子，让孩子在学校内外都结交一些不同的朋友群体。这样做，不仅会在孩子难以融入一个交友群体时给他们提供一定程度的社交绝缘性，还会确保孩子遇到各种各样的儿童，并且与背景不同的儿童建立社交关系。社交亲和力，即与范围广泛的人形成社交关系的本领，是你可以在儿童时期就培养出来的一种高层次人际关系能力。

儿童与朋友、家人之间的关系，对他们的健康具有重大的影响。他们在应对像紧张、抑郁或焦虑这样的心理健康问题时，尤其如此。虽然人际关系有时会给孩子带来巨大的压力和焦虑，但健康的人际关系给儿童健康整体上带来的积极影响，却要远远超过其带来的消极影响。家长所处的位置得天独厚，能够帮助孩子培养出在人生各个领域内享受健康的人际关系所需的技能与态度。这样做，有时可能需要对孩子进行一定的指导、说服和劝诫，但就长期的心理健康和降低孩子的焦虑程度而言，这样的结果是值得我们去努力的。

Part 6

应对重大的焦虑问题

在养育一个焦虑的孩子时，家长心中往往想着这样一个问题："我能够做些什么，来帮助孩子呢？"矛盾的是，这个问题的简短答案却是："你已经做到了哪一步？"

除了让孩子感到苦恼的焦虑症状之外，养育一个焦虑儿童还会让家长的情绪像坐过山车一样，出现大起大落。有些日子会特别难过和痛苦，有些日子让人觉得完美而极其美妙的正常，然后还有介乎这两种状况之间的日子。有机会的话，我们会毫不犹豫地跟焦虑的孩子互换位置。看着他们感到痛苦会让人难以忍受，而若你不知道如何去帮助他们的话，就更加令人无法忍受了。

我们建议，你不妨换个角度来看待自己的处境，把每一天都当作一次机会。你可以鼓励孩子平日里采取一些行动，它们会对孩子当下的焦虑感产生切实的影响。你每天都有很多的时间，可以拓展孩子对焦虑、焦虑来自哪里以及为何感到焦虑等方面的理解，同时引导孩子去练习那些能够向其杏仁核表明他们很安全、让他们的神经系统平静下来，并且让负责思考的大脑重新运转起来的技能。

你教给孩子并且让他们通过平时的练习来加以巩固的技能，会增添到孩子的心理健康"工具箱"里去，不仅在孩子牢牢地处于你的羽翼之下时，就算离巢很久之后，也一路陪伴着他们。

请记住，这样做的目标并不是要让孩子完全摆脱焦虑。尝试那样做，可能会让你感到失望，并且事实上还会削弱改善孩子心理健康时取得的进展。你在下述各章中了解到的一切，都将为你提供支持，使得你可以帮助焦虑的孩子将他们的焦虑感从"舞台"的中心移至舞台边缘，甚至是移到"更衣室"或者剧院的"停车场"去。

不同类型的焦虑障碍，会对不同的方法做出不同的反应。深呼吸和正念是应对任何一种焦虑症的核心技能与对策，我们在前述章节中已经探究过了。接下来，我们希望与你分享另一个层面的认知，倘若孩子的焦虑症状较为严重或较为复杂，你就可以运用这种认知。

你将了解到下述几个方面：去跟全科医生讨论孩子所患焦虑症的时候，你有望得知哪些方面的内容；一份心理健康护理计划的细节情况；找到合适的心理医生为何会像购买一条牛仔裤；以及如何向孩子解释，心理学家是干什么的，他们怎样为孩子提供帮助。

21
孩子需要更多帮助的时候

有些焦虑的孩子需要获得专业人士的帮助，才能控制他们的焦虑状态。这种帮助，会来自任何一个或者一群专业人士，其中包括全科医生、心理医生、心理咨询师、职业治疗师、运动生理学家或精神病医生。至于哪一类健康专家最适合你的孩子，则取决于医生对孩子病情的诊断和孩子的年纪。

我们强烈建议，你的第一步就是进行预约，去看家庭医生。家庭医生相当于你通往其他健康专家的"门户"，后者会以心理疗护、药物或者两者结合的形式，对你的孩子进行治疗。药物疗法有助于缓解有些孩子焦虑症状发作时的高峰状态，心理疗护或心理咨询则会提供心理教育、理解和支持，并且教给孩子一些强大有力的思维技能。

有些孩子会生出寻求专业人士帮助的想法。但对一些不愿倾诉个人情况、就算在家庭医生面前也是如此的孩子来说，焦虑的私密性却会让他们觉得很不自在。

在寻求帮助的过程中，你的孩子可能是一个积极的参与者，也有可能固执得很，拒绝配合。我们举办的焦虑讲座结束之后，经常有家长来找我们，说他们很难让十几岁的孩子去看医生。我们的建议是，你应当付出时间，帮助孩子理解他们寻求帮助之后，随着心理健康状况好转而带来的诸多益处。应当鼓励孩子，从宏观的角度来看待获得帮助的机会。你也可以跟孩子一起，权衡利弊。你还应当用特定的方式强调，有了专业人士的帮助，孩子的人生可以大不相同。有的时候，对于固执的青少年，你还值得这样问一问："要是不去的话，你会付出什么样的代价呢？"

在本章中，你将了解去看全科医生的时候会发生些什么事情，了解一份心理健康护理计划如何在你付出代价的前提下为你提供帮助，了解心理医生与病人之间关系的重要性，以及诊断如何能够带来益处。

焦虑的家长与焦虑的孩子交谈

有些家长与其他家长相比，较难跟孩子谈论他们的焦虑症状。如果你自己也患有焦虑症，那就尤其如此。你可能发现，自己的焦虑是由孩子正在经历的状况引发的。或许，孩子的情况让你想到了自己儿时的经历，或者让你此时对一种可能出现的未来感到苦恼，对孩子的未来感到苦恼。这是此种情况必然出现的附带结果。

许多焦虑的家长都曾告诉我们，说他们一直避免与家人谈论焦虑的问题，甚至避免当着孩子说起"焦虑"这个词。一位家长还说，她不希望给焦虑哪怕片刻的"传播时间"（air time），觉得只要提到这个词，就有可能让焦虑出现似的。

假如你也有这种感觉，那么你应当花点时间，注意到自己正在想什么，并且感谢大脑的关心（一种摆脱策略），给你和自己的想法之间创造出一定的空间。深呼吸几次，让杏仁核平静下来，然后重新引导注意力，回到真正重要的问题上。在这种情况下，重要的问题就在于，如果你还没有与孩子开始对话，那就赶紧开始吧。

开始一场不断进行的对话

你不妨从坐下来跟孩子聊天开始，让孩子明白你已经注意到，他们觉得烦恼，不想去进行平时喜欢的那些活动，很难入睡或者睡不安稳，很容易受到惊吓，比平时更易走神或者更加沉默寡言。不管你注意到的是什么，你都可以用多种不同的方法，跟孩子展开一场关于焦虑的对话。你可以选择下面的几种方法，与我们在第三章中给出的那些脚本结合起来加以运用。

⊙分享自己童年时期的一些烦恼，问一问孩子有没有过同样的感受。
⊙提起你注意到的那些方面，督促孩子跟你说一说他们的情况："我注意到，昨天杰米（Jamie）问你想不想一起出去玩的时候，你可没有像平时那样马上答应。我认为，你可能根本就不想去。当时你在想什么呢？"
⊙问一问孩子想得最多的是哪些烦恼，或者用你认识且心中怀有某些具体烦恼的其他孩子为例（同时要保护这些孩子的隐私）："我认识另一个跟你一样大的姑娘，她很担心在课堂上被老师叫起来回答问题。你是不是也有这种烦恼呢？"

应当在孩子看起来很放松和满足的时候，试着跟他们去聊天，这种情况下，孩子不太可能打断你的话，同时你们的心思也会都放在聊天上。让孩子知道你已经注意到了他的情况，提醒他你有多关心他，你可以怎样帮助他，以及还有什么别的人可以帮助他，都会让孩子心感安慰。

焦虑儿童的好朋友：当地的全科医生

我们都曾带着孩子到全科医生那里去，进行各种令人觉得尴尬的检查。你凭经验就很清楚，为了孩子的整体健康和幸福着想，找一个让孩子觉得相处起来很舒服、孩子可以信任和愿意敞开心扉的医生，是难能可贵的一件事情。

你跟孩子谈论心理健康问题的时候，也是同样的道理。假如还没有找到符合上述要求的家庭医生，你不妨问问本地的其他家长，甚至浏览一下当地社区的"脸书"页面，看一看别人的推荐。"走出抑郁"网站也是一个找到当地健康专家的好资源。你应当抽出时间，找到一位合适的医生，以便相处起来双方都觉得轻松自在。

单独去还是带着孩子一起去？

是你先跟医生约好去聊一聊（跟你的配偶一起去或者单独去），还是你带着孩子一起前往，取决于以下几个因素：

⊙ 孩子的年龄。
⊙ 你的担忧程度。
⊙ 你感到好奇或者担忧的时间。
⊙ 孩子是否要求获得帮助。
⊙ 孩子寻求帮助的意愿。
⊙ 你应对此种情况的方式。

去了之后，你应当一开始就向全科医生解释清楚，说你是前来获得一些对策，以帮助解决你已经注意到的那些症状。全科医生则会由此开始，对你进行引导。

全科医生可能会安慰你说，你观察到的那些症状都属于成长期间的正常情况，而你也可以预料到，那些体征和症状会在适当的时候消失。孩子们正处于焦虑状态时，听到医生说焦虑是一种普遍和很好理解的现象，说医生可以提供帮助，说他们一定会渡过这个难关，通常都会让他们如释重负。

至于 15 岁及以上的青少年，全科医生会先同家长或监护人一起跟孩子谈一谈，以便孩子有机会听到并且确认家长的担忧。过后，全科医生会跟你的孩子单独谈一谈，相互建立信任，并且提供一种密谈所需的私密氛围。假如你的孩子有任何安全之虞，全科医生就会告知你。

全科医生会采取什么措施来提供帮助？

从第一次预约开始，全科医生就会提供安慰、进行首次评估、提出有益的策略和资源，来帮助你和焦虑的孩子。焦虑症状可能与一些生理问题有关，其中包括但不限于甲状腺病变。全科医生还可以检查出其他有可能导致焦虑的深层原因。

必要的时候，全科医生会拟订一项心理健康疗护计划，并且推荐你去获得医疗保险（Medicare）范围内的心理卫生服务。对于幼童，医生可能会推荐家庭疗法，而对于小学生和青少年，医生则有可能推荐一位心理学家，去给他们进行一种"谈话"治疗。全科医生会帮助你找到一位完全适合孩子情况的心理医生。你还可以向医生提出自己需要听到答案的所有问题。

假如你的首次预约属于一次标准的心理咨询（通常为时 15 分钟），那么这种首次见面就会让全科医生了解到孩子一直以来的状况，以及孩子应对焦虑症状的方式。倘若觉得有必要，医生有可能要求你安排另一次预约，来为拟订心理健康疗护计划做准备。或者，你可以一开始就要求预约更久的诊疗时间。诊所的接线员会根据你的需要，帮你预约合适的诊疗时长。

心理健康疗护计划：更好地获得心理健康专业人员的帮助

专业治疗焦虑症的费用，会对有些家庭的选择构成限制，因为有些家庭的预算根本就无力支付这种额外的并且常常都属于意料之外的费用。

为了帮助澳大利亚人承担专业治疗焦虑症以及其他心理疾病的费用，澳大利亚政府创立了通过"医疗保险福利计划"（Medicare Benefits Schedule）实施的"更好地访问精神病医生、心理医生和全科医生"（Better Access to Psychiatrists, Psychologists and General Practitioners）方案，也就是所谓的"更好地访问"方案。更好地访问医生，就意味着获得更好的帮助。心理健康疗护计划，就是这个方案的一个核心组成部分。

这个计划对你的孩子意味着什么？

有了心理健康疗护计划，你的孩子就获得了每年预约 10 次由政府核准的心理健康专家（通常都是心理医生）进行诊疗的资格。作为家长，你则有权从联邦医疗保险中扣除每次诊疗的部分或者全部费用。至于具体的扣除额度，则取决于每次诊疗的收费情况。如果团体预约能让你的孩子从中获益，那就适用同一原则。而且，在有些情况下，个人和团体预约都能获得医保扣除额度。你和孩子预约去看全科医生的费用，也会得到返还。

符合条件的患者，每年最多可以进行 10 次预约，其费用由联邦医疗保险进行返还。但在前 6 次预约之后，你需要带着孩子回到全科医生那里，讨论一下治疗的进展情况。在此期间，全科医生会核查心理健康治疗专业人员提供的心理健康疗护计划和相关信息，并且根据需要，为余下的 4 次诊疗安排另一次转诊。

根据拟订心理健康疗护计划的时间、你负担得起何种程度的专业服务以及孩子的需要，你可以与给孩子治疗的心理医生、职业治疗师或其他心理健康专业人士制订出一个计划，以切合孩子治疗需求的方式，拉大两次诊疗之间的时间间隔。

假如孩子的心理健康疗护计划是 10 月份制订的，那么 10 次预约诊疗可以安排在准备阶段至年底的那段时间里。到了新的一年，你又可以制订一个新的心理健康疗护计划，让孩子在接下来的12个月里再次获得预约诊疗10次的资格。当然，这种情况完全取决于心理健康治疗专业人员与全科医生做出的专业评估[1]。

对有些孩子而言，数次预约诊疗就会对他们的想法和感受产生深远的影响，可还有一些孩子，却需要更多的时间才能做到这一点。孩子的全科医生和心理健康专业人员会把你纳入孩子的治疗计划当中，并且跟你一起做出最有助于教导孩子控制焦虑的决定。

为何说找到一名心理医生就像购买一条牛仔裤

无论什么时候去买牛仔裤，你最先试穿的那一条，都不一定是你最后买下的那一条。就算第一次选对了，布料颜色、式样、长度、大小都很合身，那也只能算是意外收获。通常情况下，你都得试穿两条，有时还要多试几条，才能确保选出了最符合你的需求且样子很不错的那一条。

选择心理医生也是如此。与一个不管你是否与之"合拍"都会把电线接到插座上的电工，或者一个医术高明、对待病人的态度却很可怕的牙医不同，寻找心理医生时，医患之间的关系对诊疗效果具有至关重要的作用。完全"合身"，就是一切。

梅尔（Mel）的故事

伊莉丝（Elise）的女儿梅尔16岁时，被诊断出患有焦虑症，家庭医生建议她去看当地的一位心理医生。诊断结果让梅尔大大松了一口气。她觉得终于有人理解她了，几个月来第一次开始乐观起来。

伊莉丝是个单身母亲，她与梅尔一起参加了第一次心理预约诊疗。她帮着提供了梅尔的背景资料，诉说了焦虑是如何对她产生影响，以及

> 她又是如何一直努力帮助梅尔去应对这种病症的。走出诊室后,伊莉丝觉得充满了希望,可梅尔的感觉却更糟糕了。她说那位心理医生并没有理解她,而且她不知道医生在说些什么。后来,她再也没有去过那个心理医生的诊所。
>
> 虽然梅尔做出诊断之后感到乐观,可她看完医生还是变得很沮丧了。她确信世上没人可以帮助她。心理医生不行,家庭医生不行,她的妈妈也不行。这种想法,最终只是加剧了她的焦虑和苦恼。

烦恼和焦虑都有可能让人感到难堪。难以启齿的负疚感、羞愧感或者悲伤感,会连同焦虑一起纠缠着一些孩子。假如你的孩子无法与心理医生形成一种良好的关系,也无法培养出对心理医生的信任感,这种情况就有可能对有效治疗构成障碍。

要是伊莉丝或者梅尔知道她们可以回到医生那里去,安排一次新的转诊,转到另一位著名的心理医生或者她们自己选择的心理医生那里去就好了。就算一位全科医生没有与心理医生打交道的个人经验,他们也可以根据同事的推荐、病人的经历、地点、便利性或者能否找得到等方面,为你的孩子做出转诊安排。

请记住牛仔裤的比喻:适合一名儿童的牛仔裤,有可能完全不适合另一名儿童。

给孩子找到一位好心理医生

加拿大"恢复力研究中心"(Resilience Research Centre)的创始人、家庭治疗师兼作家迈克·安戈尔博士(Dr Michael Ungar),为家长给孩子选择心理医生提供了一些很不错的建议:

⊙孩子与心理医生之间的关系很重要。假如缺乏信任，或者孩子出于某种原因没有与心理医生形成一种良好的关系，那么你就该另找一位心理医生了。

⊙优秀的心理医生会把孩子看作一个完整的人，而非仅仅是孩子身上各种症状导致的产物。他们能够把问题跟孩子分开并且解决掉，同时能够重视并且利用孩子的长处。

⊙优秀的心理医生明白，他们可以通过让孩子的家长、看护人或监护人参与进来，一起合作，为孩子提供最大的帮助。他们会认识到，孩子生活中业已存在的那些特殊之人，就是孩子治愈过程中不可或缺的一部分。

⊙优秀的心理医生不会标榜自己是孩子能够获得支持和帮助的唯一资源。他们知道，从长远来看，对治愈孩子发挥最大作用的，就是孩子获得的社会支持和孩子的家人。

⊙优秀的心理医生理解心理健康问题的复杂性，并且认识到，试图将孩子的问题归咎于孩子或者其他任何一个人的做法非但没有什么好处，可能还会对孩子造成伤害。

⊙重视孩子及其看护人所处的文化背景，是优秀的心理医生说明他们愿意把孩子当成完整的人来进行治疗的另一种方式。[2]

向孩子解释心理医生的帮助方式

现在，你就处在将治疗孩子的"先遣队"召集起来的过程中了。几乎可以肯定，这支"先遣队"中已经有了你，有了全科医生。如今，他们准备完成最后的点睛之笔了。虽说相比于你陪伴孩子的时间，心理医生与孩子在一起度过的时间会显得微不足道，可他们对孩子控制自身的焦虑具有至关重要的作用。

青少年可能在一定程度上明白心理医生的作用，但他们也有可能需要拓展自己的看法才行。心理医生会为一些在生活当中面临严重挑战的人提供帮助。

这些挑战，可能包括变故、压力、悲伤或者经济困境。他们也会帮助那些感到焦虑、抑郁或者正在经历其他心理疾病的人。

一名青少年，若明白心理学家会帮助他们更深入地去理解自身的焦虑，以及围绕焦虑形成的那些思维模式，会帮助他们培养出一些思维技能，改变他们的生活方式，是很有好处的一件事情。这些思维技能和生活方式上的改变，不但会对焦虑症状产生积极的影响，而且会让他们在继续前进的过程中尽管感到焦虑，却还是能够去做所有的重要之事。

正在上小学的孩子，听到人们用比喻的方式描绘出心理医生的作用之后，常常都会有所获益。他们明白，医生是查看他们是否生病或者受伤的人，牙医是与检查牙齿有关的人，机械师则是汽车出了问题时的首选之人。因此，对于心理医生是帮助他们提高思维技能的专业人员这种解释，他们同样能够理解。

就算孩子不愿去看心理医生，也并非个例。帮助他们更全面地理解获得适当的支持带来的益处，则是推动他们朝着获取帮助的方向前进的一个好办法。

诊断为何有益

清楚地理解孩子所患焦虑症的确切性质，可能需要时间。心理医生可能会与孩子的家长会面，安排首次预诊，并且利用早期诊疗向孩子提出一些问题，以便能够更加充分地了解到孩子所患焦虑症的当前症状、孩子采取了什么有益与无益的措施去控制焦虑，以及焦虑对孩子的生活产生了多大的影响。虽然健康专家通常都会很小心，不会给孩子贴上标签，但正确的诊断有助于他们去采用正确的治疗方法。

无论诊断结果如何，你的孩子都并非焦虑症本身

请记住，不管你的孩子被诊断患有何种类型的焦虑症，这一点既不会改变

孩子的本质，也不会让他们的焦虑变得更加严重，以至于超出了你业已为他们提供帮助的范围。应当把孩子当成最美丽的蓝天，他们的焦虑不过是蓝天之上飘过的云朵罢了。有时是几朵柔软蓬松的白云，有时却是乌云密布、狂风暴雨。

　　了解孩子所患焦虑症的性质，就是向前迈出的美妙一步。你的孩子，始终都是那片蓝天。他们的诊断结果，则有助于让大家知道，应该如何尽力去帮助他们，让他们密切关注蓝天之下天气模式的变化情况。

22

控制和治疗焦虑症的不同方法

心理医生有两种用于治疗焦虑儿童的有效方法,即"认知行为疗法"(cognitive behavioural therapy)和"接纳承诺疗法"(acceptance and commitment therapy)。后面这种疗法,将认知行为疗法中的元素与正念、接纳、价值观、同情心和观察等方面结合起来了。"接纳承诺疗法"也是我们在本书中分享的认知、工具、技巧和指导原则的基础。

治疗是什么(以及不是什么)

由于受到好莱坞影片的误导,大多数人都把"治疗"想象成这样一种场景:一名心理医生坐在办公椅上,表情严肃,做着笔记,病人则躺在一张长沙发上,回答与他们童年有关的问题。

我们可以向你保证,除了医患之间的交谈,你的孩子前去治疗时可不是这种情景。

医患之间的交谈,通常都会在一间令人觉得舒适和温馨的办公室或房间里进行，心理医生与患者都是舒适地坐在那里，有时还会有一位家长或者两位家长陪同。一些心理医生还有各种各样的东西和感官玩具，供孩子在就诊时拿着或者拨弄玩耍，目的就是让孩子在诊疗期间找到某种能够帮助他们感到较为放松的东西。青少年在就诊期间，常常也很喜欢手里拿个东西。

心理医生与患者之间的关系很重要。他们需要付出时间来建立一定程度的信任感和舒适感，以便二者之间的交谈能够顺利进行，让孩子能够自然地回答问题。有些孩子很容易做到这一点，可还有一些孩子则需要时间才能做到。

认知行为疗法

治疗儿童焦虑症最常用的疗法，就是认知行为疗法，简称 CBT。这是一种谈话疗法，人们已经就其有效性进行了广泛深入的研究。对儿童而言，认知行为疗法（CBT）在 60% 左右的病例中有效。迄今最充分的证据表明，若是不加治疗，那么在没有获得任何外部帮助的情况下，只有 16% 的儿童身上的焦虑症状会自然减轻[1]。

认知行为疗法解决的是孩子的思维、感受和行为方式问题。认知行为疗法的核心，就在于理解我们的思维方式，以及我们的哪些做法会影响自己的感受，如图 2 所示。

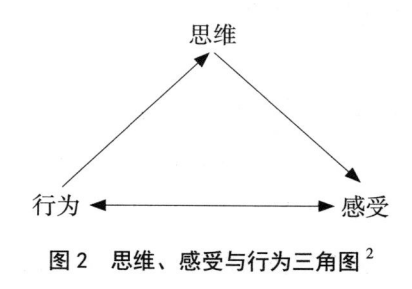

图 2　思维、感受与行为三角图[2]

你凭借经验就知道，焦虑儿童的思维会对他们的感受和行为产生重大的影响。一名焦虑儿童,心中可能想着要在学校的年终音乐会上与校乐队同台演出的问题(思维);一想到这个问题,他几乎马上就会感到心烦意乱,觉得肚子也不舒服起来(感受);这些感受,会促使他开始哭泣,并且想尽一切办法来逃避音乐课或排练,或者想要彻底放弃音乐(行为)。

认知行为疗法的目标,就是帮助孩子培养出一些技能,其中包括:

⊙ 用一些更现实或者不那么可怕的想法,替代那些会引发焦虑的想法。
⊙ 放松。
⊙ 逐渐接触让他们感到焦虑的事物。
⊙ 找到证据来驳斥他们的想法。

最终结果就是,孩子会改变他们那种无益的或者扭曲的思维和异常行为,进而改变他们的感受方式。

暴露与反应阻断疗法(ERP)或阶梯法(the stepladder approach)

暴露与反应阻断疗法(Exposure and Response Prevention,简称ERP)是认知行为疗法中用于儿童的最重要的疗法之一。这是一种让孩子"直面恐惧"的方法,但这并不是说要把孩子扔进恐惧的深渊。这种方法的关键,就在于把一种诱发焦虑的状况拆解成一个个小步骤,并且帮助焦虑的孩子每次接触这种状况时,忍受自身产生的焦虑感。

这种方法也称"阶梯法",可能需要10个至20个步骤,才会让一名焦虑儿童去采取一种特定的行动。

假如孩子一看到狗就会感到焦虑,那么第一步就可以简单地写下"狗"这个词,或者让孩子看看一幅画有小狗的图片。一步一步地来,随着时间的推移,难度应变得越来越大(也越来越让人感到焦虑),直到实现最终的目标:

让孩子拍拍一只态度友善的小狗，或者与小狗玩耍。

下面就是阶梯法（亦称"恐惧阶梯"法）的一个例子，用于看到狗就极度焦虑的儿童：

1. 写出"狗"这个词
2. 玩一只玩具狗
3. 阅读一个关于狗的故事
4. 看狗狗的照片
5. 看有趣的、傻乎乎的或者不带感情色彩的狗狗视频
6. 看一场其中有狗狗的电影
7. 隔着窗户看一条小狗
8. 看一群在本地公园里嬉戏的狗狗
9. 在马路对面观察一条在前院里玩耍的狗狗
10. 在街对面观察一条拴着狗绳（且一向态度友好和可靠）的小狗
11. 站在一条拴着狗绳的狗 3 米之外
12. 站在一条拴着狗绳的狗 2 米之外
13. 站在一条拴着狗绳的狗 1 米之外
14. 站在一条拴着狗绳的狗旁边，但不去摸
15. 拍拍别人牵着的一只幼犬
16. 牵牵一只幼犬
17. 拍拍一条拴着狗绳的小型犬
18. 拍拍一条没拴狗绳的小型犬
19. 拍拍一条拴着狗绳的大型犬
20. 拍拍一条没拴狗绳的大型犬 [3]

随着这一过程中的每一次成功，焦虑儿童就会逐渐忘却他们那种本能的逃避行为。他们还会注意到，自己具有了忍受焦虑的能力。随着练习的增加，他们的焦虑感必然会开始逐渐消退，从而给他们带来了勇敢地在这一系列挑战中迈出下一步的勇气。这一切，全都在安全的环境下进行，因此焦虑儿童会觉得自己得到了帮助，可以去做那些让他们觉得困难的事情了。与此同时，他们始终都在朝着对他们非常重要的方向前进。

至于诊断患有强迫症的儿童，暴露与反应阻断疗法中的"阶梯"有可能多达 50 步，因为孩子不但需要忍受接触（比如说，触摸门把手），还需忍受因避免强迫性的行为（比如洗手）额外增添的不适感。

解决这些执念和强迫行为的步骤中，可以包括少量而短暂地接触"细菌"，然后减少洗手的时间与肥皂的用量，或者减少重复洗手的次数。

药物治疗怎么样？

用药物给孩子治疗任何疾病（不管是生理疾病还是心理疾病），都是一个需要家长慎重考虑的问题。治疗焦虑症的药物，是由全科医生或心理医生开出的。做出用药物来治疗儿童或者青少年的决定，取决于诸多因素。尽管有一些研究表明，药物是治疗焦虑症的一种有效途径[4]，但还有许多的问题，依然没有得到解决。我们还不清楚，何时才是开始药物治疗的安全年龄，人们也还没有深入了解和掌控好药物治疗的副作用、最有效的治疗时长、药物依赖性的问题，以及停止抗焦虑药物治疗对儿童的影响[5]。

在 SBS 电视台[6]《见解》栏目（*Insights*）的"战胜焦虑"（Beating Anxiety）节目中被问及对药物治疗的看法时，麦考瑞大学心理辅导与积极心理学系（Coaching and Positive Psychology）的系主任约翰·富兰克林（John Franklin）曾经提出，我们应当考虑到焦虑如何对整个人产生影响这个方面。尽管他的评论集中在成年人的药物治疗上，但他的想法对焦虑儿童的父母来说，却是很有见地的。他重申，焦虑不只是一个心理和认知过程，还是一个会导致生理变化的过程。他认为，药物治疗在两种情况下可能有效：

第一种就是，在很多时候，人们的焦虑都是部分地由他们的神经系统反应过度、过于活跃导致的结果……给这种状况降降温，有时可能很有好处。在这种情况下，药物治疗可能有效。

他还指出了第二种可能更为常见的情况：人们都太过焦虑不安，以至于无法正常思考。"他们无法清晰地思考，他们无法理解一种状况并采取有效的纠正措施。在那种情况下，降低焦虑的程度，使得人们能够重新思考自己的人生、做出有效的决定并且采取适当的行动就非常有益了。"

他接着指出，通常来说，一个人应当尽量服用最低剂量的有效药物，并且服用时间应当尽量做到最短。这条建议，对用药物来治疗焦虑症的所有年龄的患者都适用。

解决办法也会变成问题

焦虑会给人带来糟糕的感觉。正因为如此，焦虑的孩子才会想尽一切办法，来避免产生焦虑感。我们已经向你介绍过思维、感受与行为三角图，因此你就不难看出，解决办法为何有可能变成问题。

下面就是一个例子：

思维：我无法在音乐会上表演，我会在台上僵住，让自己出洋相的。

感受：肚子不舒服，出汗，头晕，情绪激动。

行为：不愿去上音乐课，哭泣。

思维：我真是不可救药，如果连音乐课都上不了，那么我就绝对不可能在音乐会上表演。我不如现在就放弃好了。

感受：伤心，绝望，不知所措。

行为：彻底不去上音乐课。

从这个例子中，你可以看到一种恶性循环是如何形成的，行为又是如何反过来影响思维的，以及看似解决办法的方面如何会变成问题的一部分。

下面是另一个例子：

思维：我不能去参加冲浪夏令营，要离家这么远度过四个夜晚，又没有爸妈在我身边，我怎么应付得了呢？我知道他们会出事的。

感受：失望，绝望，古怪，孤独，担心。

行为：不去参加冲浪夏令营。

思维：就算我不去参加夏令营，他们也不会想我。
他们为什么要想我呢？
他们会因为我不想去参加夏令营而认为我还是个宝宝。
别的孩子很可能会因为我不去而感到高兴。

感受：厌恶，后悔，悲伤，受挫。

行为：更多的逃避。

解决办法变成问题之后，生活就会变得更加艰难，而不是更加容易。接纳承诺疗法就是一种帮助焦虑者克服这种恶性循环的心理疗法。

接纳承诺疗法（ACT）

美国内华达大学（University of Nevada）的史蒂夫·海耶斯（Steve Hayes）教授，是接纳承诺疗法（简拼为 ACT，指"行动"一词，而不是 A-C-T）的先驱人物。他指出，认知行为疗法（CBT）也是以证据为基础的。他称："假如你

251

是在一个有资质的人指导下，兼用暴露与反应阻断疗法（ERP），并且很有效果，你不妨这样去做。"至于接纳承诺疗法（ACT），他指出，这种疗法其实属于"认知行为疗法家族中的一员。传统的认知行为疗法认为，你必须通过改变自己的思维形式去改变你的感受形式，才有可能表现出不同的行为。可接纳承诺疗法要你做的，却是改变你与自身思维之间的关系、改变你与自身感受的关系，现在就开始积极地生活"。

接纳承诺疗法的目标，并不同于认知行为疗法的目标。认知行为疗法旨在教导儿童：

1. 辨识他们的焦虑性想法。例如："我脸上的雀斑是一种皮肤癌。"

2. 找出证据，对他们想法的正确性提出质疑。例如"我长雀斑好多年了，一直都没有什么变化""我的身体健康得很""雀斑不疼""要是真的出了问题，那里看上去就会不一样""医生说我什么问题都没有"。

3. 用更加现实、更有希望和更具鼓励作用的想法，取代他们的焦虑性想法。例如："没什么可担心的，我很健康，不过是又长了雀斑而已。"

接纳承诺疗法的目标，则在于改变你与自身想法、感受之间的关系，不再把它们看作症状，而是看作虽然令人觉得不舒服，却是来去无常的事件。其中包含的深层基本哲理，就是接纳那些不请自来的想法、烦恼、生理感觉和感受，然后采取行动，朝着你认为真正重要的方向前进[7]。

风靡全球的畅销书《幸福的陷阱》的作者路斯·哈里斯博士，论述过接纳想法和感受，然后采取以价值观为导向的行动这个方面。他说，尽管心中怀有令人难受与痛苦的想法、感受，但我们的胳膊和双腿却会继续运动，这就说明，我们仍然有能力继续过自己的生活。我们不

> 是非得等到焦虑消失之后或者感觉很好的时候，才能去做那些重要的事情。接纳承诺疗法的目的，并不是要彻底消除我们的焦虑感，而是要我们带着焦虑感，度过一种丰富、充实、色彩斑斓且富有意义的人生。事实上，焦虑会一直留在我们身上，但不一定会妨碍我们去完成重要的使命，去做那些让我们靠近珍视之目标的事情。我们可以降低自身的焦虑程度，并且带着焦虑一路前行。

接纳承诺疗法的原则

接纳承诺疗法中，有 6 条培养心理适应力的核心原则。所谓的心理适应力，就是全神贯注地把注意力集中于当下，并且采取以价值为导向的行动的能力。本书从头至尾都涉及了接纳承诺疗法的诸多原则，以便增强你的技能，去帮助你家那个感到焦虑的孩子。

接纳承诺疗法的核心原则是：

1. 接纳。
2. 摆脱。
3. 活在当下。
4. 以自我为背景（观察想法和感受）。
5. 价值观。
6. 承诺的行动。

接纳承诺疗法本身就是一种非常灵活的心理干预手段，因为技能培养可以从上述 6 大核心原则中的任何一条开始。有很多不错的资源，可以为你的学习提供进一步的支持。你不妨访问网站 www.actmindfully.com.au，去探究一下哈里斯博士掌握的资源和研讨会。

斗争很真实

人们跟焦虑进行了大量的斗争。焦虑带来的感受，促使人们希望彻底摆脱所有令人觉得难受的想法与感受。然而，他们越是努力逃避一种想法或者感觉，这种想法或者感觉就越会带来失败。焦虑的孩子，也是如此。

接纳承诺疗法会帮助儿童学会注意自己的想法，但会用一种新的方式与之建立起联系，即只是注意到它们，却不与之发生纠葛。所有的想法和感受都来去如风，重要的是采取行动，继续朝着重要价值观的方向前进。跟朋友一起去看电影、进行体育运动、在学校乐队里演奏乐器、去野营、到朋友家里过夜、去上学、参加考试以及参加体育训练，都是采取行动朝着重要价值观前进的例子，不论其间你有没有产生焦虑，都是如此。

接纳承诺疗法的两大目标是：

1. 培养接纳那些不请自来、孩子无法控制其出现或者消失的想法与感受的态度。
2. 承诺并采取行动，朝着度过他们重视的一种生活的方向前进[8]。

接纳承诺疗法会帮助儿童培养出接纳自身的想法与感受、带着怜悯之心接纳自己与他人、知道什么东西对他们重要（或者明白自己重视什么），以及承诺采取行动，朝着上述方向前进等技能[9]。

如今，世界各国的心理医生都在进行接纳承诺疗法的培训，以拓宽他们给客户提供疗法时的选择范围。并不是只有心理医生才能接受这种培训。你也可以进行接纳承诺疗法培训，拓展自身对这种模式的理解，与孩子治疗团队中的其他健康专业人员一起，帮助孩子应对他们的焦虑。

23
学校的作用

对一个容易感到焦虑的学生来说,学校可能是一个充满挑战的地方。一个熟悉的老师走了、一场大型的集体学习活动、参加体育比赛或者参加学校话剧的试演,这些日常活动都有可能导致一名焦虑儿童心跳加速、思绪游离和心乱如麻。学校正是让许多学生产生焦虑时刻的温床。

孩子的焦虑情绪若不加控制,往往会妨碍到他们的学习。一名学生如果对未来的某件事情感到担忧或者焦虑不安,就会难以集中注意力。注意力不集中的严重程度,可能还会因为恐惧感而加剧,如害怕失败、害怕遭到拒绝、害怕受人嘲笑等。它们会导致学生采取安全的学习方式,而更糟糕的是,会让他们逃避参加那些令自己感到焦虑的活动。或者,恐惧感有可能驱使学生为了确保成功而过度计划、过度排练或者过度训练,令他们感到筋疲力尽。焦虑的学生虽说有可能在社交、学业或学校生活的其他领域做出成绩,但这种成功可能让他们付出的代价是现在或将来的快乐、幸福和心理健康。若不加遏制,最终焦虑会让学生尝到恶果。

学校可以采取的行动

据我们的经验来看，老师都因如今焦虑肆虐、正在对学生造成影响这个问题而深感忧心。许多老师都很清楚，某种东西（也就是焦虑情绪）正在影响学生的学习和行为，可他们并不确定这种东西的性质，不知道他们该如何去帮助学生。这样说，并不是在批评老师，因为连老师都无法充分理解焦虑的性质这一点，就反映了整个社会对这个问题都普遍感到困惑的现实。幸好，也有许多老师能够从一开始就将学生的焦虑程度降至最低，而且更重要的是，他们还能在孩子产生焦虑之后，帮助孩子调整情绪和应对焦虑。

理解焦虑，将焦虑正常化

焦虑是一个描述情绪的术语。一提到这个词，大多数人都会露出一脸苦相。实际上，焦虑并不是一种我们应当感到害怕或者要将其妖魔化的状态。它是每一个人都会经历的各种情绪中的一部分。然而，有些儿童的焦虑程度，却远远高于其他人。正如前文所述，与近代历史上的其他时期相比，如今环境中让孩子产生焦虑的因素都要更多，如数字技术的发展、久坐不动的生活方式，以及不良的睡眠模式。

在过去的10年里，澳大利亚许多著名运动员都曾公开承认，焦虑对他们的心理健康和比赛成绩产生了巨大的影响。焦虑的影响如此巨大，以至于像板球名将莫伊斯·亨利克斯（Moises Henriques）、澳式足球联盟（AFL）的足球运动员兰斯·富兰克林（Lance Franklin）以及篮网球运动员沙妮·莱顿（Sharni Layton）之类的运动健将，都不得不在比赛中抽出时间来恢复各自的心理健康。他们和其他一些知名的体育明星都公开承认自己的焦虑经历，这种做法有助于将焦虑正常化，从而强调这样一个事实：无人能够免于焦虑，最重要的是，人们不该因为自己患有焦虑症而感到羞愧。

老师可以通过在日常的课堂教学中谈论焦虑，来促进焦虑的正常化。实事求是地谈论焦虑，老师就可以向学生传递出焦虑无须隐藏的信息。谈论焦虑，还会强化这样一种信息：许多人都会产生焦虑情绪，而我们也可以成功地去控制焦虑。

老师若逐渐形成对其焦虑情绪的自我认知，就能促进焦虑的正常化过程。老师若对那些让自己感到焦虑的活动了如指掌，那么，在一名学生对一项活动产生焦虑或者担忧情绪，还有许多学生却欢迎这项活动或者淡然视之的时候，他们对这名学生的同情与理解就会增强。反思自己的应对和控制技能，也会让老师处于帮助一名焦虑儿童的有利位置。

如果老师的关注焦点是学生的行为，那么他们就不容易注意到学生的焦虑情绪。焦虑通常都会导致孩子出现逃避或者追求完美的行为，而对这些行为，大多数老师都很熟悉。焦虑还可能表现为愤怒和沮丧，它们则属于完全不同的情绪。当老师关注的是焦虑情绪时，就更容易看到隐藏在学生行为背后的情绪，就算情绪是隐藏在愤怒这种杂乱而放肆的面具背后，老师也能辨识出来。

调整一种常见的方法来应对焦虑

与服用一颗能够缓解症状却无法治疗症状背后之疾病的药丸一样，逃避是孩子们用于缓解焦虑情绪的一种关键对策。这样做，症状可能会逐渐减弱或者消失，可疾病依然存在，并且会在他们下次遇到相似情况时再次发作。

我们鼓励老师帮助学生接受自己的焦虑情绪，把焦虑当作面对可能具有挑战性的状况时的一种常见反应。然而，学生还应当逐渐接触那种令他们感到焦虑的状况或者事件，而不应采取逃避的办法来缓解不适。做到这一点可能需要时间、敏感和耐心，但在忙碌的课堂上，老师对这些方面可能力不从心。从长远来看，老师若愿意与焦虑的学生进行一对一交流，让学生逐渐接触到诱发焦虑的情境，就会给学生带来帮助。

确认而非安慰

焦虑的学生在感到焦虑时，常常会到老师那里去寻求安慰。这种获得安慰的需求有多种表现方式，包括孩子不断地寻求老师的意见、希望老师替他们做决定，以及不断地要求老师表扬。在学生感到焦虑的时候对其进行一定程度的安慰，这种做法是可以接受的。然而，过多的安慰却有可能导致学生在控制或预防焦虑感时，对老师和其他成年人形成依赖性。

焦虑儿童可能会寻求安慰，但确认他们的焦虑却要比对他们进行安慰更可取。我们建议老师利用以"啊"开头的语句，确认一名焦虑学生的感受，表明老师正在倾听和努力理解。例如：

"啊，你对要参加学校的夏令营感到焦虑……"

"啊，你心里有一种'我可能会搞砸'的想法……"

"啊，你对那样做没有成功感到失望……"

帮助学生逐步摆脱焦虑

循序渐进是一种在学校里广泛应用的技巧。我们鼓励老师找出方法，逐步让学生去面对挑战，使之实现上学时对他们真正重要的目标，而不应当任由学生去逃避那些具有挑战性的情况。

苏菲（Sophie）的故事

9岁的苏菲害怕参加课堂上举行的小组活动。老师将孩子们分成4人一组，安排合作性的活动时，苏菲总是不愿加入。苏菲的老师特纳夫人（Mrs Turner）不知该怎么处理，所以允许苏菲自己学习，而不是跟别的孩子一起学习。在苏菲独自完成了4次小组讨论作业之后，特纳夫人认为，逃避对苏菲没有好处。她必须改变策略才行。特纳夫人采用了循序渐进法，也就是所谓的"暴露与反应阻断疗法"（ERP），来让苏菲逐渐熟悉小组学习。特纳夫人和苏菲共同制定了一个长期目标，那就是让苏菲能够和班上的任何一组学生一起轻松地协作。不过，苏菲首先必须在循序渐进的阶梯上一小步一小步地往上走，才能成功地去参加小组学习。

一开始，苏菲是跟她的朋友伊莱（Eli）一起完成小组活动。她跟伊莱合作得很好，有伊莱陪着，她也感到很自在。特纳夫人对苏菲能够与伊莱很好地合作这一点感到满意之后，她便把苏菲往阶梯上推了一步，让苏菲跟一个不同的伙伴一起参加小组讨论。苏菲很快就适应了这种安排，于是特纳夫人要求苏菲参加一个由4人组成的小组讨论，其中包括伊莱，以及苏菲以前合作过的另外两位同学。特纳夫人还给苏菲分配了一项简单的任务，让她当小组的计时员，负责让小组成员集中精力完成任务。对苏菲来说，这是在阶梯上朝着成功地参与小组学习又迈出了一步。特纳夫人看出，苏菲对这种安排感到很舒适，因此在下一次小组讨论中，她没有给苏菲指派具体任务，而是要求苏菲参加小组的所有活动。苏菲觉得与这个小组协作起来很舒服，因此她就能够为小组出力，听从组长的指令了。在接下来的好几次小组讨论中，特纳夫人都是这样安排的。苏菲距她们预定的目标只有一步之遥了。最后一步，就是苏菲至少要跟以前没有合作过的另外3名学生进行协作。苏菲轻而易举地完成了最后这项任务。利用这种暴露与反应阻断技巧，在短短的几个月之内，苏菲就从羞怯和逃避，变成了愉快地与他人合作。

让学生明白焦虑的运作机理

在第三章里我们解释过，对孩子来说，了解焦虑如何影响他们的大脑和身体这一点极其重要。这种自我认知会揭开焦虑的神秘面纱，帮助孩子辨识和控制自身的焦虑状态。例如，一名充分理解了正念修习能够对杏仁核产生镇静作用的儿童，与一个没有认识到两者之间关系的孩子相比，更有可能去运用正念修习这种有效的工具。我们还提供了一些脚本，供家长向孩子解释大脑感到焦虑时的运作机理，以及焦虑对儿童生理状况的影响。

老师掌握着更多的专业知识和资源，可以在课堂上通过更加深入的心理教育活动，去支持这些脚本。听到这个，许多老师可能都会想："老师可不是非得教给孩子们其他的知识。课程本来就已经安排得很满当了，而且我也没有这方面的专业知识。"我们并不希望增加老师的工作量。不过，老师若把大脑感到焦虑时的运作机理教给孩子们，就会给学生提供一个具有重要意义的参照点，能够帮助学生对焦虑进行自我控制。在儿童焦虑控制方面，使用普通的语言也是一种极其可贵的有利条件。无论这些知识是作为一门范围更广泛的科学课程的组成部分进行传授，还是归入社会和情感学习一类，将大脑和身体的应激反应机制教给孩子，都是一种可以帮助学生迈出校门之后，在任何一种工作环境中获得成功的教育。

课堂应让孩子具有心理安全感

每一位老师都很清楚，一个安全的课堂对孩子获得最佳学习效果是必不可少的；但这种安全，并非仅仅是指人身安全。若想在上学期间茁壮成长，学生还需在心理上感到安全。

准备、安排、检验

教九年级的某某老师突然在他的班上宣布,所有学生都要在两天之后参加一场临时考试。学生们对这个消息的反应各不相同。少数成绩优秀的学生高兴得很,心想:"亮招吧!"大多数学生都对这场突如其来的考试感到恼火,但认识到学校生活就是如此,因此心中会想:"我还有两天来备考。但愿这段时间足够我做好准备。"还有一小部分学生,却陷入了惊慌失措的状态。3名学生呆呆地坐在那里,其中一名还生气地抱怨老师,说备考时间不够。这几名学生心想:"哦,不要。我做不到。"最后这组学生的反应,就是许多焦虑学生的典型反应。他们的大脑,会采取一切办法来帮助他们获得安全感。老师突然宣布要考试,让他们觉得措手不及,对他们心理上的掌控感需求产生了影响。失去掌控感之后,他们就会觉得不安全,而大脑中的杏仁核就会取代前额皮质来发挥作用。所以,逃跑、战斗或者目瞪口呆就成了他们的第一反应。

这位老师无意让他的学生感到不安全,他不过是想在学习上给他们一点挑战罢了。然而,他是在事先没有提醒和备考时间很短的情况下宣布要考试的,这种做法妨碍了所有学生对心理上感到安全的需求。陷入焦虑的大脑,无法区分一种真实的人身威胁和心理威胁。从生理机制来看,两者并无二致。因此,对于这场即将到来的考试,那些学生做出的反应与他们即将受到人身伤害时的反应是一样的。

焦虑的学生需要具有心理安全感的课堂,这种课堂有一些共同的特征,我们下面就来探讨一下。

1. 权威式的领导

老师若采用权威式的领导风格来引领学生,那么这种课堂就适合容易感到焦虑的学生。"权威式的领导者"（Authoritative leaders）这个概念，是由科学记者丹尼尔·戈尔曼（Daniel Goleman）在其情商理论中首次提出来的。这种领导者能够在维持一种秩序感或者权威感的同时，与他人建立个人关系。这种人与"专制型领导者"（Authoritarian leaders）的不同之处在于，他们对服从与严守规则两个方面不那么关注，而是更关注个体差异，同时还有能力维持一种井然有序的环境。要想让一名焦虑儿童在上学时感到安全，老师维持课堂秩序的能力就具有至关重要的作用。

2. 组织性、规律性和常规性

容易焦虑的学生，在有组织、有规律和常规性的环境中会表现得很好。许多焦虑儿童早晨醒来后的第一个念头就是："我这一天会是个什么样子？"他们往往会用自己的预见能力来安排一天的事情；如果前方没有任何意外，他们就会心情舒畅。若有不确定的事情或者心存疑虑，如不知道放学后谁会来接自己，他们就会感到紧张或者焦虑。如果要参加一次远足活动，却没有为常规路程的改变做好充分的准备，就必然会让他们感到不安和紧张。焦虑的孩子像群体一样，在他们能够成功进行预料并为将来之事做好准备的情况下，才会发挥出最佳水平。他们喜欢组织有序、领导有方和结构合理的课堂，因为这种课堂会让他们预知到在任何特定时间进行的活动类型与课程。

3. 社交故事

随着人们对自闭症的了解和认识日渐深入，许多老师都会发现，自己班上有许多学生都被诊断为患有自闭症。他们极有可能充分意识到，日常组织与常规活动方面的任何变化，都会导致那些患有自闭症的学生产生严重的焦虑情绪。正如我们在前文中概述过的那样，社交故事或者通过交谈让孩子体会新的情境，是让患有自闭症的孩子为可能导致紧张的事情做好心理准备的一个好办法。这种对策，也可用于让所有的学生做好准备，去应对新的或者不同寻常的情况。例如，在远足之前，老师可以通过交谈，让学生了解那一天可能是怎样的情形，其中应当尽可能多地包含一些实实在在的细节，如用视觉信息来帮助学生运用其大脑中负责视觉的部位，这样做，有助于他们提前在心中规划好那一天的事情。

4. 学生个人的自我应对计划

那些患有"拒学症"后又成功返校的学生，一般都是在老师、家长、看护者和学生本人共同参与，制订了一份联合管理计划之后，才做到这一点的。这种计划，通常会让学生逐渐接触到上学的更多方面，如在家里写课堂作业、大人一路开车送他们去上学而中途不需要下车，以及在他们开始感到自在之后，让他们课后到学校操场上去跟其他孩子交朋友。这种对策还可以拓展，应用于学生表现出焦虑的其他情况。一名学生，若不愿在学校的话剧中登台表演，那就可以去当后台工作人员，当然，他们还可以继续出力，去当群众演员。同样，我们也可以制订一份个人焦虑应对计划，来帮助一名对参加学校野营活动感到焦虑的学生，方法则是，先让学生参加半天的野营活动，然后延长到一整天，并依此类推。或者，家长可以在营地里过上一夜，但必须跟孩子保持一定的距离，从而让焦虑的孩子在知道必要时可以就近获得家长安慰的情况下，培养出独立性。让学生参与制订一份个人应对计划，这一点也很重要，因为他们需要具有对这份计划的掌控感。一旦他们觉得这种接触会发展到违背他们意愿或者超出他们应对能力的程度，那么，计划就算制订得再好，也注定会以失败告终。

5. 把焦虑控制工具纳入学校和课堂生活

老师如同家长，也可以在照管孩子的过程中，给予他们自我调整焦虑情绪所需的工具，以便孩子无须依赖他人就可以缓解自身的焦虑。在本书的第四部分，我们详细介绍了父母可以采用的5种关键的自我调节工具。这些工具，也可以整合到课堂和学校生活中去。下面就是具体的做法。

（1）察看

"你觉得上学怎么样呢？"如今，这个问题会招来形形色色的回答，从"紧张""快乐""战战兢兢"或者"兴奋"，到"奇妙""很棒"或者"好玩"，什么都有。它们都是合情合理的回答，表明了学生不同程度的情感意识。"我不知道"并非首选回答，因为它表明回答者缺乏情感意识。学生要想充分控制自己的焦虑情绪，就必须增强对自身情绪状态的认知。有些学生会相当自然地做到这一点，可还有一些学生，却是真的难以辨识出众多可能在任何时间对他们产生影响的不同感受。基于这些原因，我们建议，应当把一种辨识自身情绪的方法教给所有的学生。我们的首选方法即"察看"，在本书第九章中进行了概述，老师也很容易将其纳入课堂生活中去。这也是一种有用的工具，有助于老师去帮助学生，使之转到一种有益于成功地完成各项学习任务的情绪状态。例如，转到一种沉思的状态，有助于学生完成一项带有分析性的写作任务。察看情绪，就是学生在这项学习任务中的第一步。

（2）锻炼

锻炼是释放由焦虑导致的紧张与压力的最佳途径之一。能够成功地释放紧张情绪的锻炼，就是那些涉及四肢即胳膊与双腿的运动。在操场上进行的简单活动，包括跑步、追逐和攀爬，通常都足以缓解神经紧张的状态，并且促进体内不断分泌出让人感觉良好的内腓肽。然而，并不是所有儿童都会在课间休息时跑来跑去，许多孩子更喜欢坐着，安安静静地玩游戏。事实表明，中学生的运动量远低于小学生，因此中学教师可能不得不采取有力的措施，才能让学生动起来。

学校有很多办法可以让学生动起来，从所有老师努力将某种形式的运动纳入常规课程中去，让整个学校或年级参与日常锻炼或者运动（比如一天从做游戏开始），到音乐或者舞蹈，鼓励学生步行或骑自行车上学，不一而足。

（3）正念与深呼吸

学校要求学生不断地展望第二天、下一周和下个学期的情况。焦虑感存在于当下，可激发焦虑感的，常常是未来。明天的家庭作业、下周的游泳课和下个学期的野营活动，全都有可能把孩子的焦虑感激发到极其严重的程度，导致一些学生把时间都浪费在担忧、思考和对那些还没有发生的事情感到烦恼等方面。

日常的正念修习，是引导学生的注意力回到当下的一个好办法。我们建议，老师不但应当在学生感到紧张时跟他们一起修习正念，而且应把正念修习整合到日常的学校和课堂生活中去。正念修习可以结合运动来进行，但人们多半是把它与深呼吸结合起来修习。用3分钟至5分钟的正念活动开始一次学习，可能是让学生为学习做好准备的一个好办法，同时还会教给孩子们一种有效的平静工具。此外，将简单的呼吸活动纳入课堂，也可向学生展示出他们随时可用的一些简单的放松技巧。

（4）摆脱

对于一个正在担忧未来之事的学生，老师可以提出一个最具说服力的问题，那就是："这些烦恼或者想法有用吗？"学生往往会回答说"没用"，这就引出了下一个问题："你能采取什么有用的措施呢？"老师应当鼓励孩子后退一步，用一种分析的方式去看待自己的想法，这一点至关重要。此种做法，能够让学生直视自己的想法，而不是根据自己的想法来看待问题。父母在家里也可以这样做，但老师身处一种更为全面的教育环境下，能够鼓励学生注意和反思自己的想法。本书第十三章里概述过的疏远技巧，会让孩子了解自己的消极思维模式，如"我会在那次考试中考得很差"，然后再给它们加上一些修饰语，变成像"我注意到自己有一种想法，认为我会在那次考试中考得很差"这样的句式；这就是摆脱技巧的一个范例，可以教给大多数年龄段的学生。待一名学生确认自己的想法无益之后，下一步就鼓励他们采取行动，去做某件能够引领他们朝着重要方向前进的事情。

"红绿灯健康计划"

有一种简单、有效的工具,老师可以用来提高学生对自身健康状况的认知,它就是"红绿灯健康计划"(traffic light wellbeing plan)。红绿灯系统广泛应用于医疗、营养、老年护理和心理健康领域,是一种几乎获得了普遍理解的评估方法。有了个人的"红绿灯健康计划"之后,学生就可以往其中的每个部分填充细节情况,描述出他们感觉良好、开始觉得困难、确实在困境中挣扎和需要帮助时的感受,以及他们为此而采取的措施。

我的健康计划

感觉很好
标志:＿＿＿＿＿＿＿＿＿＿＿＿＿＿＿
什么东西会让我感觉更好?＿＿＿＿＿＿＿＿＿＿＿＿＿＿＿
谁会给我帮助?＿＿＿＿＿＿＿＿＿＿＿＿＿＿＿

绿灯:当……时,我知道自己健康状况良好。

开始觉得困难
标志:＿＿＿＿＿＿＿＿＿＿＿＿＿＿＿
什么东西会让我感觉更好?＿＿＿＿＿＿＿＿＿＿＿＿＿＿＿
谁会给我帮助?＿＿＿＿＿＿＿＿＿＿＿＿＿＿＿

黄灯:当……时,我知道自己开始觉得困难了。

危险信号
标志:＿＿＿＿＿＿＿＿＿＿＿＿＿＿＿
什么东西会让我感觉更好?＿＿＿＿＿＿＿＿＿＿＿＿＿＿＿
谁会给我帮助?＿＿＿＿＿＿＿＿＿＿＿＿＿＿＿

红灯:当……时,我知道自己正在苦苦挣扎,需要获得帮助。

运用"红绿灯健康计划"的步骤是：

1. 跟学生开展一场关于感受的对话。所有感受都是自然的，它们来去倏忽，消长无常。有些让人感觉良好，有些却不是如此。感受无所谓对错，每天经历各种各样的感受是一种自然现象。向学生介绍本书第二十二章中的思维、感受与行为三角图，让他们能够开始理解其中的因素是如何相互影响的。你可以跟学生分享该章所举的例子，来说明这一点。你可以把这种活动拓展开来，涵盖到整个班级（或者两个同学、各个小组），对感受展开集体讨论，然后将感受列出或者整理到黑板上。

2. 要求学生参与分组讨论，谈谈他们感觉良好时的想法、感受和行为。提示学生想想自己的睡眠情况、情绪、锻炼情况、他们认为自己合不合群、他们做了什么开心的事情、他们在上课和完成家庭作业时的感受、他们喜欢跟谁在一起、他们参加课外活动的情况、他们参加课外活动时的感受、他们的想法与自我对话的内容、他们在与自身健康相关问题上的选择，以及他们使用电子设备的时间。把这些信息都写在一块白板上，列于"感觉良好"的标题之下，若做得到，就尽量用绿色的笔来书写。焦虑的学生可能会发现，小组讨论很具挑战性，老师应当在必要的时候调整这种活动，以满足学生的需求。

3. 给每位学生分发一份健康计划，要求用课堂上涉及他们自身的一些例子，以及他们经历中的独特内容，完成其中绿色的"感觉良好"部分。应给每个学生都留出充足的时间去填写，以便学生可以详细地列出那些让他们保持感觉良好，从而帮助他们留在健康计划中这个绿色区域里的事物。

4. 重复第2步，讨论黄色区域"开始觉得困难"，将全班同学的回答汇集到白板上的这一标题之下，最好是用橙色笔书写。

5. 要求学生完成个人计划中的黄色区域。这一部分留有空间，让他们也可填写自己能够采取、能够帮助他们从黄色区域向绿色区域移动的措施。他们还可以写下一些求助者的名字。如果开始觉得困难了，他们就可以向这些人寻求帮助。这个名单中，可以填入父母、其他家人、一位特定的老师，甚至是家庭医生。鼓励学生填得具体一点。

6.健康计划中的"危险信号"区域，可用与黄色区域相同的方式完成。这是一个很好的机会，老师可以与全班同学讨论健康状况下降的症状，包括回避社交、大部分时间情绪低落、高度焦虑、难以入睡或者难以熟睡、做出不良的饮食选择，或者花大把时间使用电子设备。他们可能经常感到烦躁、悲伤、紧张或者生气；他们可能大部分时间都感到愧疚、痛苦、沮丧、不快乐或者失望；他们可能出现肚子不舒服，觉得浑身发抖或者不知所措的现象；他们可能对上学、交友、家人或者自己的未来感到担忧；他们可能逃避平时很喜欢的活动，或者发现自己难以集中注意力。其中的每一步，你都应当使用与学生年龄相符的例子，确保班上的学生能够进行层次适当的讨论。

7.为学生创造机会，使他们能够定期思考自己的计划，并且选择最能代表他们当时健康水平的颜色。鼓励学生将自己的计划付诸行动，实施他们列出的、会帮助他们在必要时向绿色区域前进的措施。

教师当言出必行

近年来，许多报告都强调了教学工作压力重重的现象。2017年一份研究"压力对澳大利亚教师产生的影响"的报告指出，每83名教师中，就有1人由于长期的压力或者心理健康问题而请假[1]。这一比例，在短短一年里就增长了5%。另一份研究报告则表明，有20%的教师由于压力太大和过于劳累，在从事教学工作的前5年里考虑过转行的问题。世界其他地区的情况也是一样的，如美国密苏里州（Missouri）就有93%的小学教师称压力太大[2]。毫无疑问，学校是一个充满压力的工作场所。教师将自己的幸福排在学生的幸福之后，这是众所周知的一件事情。许多老师不仅工作时间很长，还要处理各种各样的教学任务，以至于他们觉得自己能力不够，或者完全被压得应付不过来。

要想在学校里全面解决焦虑普遍存在的问题，教师就必须去关注自身的心理健康和幸福。一个总是感到压力重重、紧张不安的教师，很难给学生提供后者所需的帮助。虽说教师的压力问题必须从整体上加以解决，包括控制老师的工作量、改进学生的表现和提供充足的时间去贯彻新的技能，但老师也可以采取多种措施，来应对自己的压力。

本书第四部分中概括的 5 种焦虑控制工具，即察看、深呼吸、正念、锻炼和摆脱，为老师控制自身的焦虑提供了实用的方法。我们强烈建议，老师应当把这些工具添加到他们确保个人幸福的技能当中，将运用这些工具变成常规例程，从而让他们能够利用这些策略去应对自己的焦虑情绪。根据自身的研究和经验，我们都很清楚，这些工具能够对一个人的工作效率和幸福产生积极的影响。我们也确信，这些工具会帮助教师变得更具同理心，更有能力去应对学生的各种需求。此外，若不去亲身践行一项个人技能，你是很难将这项技能教给孩子的。一位懂得正念作用机理的教师，更有可能把这种修习方法引入课堂。一位对深呼吸可以迅速开启放松反应深有体会的教师，也会明白深呼吸可以迅速改变全班情绪氛围的道理。一位体验过用锻炼来缓解紧张情绪的教师，就更有可能去寻找机会，让孩子们在上学期间多做运动。老师若对自己传授的知识与技巧做到身体力行，就会充分表现出自己的激情与意图，就会让学生更易理解这些重要的焦虑控制技巧。

结语

焦虑属于个人问题。但当身边的亲近之人产生焦虑情绪后，你也会感受到一系列不快且令人难受的情绪，其中包括担心、困惑、忧虑和苦恼。我们希望，通过阅读本书，你如今已经松了一口气，有了信心，获得了安慰。之所以松了一口气，是因为你生命当中的孩子患有焦虑症的现象既很常见，也已被人们充分理解。之所以说有了信心，是因为有了对焦虑的深入理解、一系列实用工具和一种健康的生活方式，就能够让焦虑儿童过上充实而快乐的生活。更重要的是，之所以说获得了安慰，是因为在帮助孩子从焦虑走向具有适应力的旅程中，你并不孤单。但愿你也跟我们一样，对成为一场运动中的一分子，加入那些正在帮助社会改变态度这一点感到激动。在这场运动中，人们把关于焦虑的问题和交流视为正常现象，而不再把焦虑看作一种苦难，看作一个应当避而不谈或者只能关起门来秘密谈论的话题。我们还希望，身处我们应对儿童与青少年焦虑的方式出现重大改变的前沿，你会因此而感到激动。

接受并全力以赴

焦虑可能是许多孩子的长期伴侣，但它肯定不是孩子的好朋友。通常情况下，焦虑都是一个恶魔，将孩子牢牢地闭锁在一场长期而艰苦的斗争中，使得像参加学校野营这样简单的活动,也会变成让他们感到害怕的事情。或者,孩子会全然忽视焦虑的存在,逃避所有令他们感到不适的事情和环境。"决不!我不会参加的"会变成他们的默认反应,因为他们给自己的潜力和幸福设定了限制。

我们主张,孩子应当接受自身的焦虑,而不是与之抗争或者忽视焦虑、希望焦虑自行消失。通常来说,焦虑是不会自行消失的。若不加控制,焦虑症状虽然有可能消失一段时间,但它们常常会在孩童末期或者成年时期复发。我们希望,孩子能够勇敢地面对自己的恐惧,并且克服自身的焦虑感,全力以赴地去做对他们重要的事情。那些喜欢上台表演,却因为焦虑而逃避学校话剧试演的孩子,错过的是极其重要的机会。他们接受在话剧中参演会导致焦虑这一事实,但还是会利用本书中概述的一些工具来帮助控制自身的情绪状态,勇往直前、积极参与,这种情况要好得多。如果有一个支持他们的家长、老师或者心理辅导员,能够认识到焦虑给他们造成的混乱,在每个阶段都会鼓励他们积极参与各种活动,鼓励他们随着焦虑情绪的起伏对其加以控制,就会给他们带来莫大的益处。虽然这种接受和全力以赴的做法一开始可能会让孩子觉得不适,但随着他们在参与给自己带来人生意义、目标和快乐的活动时,变得更擅长将焦虑转移到背景中去,孩子的焦虑程度最终就会减轻。

学以致用

想要帮助一名儿童的时候,你可能很难知道要从哪里开始。我们建议,你应当抑制自身的冲动,不要对目前帮助孩子控制焦虑的方法做出全面的改变。正如人们在1月份匆匆制订许多新年计划,到了2月份通常就会将其抛弃一样,彻底的行为改变是不能长久坚持下去的。采取循序渐进的方法,即逐步做出小的改变和改善,通常都更加有效,也更加持久。

谈论心得

你可以与配偶、同事或者朋友一起，讨论你在本书中了解到的内容。这样做，有助于你将自己发现的、与自身情况相关的观点与对策整合起来。将心中所想表达出来，会帮助你厘清和整理自己的想法，让一些对你最重要的想法浮现出来。通过讨论本书的内容，你甚至可以争取到一个值得信任的盟友，来帮助你在家庭、课堂或者群体内部做出改变，以便更好地为你生命中的焦虑儿童提供支持。

让变化保持可控

应当将你想要实施的技能和工具分解成一个个具有可控性的组成部分。在孩子对一种情况、一桩事件小题大做或者反应过度时，你首先应当做出深思熟虑的回应，而不应做出下意识的反应。就算一开始不知道要对一个认为世界末日即将来临的孩子说什么，那也不用担心。你应当利用呼吸技巧，将注意力集中到保持镇定这个方面，注意到"焦虑之舞"在那一刻可能会如何上演。在成功地改变他人行为的过程中，关注自身的行为就是一个很好的开端。

带着孩子一起前行

应当用适合孩子年龄的方式，与孩子就焦虑问题进行开诚布公的对话。你应当帮助孩子理解焦虑的生理机制，以便他们能够更好地对自己的情绪进行自我控制。应当讨论那些常常会诱发焦虑的事件和情况，以便孩子能够有意识地（而不是无意识地）做好反应准备，或者让他们在某些情况下做好反应过度的准备。应当与孩子分享你自己的恐惧、烦恼与焦虑，讨论你发现的对自己有用的应对机制。健康的家庭和群体正常运作的前提条件，就在于没有什么事情会严重到人们不能谈论的程度。开诚布公,并不会让孩子变得更加焦虑。相反,这样做有利于营造出一种接纳、正常化和感同身受的文化氛围。

趁冷打铁

不要等到孩子陷入恐慌状态之后,为了让他们平静下来,才将深呼吸这样的工具告诉他们。相反,你应当在孩子心情平静、情绪没有失控的时候,用有意思的方式让他们练习深呼吸法。这一原则,同样适用于本书中概述的其他工具,尤其是适用于在紧张状态下更加难以实施的正念与摆脱这两种工具。在孩子们感到焦虑时,能够帮助他们摆脱焦虑的工具,需要在紧张程度很低的时候反复练习;唯有如此,孩子在需要的时候才能轻而易举地运用这些工具。

与我们保持联系

本书会让你踏上一段旅程,开始更好地去应对孩子的焦虑。我们跟你一样,希望孩子找到成功与幸福,获得他们喜欢置于自身人生舞台中央的一切,并且将焦虑抛到一边。我们诚邀你在这段旅程中继续走下去。我们将继续探索帮助孩子将焦虑转化为适应力的方法,并且很乐意与你分享我们的发现。我们也希望听到你面临的挑战,而更重要的是,我们希望听到你运用本书倡导的方法、工具和生活方式后获得成功的心得。附录中有我们的详细联系方式,你可以加入我们,和我们一起继续探究切实可行的办法,帮助焦虑的孩子走上丰富多彩的人生之路。

注释

引言

1.作者注：在本书中，我们用的始终都是"儿童""你的孩子"和"孩子"之类的字眼。这些称呼，涵盖了家里和正在上学、年纪从学龄前到18岁的所有孩子。

01　焦虑的流行

1.作者注：参见A. M. 格列高利（A. M. Gregory）、A. 卡斯皮（A. Caspi）、T. E. 莫菲特（T. E. Moffitt）、K. 柯能（K. Koenen）、T. C. 埃利（T. C. Eley）和R. 波尔顿（R. Poulton），《患有焦虑症的成年人在青少年时期的心理健康病史》（'Juvenile mental health histories of adults with anxiety disorders'），见于《美国精神病学杂志》（*American Journal of Psychiatry*），164（2），2007，第301—308页。

2.作者注：2017年，克里斯·麦柯里（Chris McCurry）在我们"养育焦虑的孩子"（Parenting Anxious Kids）在线课程（www.parentingideas.com.au/product/parenting-anxious-kids-online-course）的一次采访中分享了这种观点。

3.作者注：参见G. V. 波拉埃内册兹克（G. V. Polanczyk）、G. A. 塞卢姆（G. A. Salum）、L. S. 菅谷（L. S. Sugaya）、A. 卡耶（A. Caye）和L. A. 罗德（L. A. Rohde），《年度研究回顾：对全球儿童和青少年心理障碍患病率进行的元分析》（'Annual research review: A meta-analysis of the worldwide prevalence of mental disorders in children and adolescents'），见于《儿童心理学和精神病学杂志》（*Journal of Child Psychology and Psychiatry*），56（3），2015，第345—365页。

4.作者注：参见"青少年心理健康调查"（Young Minds Matter Mental Health Survey），

2015。

5. 作者注：参见澳大利亚卫生与福利研究院（Australian Institute of Health and Welfare），《2018澳大利亚卫生健康概览》（'Australia's Health 2018: In brief'），2018。

6. 作者注：参见J. M. 特文格（J. M. Twenge）、B. 金泰尔（B. Gentile）、C. N. 德沃（C. N. DeWall）、D. 玛（D. Ma）、K. 拉斯菲尔德（K. Lacefield）和D. 舒尔茨（D. Schurtz），《美国青年精神病理学出生队列增加，1938—2007》（'Birth cohort increases in psychopathology among young Americans, 1938—2007'），见于《临床心理学评论》（Clinical Psychology Review），30，2010。

7. 作者注：参见J. M. 特文格，《焦虑的时代？焦虑与神经质出生队列的变化，1952—1993》（'The age of anxiety? The birth cohort change in anxiety and neuroticism, 1952—1993'），见于《个性与社会心理学杂志》（Journal of Personality and Social Psychology），79（6），2000，第1007—1021页。

8. 作者注：参见Z. 欣（Z. Xin）、L. 章（L. Zhang）和D. 刘（D. Liu），《中国青少年焦虑出生队列的变化：一项跨时元分析，1992—2005》（'Birth cohort changes of Chinese adolescents' anxiety: A cross-temporal meta-analysis, 1992—2005'），见于《个性与个体差异》（Personality and Individual Differences），48（2），2010，第208—212页；英国全国防止虐待儿童学会（National Society for the Prevention of Cruelty to Children），《拨打儿童热线的年轻人日益感到焦虑》（'Anxiety a rising concern in young people contacting Childline'），2016。

9. 作者注：参见H. 希斯考克、R. J. 尼利（R. J. Neely）、S. 莱伊（S. Lei）和G. 弗里德（G. Freed），《维多利亚医院急诊科的儿童心理与生理健康报告，2008—2015》（'Paediatric mental and physical health presentations to emergency departments, Victoria, 2008—2015'），见于《澳大利亚医学杂志》（Medical Journal of Australia），208（8），2018，第343—348页。

10. 作者注：参见N. 亚隆戈（N. Ialongo）、G. 埃德尔松（G. Edelsohn）、L. 维瑟马尔－拉尔森（L. Werthamer-Larsson）、L. 克罗克特（L. Crockett）和S. 凯拉姆（S. Kellam），《一年级儿童自行报告焦虑症状的意义》（'The significance of self-reported anxious symptoms in first-grade children'），见于《异常儿童心理学杂志》（Journal of Abnormal Child Psychology），22（4），1994，第441—455页。

11. 作者注：参见M. S. 巴蒂亚（M. S. Bhatia）和A. 戈亚尔（A. Goyal），《儿童和青少年的焦虑症：需要及早发现》（'Anxiety disorders in children and adolescents: Need for early detection'），见于《研究生医学期刊》（Journal of Postgraduate Medicine），64（2），2018，第75—76页。

12. 作者注：参见R. C. 凯斯勒（R. C. Kessler）、P. 伯格伦德（P. Berglund）、O. 德姆

勒（O. Demler）、R. 吉恩（R. Jin）、K. R. 梅里康加斯（K. R. Merikangas）和 E. E. 沃尔特斯（E. E. Walters），《全国发病率研究复测中 DSM-IV 障碍的终生患病率与发病年龄分布》（'Lifetime prevalence and age-of-onset distributions of DSM-IV disorders in the National Comorbidity Survey Replication'），见于《普通精神病学文献集》（Archives of General Psychiatry），62（6），2005，第 593 页。

13. 译者注：无挡板篮球（netball）又称"篮网球"，是一种类似于篮球但没有篮板的运动，主要流行于大洋洲，以女性参与者居多。

14. 译者注：喘乐宁（Ventolin），即平喘药沙丁胺醇（salbutamol），多为吸入式气雾剂。

15. 作者注：参见 B. 路特维勒（B. Leutwyler），《元认知学习策略：高中阶段的不同发展模式》（'Metacognitive learning strategies: Differential development patterns in high school'），见于《元认知与学习》（Metacognition and Learning），4（2），2009，第 111—123 页。

16. 作者注：参见 J. H. 弗拉维尔、F. L. 格林（F. L. Green）和 E. R. 弗拉维尔（E. R. Flavell），《培养儿童对自身想法的认知》（'Development of children's awareness of their own thoughts'），见于《认知与发展杂志》（Journal of Cognition and Development），1（1），2000，第 97—112 页。

17. 作者注：参见 C. G. 赫林顿（C. G. Herrington），《儿童的元认知发展与学习认知行为治疗》（'Children's metacognitive development and learning cognitive behavior therapy'），博士论文，范德堡大学（Vanderbilt University），田纳西州（Tennessee），2014。

18. 作者注：参见 J. H. 弗拉维尔、F. L. 格林和 E. R. 弗拉维尔，《思维拥有自己的思想：发展对心智不可控性的认知》（'The mind has a mind of its own: Developing knowledge about mental uncontrollability'），见于《认知发展》（Cognitive Development），13（1），1998，第 127—138 页。

19. 作者注：同上。

20. 作者注：参见 S. F. 沃特斯（S. F. Waters）、T. V. 韦斯特（T. V. West）和 W. B. 曼德斯（W. B. Mendes），《压力感染：母婴之间的生理共变》（'Stress contagion: Physiological covariation between mothers and infants'），见于《心理科学》（Psychological Science），25（4），2014，第 934—942 页。

21. 作者注：参见 E. 奥伯尔（E. Oberle）和 K. A. 舒纳德-雷克尔（K. A. Schonert-Reichl），《压力会在教室里传播？任课老师精力不济与小学生上午体内皮质醇水平之间的联系》（'Stress contagion in the classroom? The link between classroom teacher burnout and morning cortisol in elementary school students'），见于《社会科学与医学》（Social Science & Medicine），159，2016，第 30—37 页。

22．译者注：沃利斯（Woolies），澳大利亚人对该国最大的连锁超市伍尔沃斯（Woolworths）的简称。

23．作者注：参见J. S. 普莱斯（J. S. Price），《焦虑症具有进化发展的方面》（'Evolutionary aspects of anxiety disorders'），见于《临床神经科学对话》(*Dialogues in Clinical Neuroscience*)，5（3），2003，第223—236页。

24．译者注：克里斯（Chris），克里斯托弗的昵称。

25．作者注：参见C. 彼得森，《何为积极心理学？》（'What is positive psychology, and what is it not?'），见于《今日心理学（澳大利亚）》，2008。

26．作者注：参见R. M. 拉贝，《儿童与青少年的焦虑症：性质、发展、治疗与预防》（'Anxiety disorders in children and adolescents: Nature, development, treatment and prevention'），2012。

27．译者注：TED，美国一家私有非营利性机构组织的一项环球会议，诞生于1984年，每年3月在北美召开，由科学、设计、文学、音乐等领域的众多杰出人物发表"TED 演讲"，分享他们关于技术、社会、人类的思考和探索。TED 是 Technology（科技）、Entertainment（娱乐）和 Design（设计）3个英语单词首字母的缩写。

28．译者注：非牛顿流体（non-Newtonian fluid），指不满足牛顿黏性实验定律的流体。人体当中的多种体液、番茄汁、淀粉液、果酱等，都属于非牛顿流体。

02　是什么导致了焦虑的流行？

1．作者注：参见 M. G. 戈特沙尔克（M. G. Gottschalk）和 K. 多姆斯克（K. Domschke），《广泛性焦虑障碍的遗传学及相关特征》（'Genetics of generalized anxiety disorder and related traits'），见于《临床神经科学对话》，19（2），2017，第159—168页。

2．作者注：参见 M. K. 霍尔特（M. K. Holt）和 D. L. 埃斯帕拉奇（D. L. Espalage），《霸凌者、受害者及二者之间感知的社会支持》（'Perceived social support among bullies, victims, and bully-victims'），见于《青少年与青春期杂志》(*Journal of Youth and Adolescence*)，36（8），2007，第984—994页。

3．作者注：参见 R. 普拉特（R. Platt）、S. R. 威廉姆斯（S. R. Williams）和 G. S. 金斯伯格（G. S. Ginsburg），《令人紧张的生活事件与儿童的焦虑：父母与孩子之间的媒介一探》（'Stressful life events and child anxiety: Examining parent and child mediators'），见于《儿童精神病学和人类发展》(*Child Psychiatry and Human Development*)，47（1），2016，第23—34页。

4. 作者注：参见 W. P. 弗里蒙特（W. P. Fremont）、C. 帕塔基（C. Pataki）和 E. V. 贝雷辛（E. V. Beresin），《恐怖主义对儿童和青少年的影响：空中的恐怖和电视上的恐怖》（'The impact of terrorism on children and adolescents: Terror in the skies, terror on television'），见于《北美儿童和青少年精神病临床》（Child and Adolescent Psychiatric Clinics of North America），14（3），2005，第 viii 页、第 429—451 页。

5. 作者注：参见 N. 卡尔（N. Kar）和 B. K. 巴斯蒂亚（B. K. Bastia），《自然灾害之后青少年的创伤后应激障碍、抑郁与广泛性焦虑障碍：合并症研究》（'Post-traumatic stress disorder, depression and generalised anxiety disorder in adolescents after a natural disaster: A study of comorbidity'），见于《精神卫生临床实践与流行病学》（Clinical Practice and Epidemiology in Mental Health），2（17），2006。

6. 译者注："互联网一代"（iGen），指出生于 20 世纪 90 年代及以后，能够广泛接触到互联网的儿童、青少年和年轻人。iGen 是由 Internet（互联网）与 Generation（代）两个词合并而成。

7. 作者注：参见 J. M. 特文格，《互联网一代》（iGen），心房出版社（Atria Books）：纽约（New York），2017。

8. 作者注：参见澳大利亚通讯和媒体管理局，《通信报告 2011—2012，报告 3：智能手机和平板电脑在澳大利亚的接受和使用情况》（'Communications report 2011 — 2012 series, Report 3 — Smartphones and tablets take-up and use in Australia'），2013，第 2 页。

9. 作者注：参见 J. M. 特文格、G. N. 马丁（G. N. Martin）和 W. K. 坎贝尔（W. K. Campbell），《2012 年以后美国青少年心理健康状况的下降及其与智能手机技术崛起期间屏幕使用时间的联系》（'Decreases in psychological well-being among American adolescents after 2012 and links to screen time during the rise of smartphone technology'），见于《情感》（Emotion），18（6），2018，第 765 页—第 780 页；J. 昭（J. Zhao）、Y. 章（Y. Zhang）、F. 江（F. Jiang）、P. 叶（P. Ip）、F. K. W. 霍（F. K. W. HUO）、Y. 章（Y. Zhang）和 H. 黄（H. Huang），《过多的屏幕时间与社交心理健康：身体质量指数、睡眠时长与亲子互动的媒介作用》（'Excessive screen time and psychosocial well-being: The mediating role of body mass index, sleep duration, and parent-child interaction'），见于《儿科学杂志》（The Journal of Pediatrics），202，2018，第 157—162 页。

10. 作者注：参见 T. N. 罗宾逊（T. N. Robinson）、J. A. 班达（J. A. Banda）、L. 哈勒（L. Hale）、A. S. 卢（A. S. Lu）、F. 弗莱明－马利其（F. Fleming-Milici）、S. L. 卡尔弗特（S. L. Calvert）和 E. 沃尔特拉（E. Wartella），《儿童和青少年接触屏幕媒体与肥胖症》（'Screen media exposure and obesity in children and adolescents'），见于《儿科学》（Pediatrics），140

（增补 2），2017，第 97—101 页。

11. 作者注：参见 J. H. 奥（J. H. Oh）、H. 裕（H. Yoo）、H. K. 帕克（H. K. Park）和 Y. R. 多（Y. R. Do），《夜间使用智能手机的生理特性与蓝光的健康水平分析》（'Analysis of circadian properties and healthy levels of blue light from smartphones at night'），见于《科学报告》（*Scientific Reports*），5（1），2015，第 11325 页。

12. 作者注：参见 K. 瓦尔斯特隆，《困倦青少年的大脑需要早晨晚点上学》（'Sleepy teenage brains need school to start later in the morning'），见于《对话》，2017 年 9 月 13 日。

13. 作者注：参见 D. 德·贝拉尔迪（D. De Berardis）、S. 马里尼（S. Marini）、M. 弗尔纳罗（M. Fornaro）、V. 斯里尼瓦森（V. Srinivasan）、F. 亚瑟沃利（F. Iasevoli）、C. 托马塞蒂（C. Tomasetti）、A. 瓦尔谢拉（A. Valchera）、G. 佩娜（G. Perna）、M. A. 奎埃纳－萨尔瓦（M. A. Quera-Salva）、G. 马尔提诺蒂（G. Martinotti）和 M. 迪·简南托尼欧（M. di Giannantonio），《情绪和焦虑障碍中的褪黑素能系统和阿戈美拉汀的作用：对临床实践的启示》（'The melatonergic system in mood and anxiety disorders and the role of agomelatine: Implications for clinical practice'），见于《国际分子科学杂志》（*International Journal of Molecular Sciences*），14（6），2013，第 12458—12483 页；S. 马尔霍特拉（S. Malhotra）、G. 索内（G. Sawhney）和 P. 潘迪（P. Pandhi），《褪黑激素的治疗潜力：科学综述》（'The therapeutic potential of melatonin: A review of the science'），见于《医景全科医学》（*MedGenMed: Medscape General Medicine*），6（2），2004，第 46 页；R. 奥乔亚－桑切斯（R. Ochoa-Sanchez）、Q. 雷纳（Q. Rainer）、S. 措美（S. Comai）、G. 斯巴多尼（G. Spadoni）、A. 贝迪尼（A. Bedini）、S. 里瓦拉（S. Rivara）、F. 弗拉西尼（F. Fraschini）、M. 莫尔（M. Mor）、G. 塔尔齐亚（G. Tarzia）和 G. 戈比（G. Gobbi），《褪黑素 MT2 受体局部促效剂 UCM765 的抗焦虑作用：对褪黑素与安定的比较》（'Anxiolytic effects of the melatonin MT2 receptor partial agonist UCM765: Comparison with melatonin and diazepam'），见于《神经精神药理学与生物精神病学的发展》（*Progress in Neuro-Psychopharmacology and Biological Psychiatry*），39（2），2012，第 318—325 页。

14. 作者注：参见 G. W. 兰伯特（G. W. Lambert）、C. 里德（C. Reid）、D. M. 凯耶（D. M. Kaye）、G. L. 詹宁斯（G. L. Jennings）和 M. D. 埃斯勒（M. D. Esler），《阳光和季节对大脑中血清素水平的影响》（'Effect of sunlight and season on serotonin turnover in the brain'），见于《柳叶刀》（*The Lancet*），360（9348），2002，第 1840—1842 页。

15. 作者注：参见 M. N. 米德（M. N. Mead），《阳光的益处：人类健康的一大幸事》（'Benefits of sunlight: A bright spot for human health'），见于《环境健康展望》（*Environmental Health Perspectives*），116（4），2008，第 160—167 页。

16. 作者注：参见 J. J. 沃特曼，《血清素水平下降：你为何会在下午想吃碳水化合物》('Dropping serotonin levels: Why you crave carbs late in the day'),见于《赫芬顿邮报》(*Huffington Post*),2011年2月16日。

17. 作者注:参见J. 扎哈(J. Zohar)和H. G. 维斯滕伯格(H. G. Westenberg),《焦虑症:三环类抗抑郁药和选择性血清素再吸收抑制剂综述》('Anxiety disorders: A review of tricyclic antidepressants and selective serotonin reuptake inhibitors'),见于《斯堪的纳维亚精神病学杂志》(*Acta Psychiatrica Scandinavica*)增刊(*Supplementum*),403,2000,第39—49页。

18. 作者注:参见S.–S. 裕(S.-S. Yoo)、N. 古贾尔(N. Gujar)、P. 胡(P. Hu)、F. A. 约莱斯(F. A. Jolesz)和M. P. 沃尔克(M. P. Walker),《人类的情感性大脑缺乏睡眠:前额皮质中的杏仁核会断开连接》('The human emotional brain without sleep — a prefrontal amygdala disconnect'),见于《当代生物学》(*Current Biology*),17(20),2007,第877—878页。

19. 译者注:此处含有双关义。英语中wired一词既可指"天生",又可指"上网",故这里既指人类天生喜欢攀比,又指如今的人上网是为了攀比。

20. 译者注:西奥多·罗斯福(Theodore Roosevelt,1858—1919),美国著名的军事家、政治家和外交家,第26任美国总统(1901年至1908年在任)。

21. 译者注:指忙于眼前之事的时候,总是害怕会错过更有趣或更好的人和事,也就是我们常称的"社交控"。亦译"错失恐惧症"。

22. 作者注:参见T. 海恩斯(T. Haynes)和R. 克莱门茨(R. Clements),《多巴胺、智能手机和你:一场争夺你时间的战争》('Dopamine, smartphones & you: A battle for your time'),见于《科学新闻》(*Science in the News*)博客,哈佛大学艺术与科学研究生院(Harvard University Graduate School of Arts and Sciences),2018年5月1日。

23. 作者注:参见J. M. 特文格,《智能手机毁掉了一代人?》('Have Smartphones Destroyed a Generation?'),见于《大西洋月刊》(*The Atlantic*),2017年9月。

24. 作者注:参见常识传媒,《常识普查:青少年的媒体使用情况》('The Common Sense census: Media use by tweens and teens'),2015。

25. 作者注:参见A. E. 费伊(A. E. Fahy)、S. A. 斯坦斯菲尔德(S. A. Stansfeld)、M. 斯穆克(M. Smuk)、N. R. 史密斯(N. R. Smith)、S. 康明斯(S. Cummins)和C. 克拉克(C. Clark),《参与网络霸凌与青少年心理健康之间的纵向联系》('Longitudinal associations between cyberbullying involvement and adolescent mental health'),见于《青少年健康杂志》(*Journal of Adolescent Health*),59(5),2016,第502—509页。

26. 作者注:参见"走出抑郁",《霸凌与网络霸凌》('Bullying and cyberbullying')。

27. 作者注:请参见网址 www.ditchthelabel.org,了解这个全球最大的反霸凌支持中心。

28. 作者注:参见斯宾塞(Spence),出版日期不详;心理健康认知行为治疗训练项目,未注明日期；格罗斯（Grose）和理查森（Richardson）。

29. 作者注：参见 L. 罗思曼（L. Rothman），《计算机社会：抱歉，这个 50 年的预测是错误的》（'The computer in society: Sorry, this 50-year-old prediction is wrong'），见于《时代周刊》（*Time*），2015 年 4 月 2 日。

30. 作者注：参见经济合作与发展组织，《生活状况如何？2017：衡量幸福》（*How's Life? 2017: Measuring well-being*），经济合作与发展组织出版部（OECD Publishing），2017。

31. 作者注：参见 H. 汀（H. Dinh）、L. 斯特拉斯丁兹（L. Strazdins）和 J. 韦尔什（J. Welsh），《沙漏型上限：工作时间阈值、性别卫生不平等》（'Hour-glass ceilings: Work-hour thresholds, gendered health inequities'），见于《社会科学与医学》（*Social Science & Medicine*），176，2017，第 42—51 页。

32. 作者注：参见 L. 斯特拉斯丁兹、L. V. 奥布莱恩（L. V. OBrien）、N. 卢卡斯（N. Lucas）和 B. 罗杰斯（B. Rodgers），《工作与家庭结合：对儿童心理健康是好是坏？》（'Combining work and family: Rewards or risks for children's mental health?'），见于《社会科学与医学》，87，2013，第 99—107 页。

33. 作者注：参见 V. C. 麦克罗伊德（V. C. McLoyd），《经济困境对黑人家庭与儿童的影响：心理压力、养育孩子和社会情感培养》（'The impact of economic hardship on Black families and children: Psychological distress, parenting, and socioemotional development'），见于《儿童发展》（*Child Development*），61（2），1990，第 311—346 页。

34. 作者注：参见 P. 格雷，《儿童和青少年玩耍时间的下降与精神疾病发病率的上升》（'The decline of play and the rise of psychopathology in children and adolescents'），见于《美国游戏杂志》，3（4），2011，第 443—463 页。

03 焦虑的解答

1. 作者注：参见 L. M. 申恩（L. M. Shin）和 I. 利伯逊（I. Liberzon），《恐惧、紧张和焦虑症的神经回路》（'The neurocircuitry of fear, stress, and anxiety disorders'），见于《神经精神药理学：美国神经精神药理学学院正式出版物》（*Neuropsychopharmacology: Official publication of the American College of Neuropsychopharmacology*），35（1），2010，第 169—191 页。

2. 作者注：参见 S. 琴（S. Qin）、C. B. 扬（C. B. Young）、X. 端（X. Duan）、T. 成（T. Chen）、K. 苏皮卡尔（K. Supekar）和 V. 梅农（V. Menon），《杏仁核的分区结构和内在的功能连通性可以预测幼儿期焦虑症的个体差异》（'Amygdala subregional structure and intrinsic functional connectivity predicts individual differences in anxiety during early childhood'），见于

《生物精神病学》（*Biological Psychiatry*），75（11），2014，第892—900页。

3. 作者注：参见S. 比绍普（S. Bishop）、J. 邓肯（J. Duncan）、M. 布雷特（M. Brett）和A. D. 劳伦斯（A. D. Lawrence），《前额皮质的功能与焦虑：控制对涉及威胁的刺激的注意力》（'Prefrontal cortical function and anxiety: Controlling attention to threat–related stimuli'），见于《自然神经科学》（*Nature Neuroscience*），7（2），2004，第184—188页；J. 帕克（J. Park）、J. 伍德（J. Wood）、C. 邦迪（C. Bondi）、A. 德尔·阿尔科（A. Del Arco）和B. 穆加达姆（B. Moghaddam），《焦虑会导致脑前额叶功能低下，并且通过背内侧前额皮质神经元破坏涉规则编码》（'Anxiety evokes hypofrontality and disrupts rule–relevant encoding by dorsomedial prefrontal cortex neurons'），见于《神经科学杂志：神经科学学会会报》（*Journal of Neuroscience: The official journal of the Society for Neuroscience*），36（11），2016，第3322—3335页。

4. 作者注：参见M.-K. 莱翁（M.-K. Leung）、W. K. W. 劳（W. K. W. Lau）、C. C. H. 尚（C. C. H. Chan）、S. S. Y. 黄（S. S. Y. Wong）、A. L. C. 冯（A. L. C. Fung）和T. M. C. 李（T. M. C. Lee），《在消极情绪的处理过程中，冥想对杏仁核活性引发的神经可逆性变化》（'Meditation–induced neuroplastic changes in amygdala activity during negative affective processing'），见于《社会神经科学》（*Social Neuroscience*），13（3），2018，第277—288页；A. A. 塔伦（A. A. Taren）、J. D. 克雷斯韦尔（J. D. Creswell）和P. J. 吉亚拉罗斯（P. J. Gianaros），《社区成年人中性格上的专注度随杏仁核及尾状核体积变小而变化》（'Dispositional mindfulness co–varies with smaller amygdala and caudate volumes in community adults'），见于《公共科学图书馆期刊·综合》（*PLoS ONE*），8（5），2013，e64574。

5. 作者注：参见哈佛健康出版社（Harvard Health Publishing），《了解应激反应》（'Understanding the stress response'），2011年3月。

04　辨识孩子的焦虑

1. 作者注：参见K. R. 梅里坎加斯（K. R. Merikangas）、J.-P. 赫（J.-P. He）、M. 伯斯坦（M. Burstein）、S. A. 斯旺森（S. A. Swanson）、S. 阿维内沃利（S. Avenevoli）、L. 库伊（L. Cui）、C. 贝尼厄特（C. Benjet）、K. 乔治亚德斯（K. Georgiades）和J. 斯温森（J. Swendsen），《美国青少年终身心理疾病患病率：全国共病调查答辩结果——青少年增补（NCS-A）》['Lifetime prevalence of mental disorders in U.S. adolescents: Results from the National Comorbidity Survey Replication‐Adolescent Supplement（NCS-A）']，见于《美国儿童与青少年精神病学会会刊》（*Journal of the American Academy of Child and Adolescent Psychiatry*），49（10），2010，第980—989页。

2. 作者注：参见 R. C. 凯斯勒（R. C. Kessler）、G. P. 安明杰（G. P. Amminger）、S. 安吉拉尔·加西拉（S. Aguilar-Gaxiola）、J. 阿朗索（J. Alonso）、S. 李（S. Lee）和 T. B. 乌斯图恩（T. B. Ustun），《心理障碍发病年龄：近期文献综述》（'Age of onset of mental disorders: A review of recent literature'），见于《精神病学最新观点》（Current Opinion in Psychiatry），20（4），2007，第 359—364 页。

3. 作者注：参见 A. P. 西达维（A. P. Siddaway）、P. J. 泰勒（P. J. Taylor）和 A. M. 伍德（A. M. Wood），《将焦虑重新定义为一个从高度平静到高度焦虑的连续体：减少痛苦与提升幸福的共同重要性》（'Reconceptualizing anxiety as a continuum that ranges from high calmness to high anxiety: The joint importance of reducing distress and increasing well-being'），见于《个性与社会心理学杂志》（Journal of Personality and Social Psychology），114（2），2018，第 e1—e11 页。

4. 作者注：参见 L. 米勒（L. Miller），《无声的流行病：学龄儿童中的焦虑症》（The silent epidemic: Anxiety disorders in school children），2012。

5. 作者注：参见 K. 比斯多（K. Beesdo）、S. 克纳佩（S. Knappe）和 D. S. 派因（D. S. Pine），《儿童与青少年中的焦虑及焦虑症：DSM-V 的发展问题与影响》（'Anxiety and anxiety disorders in children and adolescents: Developmental issues and implications for DSM-V'），见于《北美精神病学临床》（Psychiatric Clinics of North America），32（3），2009，第 483—524 页；K. 扬（K. Young），《恐惧与焦虑：常见恐惧、成因以及控制办法的年龄分组指南》（'Fear and anxiety – An age by age guide to common fears, the reasons for each and how to manage them'），见于《嘿，西蒙》（Hey Sigmund），未注明日期。

6. 作者注：参见比斯多、克纳佩和派因，2009。

7. 作者注：参见"走出抑郁"，《焦虑与抑郁青少年的家长指南》（'A parents' guide to anxiety and depression in young people'），未注明日期。

8. 作者注：参见"走出抑郁"，《儿童的焦虑》（'Anxiety in Children'），未注明日期；"焦虑加拿大"（Anxiety Canada），《管好焦虑的孩子：何处开始》（'Managing an anxious child — where to start'），2017；拉贝，2012。

9. 作者注：参见"走出抑郁"，《儿童的焦虑》，未注明日期。

10. 作者注：参见拉贝，2012。

11. 作者注：参见 E. 克罗姆（E. Crome）、R. 格鲁夫（R. Grove）、A. J. 拜利耶（A. J. Baillie）、M. 桑德兰（M. Sunderland）、M. 特耶森（M. Teesson）和 T. 斯莱德（T. Slade），《澳大利亚的 DSM-IV 型和 DSM-5 型社交焦虑障碍》（'DSM-IV and DSM-5 social anxiety disorder in the Australian community'），见于《澳大利亚和新西兰精神病学杂志》（Australian and New

Zealand Journal of Psychiatry），49（3），2015，第 227—235 页。

12. 译者注：强迫症全名为 obsessive-compulsive disorder，缩写为 OCD。其中 obsessive 指"着迷的，偏执的"，compulsive 则指"强迫的"。

13. 作者注：参见美国精神病学会（American Psychiatric Association），《心理疾病诊断与统计手册》第五版（Diagnostic and Statistical Manual of Mental Disorders, 5th Edition）[美国精神病学会（APA）：弗吉尼亚州阿灵顿（Arlington, VA）]，2013。

14. 作者注：参见加拿大心理健康协会（Canadian Mental Health Association），《儿童和青少年的焦虑症》（'Anxiety Disorders in Children and Youth'），见于《视界》（Visions），14（春季），2002。

15. 作者注：参见 B. 波瓦洛（B. Boileau），《儿童与青少年强迫症综述》（'A review of obsessive-compulsive disorder in children and adolescents'），见于《临床神经科学对话》（Dialogues in Clinical Neuroscience），13（4），2011，第 401—411 页。

16. 作者注：参见 D. A. 盖勒（D. A. Geller），《儿童与青少年的强迫症和谱系障碍》（'Obsessive-compulsive and spectrum disorders in children and adolescents'），见于《北美精神病临床》（Psychiatric Clinics of North America），29（2），2006，第 353—370 页。

06　回应孩子的焦虑时刻

1. 作者注：参见 C. 麦柯里，《与焦虑儿童的父母协作：鼓励沟通、应对与改变的治疗策略》（Working with Parents of Anxious Children: Therapeutic strategies for encouraging communication, coping, and change），诺顿出版公司（W. W. Norton & Company）：纽约，2015。

2. 译者注：铃木禅师（Suzuki Roshi，1904—1971），日本曹洞宗系著名禅僧，原名铃木俊隆，法名祥岳俊隆，自小开始禅修训练，后移居美国，并在美国旧金山成立了禅修中心，在加州成立了西方的第一所禅修院，著有《禅者的初心》《禅的真义》等语录作品。

07　培养孩子的适应力与独立性

1. 作者注：参见 S. 威特（S. Witt），《养育具有适应力的孩子》（Raising Resilient Kids），集体智慧出版公司（Collective Wisdom Publications）：墨尔本，2018，第 5 页。

08　完善养育方式

1. 译者注："把猫从袋子里放出来"（let the cat out of the bag）是西方国家的一句谚语，

意思相当于揭露以前向特定目标人群隐瞒的事实真相。

09　察看：一种情商工具

1. 作者注：参见 M. 布兰克特关于"察看"的资料，见于"标尺项目"（Ruler Program），未注明日期。

10　深呼吸

1. 作者注：参见 B. 戈德曼（B. Goldman），《研究说明缓慢呼吸是如何导致宁静的》（'Study shows how slow breathing induces tranquility'），斯坦福医学新闻中心（Stanford Medicine News Center），2017 年 3 月 30 日。

11　正　念

1. 译者注：指脑干。这是大脑中最深处的部分，主要负责人的维生功能，比如呼吸、心跳、"战逃反应"、生存本能等。由于它是最古老的大脑部位，在演化上从古至今没有太大的改变，因此有时也被称为爬虫类脑（reptilian brain）。

13　摆　脱

1. 译者注：达斯·维达（Darth Vader），系列电影《星球大战》中的人物，亦称"黑武士"；史莱克（Shrek），动画片《怪物史莱克》中的主角；兔八哥（Bugs Bunny），美国同名动画片中的主角，亦译"兔巴哥""邦尼兔""兔宝宝"等。

14　获得充足的睡眠

1. 作者注：参见 L. 库珀（L. Cooper），《澳大利亚：我们的睡眠不足问题》（'Australia, we have a sleep deprivation problem'），见于《赫芬顿邮报》，2017 年 2 月 7 日。

15　营养饮食

1. 译者注：软饮料（soft drinks），一般指不含酒精的饮料。严格说来，应该是指酒精含量低于 0.5%（质量比）的天然饮料或者人工配制饮料，其中所含的酒精限指溶解香精、香料、色素等所用的乙醇溶剂或者乳酸饮料生产过程的副产物。又称清凉饮料、无醇饮料。

16　玩　耍

1. 作者注：参见 B. 布朗（B. Brown），《为何游手好闲真的有益》（'Why goofing off is really good for you'），见于《赫芬顿邮报》，2014 年 2 月 3 日。

2. 作者注：参见 J. J. 亚历山大（J. J. Alexander）和 I. 桑达尔（I. Sandahl），《丹麦人的育儿方式：世界上最幸福的人如何培养出自信、能干的孩子》（*The Danish Way of Parenting: What the happiest people in the world know about raising confident, capable kids*），塔切尔佩里奇出版社（TarcherPerigee）：纽约，2016，第 16 页。

3. 作者注：参见 B. 萨顿－史密斯（B. Sutton-Smith），《人生艰难，当学习玩乐》（'We study play because life is hard'），见于《今日心理学》（*Psychology Today*，澳大利亚），2015。

4. 作者注：参见 R. S. 拉扎勒斯（R. S. Lazarus）、H. F. 多德（H. F. Dodd）、M. 马耶旦兹奇（M. Majdandzic）、W. 德·文特（W. de Vente）、T. 莫里斯（T. Morris）、Y. 拜罗（Y. Byrow）、S. M. 博格斯（S. M. Bögels）和 J. L. 哈德森（J. L. Hudson），《具有挑战性的养育行为与儿童焦虑症之间的关系》（'The relationship between challenging parenting behaviour and childhood anxiety disorders'），见于《情感障碍杂志》（*Journal of Affective Disorders*），190，2016，第 784—791 页。

17　享受绿色时光

1. 作者注：参见 R. 肯尼迪（R. Kennedy），《儿童户外玩耍的时间相比于他们的父母只有一半》（'Children spend half the time playing outside in comparison to their parents'），见于《城市儿童》（*Child in the City*），2018 年 2 月 15 日。

2. 作者注：参见网页 www.parentingideas.com.au/schools/insight/role-parents-screen-time/（只有会员才能浏览这篇文章）。

3. 作者注：参见 C. 托希格·贝内特（C. Twohig-Bennett）和 A. 琼斯（A. Jones），《户外活动对健康的益处：对接触绿地和健康结果的系统性综述与元分析》（'The health benefits of the great outdoors: A systematic review and meta-analysis of greenspace exposure and health outcomes'），见于《环境研究》（*Environmental Research*），166，2018，第 628—637 页。

18　明白最重要的是什么

1. 作者注：参见 R. 哈里斯（R. Harris），《幸福的陷阱：停止挣扎，开始生活》（*The Happiness Trap: Stop struggling, start living*），埃克西斯勒出版社（Exisle Publishing）：澳大利

亚新南威尔士州沃隆比（Wollombi，NSW），2007，第169页。

2. 作者注：同上，第171页。

3. 作者注：其中有些活动，在我们的"养育焦虑的孩子"在线课程中也含有，网址：www.parentingideas.com.au/product/parenting-anxious-kids-online-course。

19　让孩子参与到志愿服务中去

1. 作者注：参见澳大利亚统计局，《综合社会调查：结果摘要，澳大利亚，2014》（'General Social Survey: Summary Results, Australia, 2014'），2015。

2. 译者注：食物银行（food bank），指穷人或无家可归者免费领取救济食物的地方。

20　建立良好的人际关系

1. 作者注：参见B. 贝纳德（B. Bernard），《适应力：我们习得了什么》（*Resiliency: What we have learned*），韦斯特埃德（WestEd）：旧金山（San Francisco），2004，第10页。

21　孩子需要更多帮助的时候

1. 作者注：参见澳大利亚政府卫生部（Australian Government Department of Health），《改善获得心理卫生保健：患者须知》（'Better access to mental health care: Fact sheet for patients'），未注明日期。

2. 作者注：参见M. P. D. 安戈尔（M. P. D. Ungar），《为孩子找到优秀治疗师》（'Finding a great therapist for your child'），见于《今日心理学》，2010年11月5日。

22　控制和治疗焦虑症的不同方法

1. 作者注：参见A. C. 詹姆斯（A. C. James）、G. 詹姆斯（G. James）、F. A. 考德瑞（F. A. Cowdrey）、A. 索莱尔（A. Soler）和A. 秋凯（A. Choke），《儿童和青少年焦虑症的认知行为疗法》（'Cognitive behavioural therapy for anxiety disorders in children and adolescents'），见于《考克兰系统评价数据库》（*Cochrane Database of Systematic Reviews*）(2)，2015。

2. 作者注：参见J. S. 贝克（J. S. Beck），《认知行为疗法：基础与提高（第二版）》（*Cognitive Behavior Therapy: Basics and beyond, 2nd Edition*），吉尔福德出版社（Guilford Press）：纽约，2011。

3. 作者注：参见选自"焦虑加拿大"（Anxiety Canada）的《恐惧阶梯举例》，未注明日期。

4. 作者注：参见 J. C. 伊普瑟尔（J. C. Ipser）、D. J. 斯泰因（D. J. Stein）、S. 霍克里奇（S. Hawkridge）和 L. 霍普（L. Hoppe），《儿童和青少年焦虑症的药物治疗》（'Pharmacotherapy for anxiety disorders in children and adolescents'），见于《考克兰系统评价数据库》（3），2009。

5. 作者注：参见 C. 克雷斯韦尔（C. Creswell）、P. 韦特（P. Waite）和 P. J. 库珀（P. J. Cooper），《儿童和青少年焦虑症的评估与控制》（'Assessment and management of anxiety disorders in children and adolescents'），见于《儿童疾病文献》（Archives of Disease in Childhood），99（7），2014，第 674—678 页。

6. 译者注：SBS 电视台是澳大利亚的一个电视台，由澳大利亚特别节目广播事业局（Special Broadcasting Service，简称 SBS）主管，受联邦政府资助，成立于 1980 年 10 月 24 日。

7. 作者注：参见 G. H. 艾弗特（G. H. Eifert）和 J. P. 福赛斯（J. P. Forsyth），《焦虑症的接纳与承诺疗法：执业医生运用正念、接纳和以价值观为基础的行为改变策略指南》（Acceptance & Commitment Therapy for Anxiety Disorders: A practitioner's treatment guide to using mindfulness, acceptance, and values-based behavior change strategies），新先驱出版公司（New Harbinger Publications）：加州奥克兰（Oakland, CA），2005。

8. 作者注：同上。

9. 作者注：同上。

23　学校的作用

1. 作者注：参见 A. 阿萨那（A. Asthana）和 M. 博伊考特-欧文（M. Boycott-Owen），《3750 名教师因"压力无处不在"而长期请病假》（'"Epidemic of stress" blamed for 3750 teachers on long-term sick leave'），见于《卫报》（The Guardian），2018 年 1 月 11 日。

2. 作者注：参见 T. 沃克（T. Walker），《多少教师压力重重？数量或许超乎人们所想》（'How many teachers are highly stressed? Maybe more than people think'），见于"今日"网（neaToday），2018 年 5 月 11 日。

附录

与迈克尔、朱迪保持联系

迈克尔的在线联系方式：

网站：www.parentingideas.com.au

"脸书"账号：养育理念（Parenting Ideas）

推特（Twitter）账号：@michaelgrose

博客：www.parentingideas.com.au/blog

网校：www.parentingideas.com.au/schools

朱迪的在线联系方式：

网站：www.drjodirichardson.com.au

"脸书"账号：朱迪·理查森博士——刻意变得更快乐（Happier on Purpose）

"照片墙"账号：@drjodirichardson

推特账号：@DrJodiR

博客：drjodirichardson.com.au/blog

参考书目

Alexander, J. J. & Sandahl, I. (2016). *The Danish Way of Parenting: What the happiest people in the world know about raising confident, capable kids.* TarcherPerigee, New York.

American Psychiatric Association (2013). *Diagnostic and Statistical Manual of Mental Disorders, 5th Edition,* APA, Arlington, VA.

Anxiety Canada (2017). 'Managing an anxious child– where to start'. Retrieved 7 March 2019 from www.anxietycanada.com/resources/blog/managing-anxious-child-where-start

—— (n.d.). 'Examples of fear ladders'. Retrieved 7 March 2019 from www.anxietycanada.com/sites/default/files/Examples_of_Fear_Ladders.pdf

Asthana, A. & Boycott-Owen, M. (2018). '"Epidemic of stress" blamed for 3,750 teachers on long-term sick leave', *The Guardian.* Retrieved 6 March 2019 from www.theguardian.com/education/2018/jan/11/epidemic-of-stress-blamed-for-3750-teachers-on-longterm-sick-leave

Australian Bureau of Statistics (2015). 'General Social Survey: Summary Results, Australia, 2014'. Retrieved 7 March 2019 from www.abs.gov.au/ausstats/abs@.nsf/Latestproducts/4159.0Main%20Features152014

Australian Communications and Media Authority (2013). 'Communicationsreport 2011–12 series, Report 3 – Smartphones and tablets: Take-up and use in Australia', see also www.acma.gov.au/theACMA/Library/researchacma/Research-reports/smartphone-use-soars

Australian Government Department of Health (n.d.). 'Better access to mental health care: Fact sheet for patients'. Retrieved 7 March 2019 from www.health.gov.au/internet/main/publishing.nsf/content/mental-ba-fact-pat

Australian Institute of Health and Welfare (2018). 'Australia's Health 2018: In brief'. Retrieved 7 March 2019 from www.aihw.gov.au/getmedia/fe037cf1-0cd0-4663-a8c0-67cd09b1f30c/

aihw-aus-222.pdf.aspx

Beck, J. S. (2011). *Cognitive Behavior Therapy: Basics and beyond, 2nd Edition*. Guilford Press, New York.

Beesdo, K., Knappe, S. & Pine, D. S. (2009). 'Anxiety and anxiety disorders in children and adolescents: Developmental issues and implications for DSM-V', *Psychiatric Clinics of North America,* 32(3), pp. 483–524. Retrieved 7 March 2019 from https://doi.org/10.1016/j.psc.2009.06.002

Benard, B. (2004). *Resiliency: What we have learned*. WestEd, San Francisco.

Beyond Blue (n.d.). 'A parent's guide to anxiety and depression in young people'. Retrieved 7 March 2019 from http://resources.beyondblue.org.au/prism/file?token=BL/1061

—— (n.d.). 'Bullying and cyberbullying'. Retrieved 13 September 2018, from www.youthbeyondblue.com/understand-what's-going-on/bullying-and-cyberbullying

—— (n.d.). 'Anxiety in children'. Retrieved 2 October 2018, from https://healthyfamilies.beyondblue.org.au/age-6-12/mental-health-conditions-in-children/anxiety

Bhatia, M. S. & Goyal, A. (2018). 'Anxiety disorders in children andadolescents: Need for early detection', *Journal of Postgraduate Medicine,* 64(2), pp. 75–6. Retrieved 7 March 2019 from https://doi.org/10.4103/jpgm.JPGM_65_18

Bishop, S., Duncan, J., Brett, M. & Lawrence, A. D. (2004). 'Prefrontal cortical function and anxiety: Controlling attention to threat-related stimuli', *Nature Neuroscience,* 7(2), pp. 184–8. Retrieved 7 March 2019 from https://doi.org/10.1038/nn1173

Boileau, B. (2011). 'A review of obsessive-compulsive disorder in children and adolescents', *Dialogues in Clinical Neuroscience,* 13(4), pp. 401–11. Retrieved 7 March 2019 from www.ncbi.nlm.nih.gov/pubmed/22275846

Brackett, M. (n.d.). Ruler Program, Yale Center for Emotional Intelligence. Retrieved 7 March 2019 from http://ei.yale.edu/ruler

Brown, A. M., Deacon, B. J., Abramowitz, J. S., Dammann, J. & Whiteside, S. P. (2007). 'Parents' perceptions of pharmacological and cognitive-behavioral treatments for childhood anxiety disorders', *Behaviour Research and Therapy,* 45(4), pp. 819–28. Retreived 7 March 2019 from https://doi.org/10.1016/j.brat.2006.04.010

Brown, B. (2014). 'Why goofing off is really good for you', *Huffington Post*. Retrieved 7 March 2019 from www.huffingtonpost.com/2014/02/03/brene-brown-importance-of-play_n_4675625.html

Canadian Mental Health Association (2002). 'Anxiety Disorders in Children and

Youth', *Visions*, 14(Spring). Retrieved 7 March 2019 from https://cmha.bc.ca/wp-content/uploads/2016/07/visions_anxietyCY.pdf

Common Sense Media (2015). 'The Common Sense census: Media use by tweens and teens'. Retrieved 7 March from www.commonsensemedia.org/sites/default/files/uploads/research/census_researchreport.pdf

Cooper, L. (2017). 'Australia, we have a sleep deprivation problem', *HuffingtonPost*. Retrieved 7 March 2019 from www.huffingtonpost.com.au/2017/02/07/australia-we-have-a-sleep-deprivation-problem_a_21708513/

Creswell, C., Waite, P. & Cooper, P. J. (2014). 'Assessment and management of anxiety disorders in children and adolescents', *Archives of Disease in Childhood,* 99(7), pp. 674–8. Retrieved 7 March 2019 from https://doi.org/10.1136/archdischild-2013-303768

Crome, E., Grove, R., Baillie, A. J., Sunderland, M., Teesson, M. & Slade, T. (2015). 'DSM-IV and DSM-5 social anxiety disorder in the Australian community', *Australian and New Zealand Journal of Psychiatry,* 49(3), pp. 227–35. Retrieved 7 March 2019 from https://doi.org/10.1177/0004867414546699

De Berardis, D., Marini, S., Fornaro, M., Srinivasan, V., Iasevoli, F., Tomasetti, C., Valchera, A., Perna, G., Quera-Salva, M. A., Martinotti, G., di Giannantonio, M. (2013). 'The melatonergic system in mood and anxiety disorders and the role of agomelatine: Implications for clinical practice', *International Journal of Molecular Sciences,* 14(6), pp.12458–83. Retrieved 7 March 2019 from https://doi.org/10.3390/ijms140612458

Dinh, H., Strazdins, L. & Welsh, J. (2017). 'Hour-glass ceilings: Work-hour thresholds, gendered health inequities', *Social Science & Medicine,* 176, pp. 42–51. Retrieved 7 March 2019 from https://doi.org/10.1016/J.SOCSCIMED.2017.01.024

Ditch the Label (2017). 'The Annual Bullying survey 2017'. Retrieved 7 March 2019 from www.ditchthelabel.org/wp-content/uploads/2017/07/The-Annual-Bullying-Survey-2017-1.pdf

Eifert, G. H. & Forsyth, J. P. (2005). *Acceptance & Commitment Therapy for Anxiety Disorders: A practitioner's treatment guide to using mindfulness, acceptance, and values-based behavior change strategies.* New Harbinger Publications, Oakland.

Fahy, A. E., Stansfeld, S. A., Smuk, M., Smith, N. R., Cummins, S. & Clark, C. (2016). 'Longitudinal associations between cyberbullying involvement and adolescent mental health', *Journal of Adolescent Health,* 59(5), pp. 502–9. Retrieved 7 March 2019 from https://doi.org/10.1016/j.jadohealth.2016.06.006

Flavell, J. H., Green, F. L. & Flavell, E. R. (1998). 'The mind has a mind of its own: Developing knowledge about mental uncontrollability', *Cognitive Development,* 13(1), pp. 127–38. Retrieved 7 March 2019 from https://doi.org/10.1016/S0885-2014(98)90024-7

—— (2000). 'Development of children's awareness of their own thoughts', *Journal of Cognition and Development,* 1(1), pp. 97–112. Retrieved 7 March 2019 from https://doi.org/10.1207/S15327647JCD0101N_10

Fremont, W. P., Pataki, C., & Beresin, E. V. (2005). 'The impact of terrorism on children and adolescents: Terror in the skies, terror on television', *Child and Adolescent Psychiatric Clinics of North America,* 14(3), pp. viii, 429–51. Retrieved 7 March 2019 from https://doi.org/10.1016/j.chc.2005.02.001

Geller, D. A. (2006). 'Obsessive-compulsive and spectrum disorders in children and adolescents', *Psychiatric Clinics of North America,* 29(2), pp. 353–70. Retrieved 7 March 2019 from https://doi.org/10.1016/j.psc.2006.02.012

Goldman, B. (2017). 'Study shows how slow breathing induces tranquility', Stanford Medicine News Center. Retrieved 7 March 2019 from www.med.stanford.edu/news/all-news/2017/03/study-discovers-how-slow-breathing-induces-tranquility.html

Gottschalk, M. G. & Domschke, K. (2017). 'Genetics of generalized anxiety disorder and related traits', *Dialogues in Clinical Neuroscience,* 19(2), pp. 159–68. Retrieved 7 March 2019 from www.ncbi.nlm.nih.gov/pubmed/28867940

Gray, P. (2011). 'The decline of play and the rise of psychopathology in childrenand adolescents', *Americal Journal of Play,* 3(4), pp.443–63. Retrieved 7 March 2019 from www.researchgate.net/publication/265449180_The_Decline_of_Play_and_the_Rise_of_Psychopathology_in_Children_and_Adolescents

Gregory, A. M., Caspi, A., Moffitt, T. E., Koenen, K, Eley, T. C. & Poulton, R. (2007). 'Juvenile mental health histories of adults with anxiety disorders', *American Journal of Psychiatry,* 164(2), pp. 301–8. Retrieved 7 March 2019 from https://ajp.psychiatryonline.org/doi/pdfplus/10.1176/ajp.2007.164.2.301

Grose, M. & Richardson, J. (n.d.). 'Parenting anxious kids online course'. Retrieved 7 March 2019 from www.parentingideas.com.au/product/parenting-anxious-kids-online-course/

Harris, R. (2007). *The Happiness Trap: Stop struggling, start living.* Exisle Publishing, Wollombi, NSW.

Harvard Health Publishing (2011). 'Understanding the stress response'. Retrieved 7 March

2019 from www.health.harvard.edu/staying-healthy/understanding-the-stress-response

Haynes, T. & Clements, R. (2018). 'Dopamine, smartphones & you: A battle for your time', *Science in the Newsblog,* Harvard University Graduate School of Arts and Sciences. Retrieved 6 March 2019 from http://sitn.hms.harvard.edu/flash/2018/dopamine-smartphones-battle-time/

Herrington, C. G. (2014). 'Children's metacognitive development and learning cognitive behavior therapy', PhD dissertation, Vanderbilt University, Tennessee. Retrieved 7 March 2019 from https://etd.library.vanderbilt.edu/available/etd-07252014-181342/unrestricted/herrington.pdf

Hiscock, H., Neely, R. J., Lei, S. & Freed, G. (2018). 'Paediatric mental and physical health presentations to emergency departments, Victoria, 2008–15', *Medical Journal of Australia,* 208(8), pp. 343–8. Retrieved 7 March 2019 from https://doi.org/10.5694/mja17.00434

Holt, M. K. & Espalage, D. L. (2007). 'Perceived social support among bullies, victims, and bully-victims', *Journal of Youth and Adolescence,* 36(8), pp. 984–94.Retrieved 7 March 2019 from https://doi.org/10.5694/mja17.00434

Ialongo, N., Edelsohn, G., Werthamer-Larsson, L., Crockett, L. & Kellam, S. (1994). 'The significance of self-reported anxious symptoms in first-grade children', *Journal of Abnormal Child Psychology,* 22(4), pp. 441–55. Retrieved 7 March 2019 from www.ncbi.nlm.nih.gov/pubmed/7963077

Ipser, J. C., Stein, D. J., Hawkridge, S. & Hoppe, L. (2009). 'Pharmacotherapy for anxiety disorders in children and adolescents', *Cochrane Database of Systematic Reviews* (3). Retrieved 7 March 2019 from https://doi.org/10.1002/14651858.CD005170.pub2

James, A. C., James, G., Cowdrey, F. A., Soler, A., & Choke, A. (2015). 'Cognitive behavioural therapy for anxiety disorders in children and adolescents', *Cochrane Database of Systematic Reviews* (2). Retrieved 7 March 2019 from https://doi.org/10.1002/14651858.CD004690.pub4

Kar, N. & Bastia, B. K. (2006). 'Post-traumatic stress disorder, depression and generalised anxiety disorder in adolescents after a natural disaster: A study of comorbidity', *Clinical Practice and Epidemiology in Mental Health,* 2(17).Retrieved 7 March 2019 from https://doi.org/10.1186/1745-0179-2-17

Kennedy, R. (2018). 'Children spend half the time playing outside in comparison to their parents', *Child in the City.* Retrieved 7 March 2019 from www.childinthecity.org/2018/01/15/children-spend-half-the-time-playing-outside-in-comparison-to-their-parents/

Kessler, R. C., Amminger, G. P., Aguilar-Gaxiola, S., Alonso, J., Lee, S. & Üstün, T. B. (2007). 'Age of onset of mental disorders: A review of recent literature', *Current Opinion in Psychiatry,*

20(4), pp. 359–64. Retrieved 7 March 2019 from https://doi.org/10.1097/YCO.0b013e32816ebc8c

Kessler, R. C., Berglund, P., Demler, O., Jin, R., Merikangas, K. R. & Walters, E. E. (2005). 'Lifetime prevalence and age-of-onset distributions of DSM-IV disorders in the National Comorbidity Survey Replication', *Archives of General Psychiatry,* 62(6), p. 593. Retrieved 7 March 2019 from https://doi.org/10.1001/archpsyc.62.6.593

Lambert, G. W., Reid, C., Kaye, D. M., Jennings, G. L. & Esler, M. D. (2002). 'Effect of sunlight and season on serotonin turnover in the brain', *The Lancet,* 360(9348), pp. 1840–2. Retrieved 7 March 2019 from www.ncbi.nlm.nih.gov/pubmed/12480364

Lazarus, R. S., Dodd, H. F., Majdandži´c, M., de Vente, W., Morris, T., Byrow,Y., Bögels, S. M. & Hudson, J. L. (2016). 'The relationship between challenging parenting behaviour and childhood anxiety disorders', *Journal of Affective Disorders,* 190, pp. 784–91. Retrieved 7 March 2019 from https://doi.org/10.1016/J.JAD.2015.11.032

Leung, M.-K., Lau, W. K. W., Chan, C. C. H., Wong, S. S. Y., Fung, A. L. C. & Lee, T. M. C. (2018). 'Meditation-induced neuroplastic changes in amygdala activity during negative affective processing', *Social Neuroscience,* 13(3),pp. 277–288. Retrieved 7 March 2019 from https://doi.org/10.1080/17470919.2017.1311939

Leutwyler, B. (2009). 'Metacognitive learning strategies: Differential development patterns in high school', *Metacognition and Learning,* 4(2), pp. 111–23. Retrieved 7 March 2019 from https://doi.org/10.1007/s11409-009-9037-5

Malhotra, S., Sawhney, G. & Pandhi, P. (2004). 'The therapeutic potential of melatonin: A review of the science', *MedGenMed: Medscape General Medicine,* 6(2), p. 46. Retrieved 7 March 2019 from www.ncbi.nlm.nih.gov/pubmed/15266271

McCurry, C. (2015). *Working with Parents of Anxious Children: Therapeutic strategies for encouraging communcation, coping, and change.* W. W. Norton & Company, New York

McLoyd, V. C. (1990). 'The impact of economic hardship on Black families and children: Psychological distress, parenting, and socioemotional development', *Child Development,* 61(2), pp. 311–46. Retrieved 7 March 2019 from www.ncbi.nlm.nih.gov/pubmed/2188806

Mead, M. N. (2008). 'Benefits of sunlight: A bright spot for human health', *Environmental Health Perspectives,* 116(4), pp. 160–7. Retrieved 7 March 2019 from https://doi.org/10.1289/ehp.116-a160

Merikangas, K. R., He, J.-P., Burstein, M., Swanson, S. A., Avenevoli, S., Cui,L., Benjet, C., Georgiades, K. & Swendsen, J. (2010). 'Lifetime prevalence of mental disorders in U.S. adolescents:

Results from the National Comorbidity Survey Replication – Adolescent Supplement (NCS-A)', *Journal of the American Academy of Child and Adolescent Psychiatry,* 49(10), pp. 980–9. Retrieved 7 March 2019 from https://doi.org/10.1016/j.jaac.2010.05.017

Miller, L. (2012). *The silent epidemic: Anxiety disorders in school children.* Retrieved 6 March 2019 from https://news.ubc.ca/2012/04/16/early-screening-for-anxiety-disorders-in-children-helps-prevent-mental-health-concerns-ubc-study. No longer available

National Society for the Prevention of Cruelty to Children (2016). 'Anxiety a rising concern in young people contacting Childline'. Retrieved 7 March 2019 from www.nspcc.org.uk/what-we-do/news-opinion/anxiety-rising-concern-young-people-contacting-childline/

Oberle, E. & Schonert-Reichl, K. A. (2016). 'Stress contagion in the classroom? The link between classroom teacher burnout and morning cortisol in elementary school students', *Social Science & Medicine,* 159, pp. 30–37. Retrieved 7 March 2019 from https://doi.org/10.1016/J.SOCSCIMED.2016.04.031

Ochoa-Sanchez, R., Rainer, Q., Comai, S., Spadoni, G., Bedini, A., Rivara, S., Fraschini, F., Mor, M., Tarzia, G. & Gobbi, G. (2012). 'Anxiolytic effects of the melatonin MT2 receptor partial agonist UCM765: Comparison with melatonin and diazepam', *Progress in Neuro-Psychopharmacology and Biological Psychiatry,* 39(2), pp. 318–25. Retrieved 7 March 2019 from https://doi.org/10.1016/j.pnpbp.2012.07.003

OECD (2017). *How's Life? 2017: Measuring Well-being,* OECD Publishing. Retrieved 7 March 2019 from https://doi.org/10.1787/how_life-2017-en

Oh, J. H., Yoo, H., Park, H. K., & Do, Y. R. (2015). 'Analysis of circadian properties and healthy levels of blue light from smartphones at night', *Scientific Reports,* 5(1), p. 11325. Retrieved 7 March 2019 from https://doi.org/10.1038/srep11325

Park, J., Wood, J., Bondi, C., Del Arco, A. & Moghaddam, B. (2016). 'Anxiety evokes hypofrontality and disrupts rule-relevant encoding by dorsomedial prefrontal cortex neurons', *Journal of Neuroscience: The official journal of the Society for Neuroscience,* 36(11), pp. 3322–35. Retrieved 7 March 2019 from https://doi.org/10.1523/JNEUROSCI.4250-15.2016

Peterson, C. (2008). 'What is positive psychology, and what is it not?', *Psychology Today* (Australia). Retrieved 6 March 2019 from www.psychologytoday.com/au/blog/the-good-life/200805/what-is-positive-psychology-and-what-is-it-not

Platt, R., Williams, S. R., & Ginsburg, G. S. (2016). 'Stressful life events and child anxiety: Examining parent and child mediators', *Child Psychiatry and Human Development,* 47(1), pp.

23–34. Retrieved 7 March 2019 from https://doi.org/10.1007/s10578-015-0540-4

Polanczyk, G. V., Salum, G. A., Sugaya, L. S., Caye, A. & Rohde, L. A. (2015). 'Annual research review: A meta-analysis of the worldwide prevalence of mental disorders in children and adolescents', *Journal of Child Psychology and Psychiatry,* 56(3), pp. 345–65. Retrieved 7 March 2019 from https://doi.org/10.1111/jcpp.12381

Price, J. S. (2003). 'Evolutionary aspects of anxiety disorders', *Dialoguesin Clinical Neuroscience,* 5(3), pp. 223–36. Retrieved 7 March 2019 from www.ncbi.nlm.nih.gov/pubmed/22033473

Qin, S., Young, C. B., Duan, X., Chen, T., Supekar, K. & Menon, V. (2014). 'Amygdala subregional structure and intrinsic functional connectivity predicts individual differences in anxiety during early childhood', *Biological Psychiatry,* 75(11), pp. 892–900. Retrieved 7 March 2019 from https://doi.org/10.1016/j.biopsych.2013.10.006

Rapee, R. M. (2012). 'Anxiety disorders in children and adolescents: Nature, development, treatment and prevention', in Rey, J. M. (ed.), *IACAPAPe-Textbook of Child and Adolescent Mental Health.* International Associationfor Child and Adolescent Psychiatry and Allied Professions, Geneva, pp. 1–19. Retrieved 7 March 2019 from http://iacapap.org/wp-content/uploads/F.1-ANXIETY-DISORDERS-072012.pdf

Robinson, T. N., Banda, J. A., Hale, L., Lu, A. S., Fleming-Milici, F., Calvert, S. L. & Wartella, E. (2017). 'Screen media exposure and obesity in children and adolescents', *Pediatrics,* 140 (Suppl 2), pp.97–101. Retrieved 7 March 2019 from https://doi.org/10.1542/peds.2016-1758K

Rothman, L. (2015). 'The computer in society: Sorry, this 50-Year-old prediction is wrong', *Time.* Retrieved 7 March 2019 from http://time.com/3754781/1965-predictions-computers/

Shin, L. M., & Liberzon, I. (2010). 'The neurocircuitry of fear, stress, and anxiety disorders', *Neuropsychopharmacology: Official publication of the American College of Neuropsychopharmacology,* 35(1), pp. 169–91. Retrieved 7 March 2019 from https://doi.org/10.1038/npp.2009.83

Siddaway, A. P., Taylor, P. J., & Wood, A. M. (2018). 'Reconceptualizing anxiety as a continuum that ranges from high calmness to high anxiety: The joint importance of reducing distress and increasing well-being', *Journal of Personality and Social Psychology,* 114(2), pp.e1–e11. Retrieved 7 March 2019 from https://doi.org/10.1037/pspp0000128

Spence, S. (n.d.). 'BRAVE-Online: Helping young people overcome anxiety'. Retrieved 7 March 2019 from www.brave-online.com

Strazdins, L., OBrien, L. V., Lucas, N., & Rodgers, B. (2013). 'Combining work and family: Rewards or risks for children's mental health?', *Social Science& Medicine,* 87, pp. 99–107. Retrieved 7 March 2019 from https://doi.org/10.1016/j.socscimed.2013.03.030

Sutton-Smith, B. (2015). 'We study play because life is hard', *Psychology Today* (Australia). Retrieved 6 March 2019 from https://www.psychologytoday.com/au/blog/having-fun/201509/we-study-play-because-life-is-hard

Taren, A. A., Creswell, J. D., & Gianaros, P. J. (2013). 'Dispositional mindfulness co-varies with smaller amygdala and caudate volumes in community adults', *PLoS ONE,* 8(5), e64574. Retrieved 7 March 2019 from https://doi.org/10.1371/journal.pone.0064574

Twenge, J. M. (2000). 'The age of anxiety? The birth cohort change in anxiety and neuroticism, 1952–1993', *Journal of Personality and Social Psychology,* 79(6), pp. 1007–21. Retrieved 7 March 2019 from http://citeseerx.ist.psu.edu/viewdoc/download?doi=10.1.1.360.8349&rep=rep1&type=pdf

—— (2017). *iGen.* Atria Books, New York

—— (2017). 'Have smartphones destroyed a generation?', *The Atlantic.* Retrieved 7 March 2019 from www.theatlantic.com/magazine/archive/2017/09/has-the-smartphone-destroyed-a-generation/534198/

Twenge, J. M., Gentile, B., Dewall, C. N., Ma, D., Lacefield, K. & Schurtz, D. R. (2010). 'Birth cohort increases in psychopathology among young Americans, 1938–2007: A cross-temporal meta-analysis of the MMPI', *Clinical Psychology Review,* 30(2), pp. 145–54. Retrieved 7 March 2019 from https://doi.org/10.1016/j.cpr.2009.10.005

Twenge, J. M., Martin, G. N., & Campbell, W. K. (2018). 'Decreases in psychological well-being among American adolescents after 2012 and links to screen time during the rise of smartphone technology', *Emotion,* 18(6), pp. 765–80. Retrieved 7 March 2019 from https://doi.org/10.1037/emo0000403

Twohig-Bennett, C. & Jones, A. (2018). 'The health benefits of the great outdoors: A systematic review and meta-analysis of greenspace exposure and health outcomes', *Environmental Research,* 166, pp. 628–37. Retrieved 7 March 2019 from https://doi.org/10.1016/j.envres.2018.06.030

Ungar, M. P. D. (2010). 'Finding a great therapist for your child', *Psychology Today.* Retrieved 6 March 2019 from www.psychologytoday.com/us/blog/nurturing-resilience/201011/finding-great-therapist-your-child

Wahlstrom, K. (2017). 'Sleepy teenage brains need school to start later in the morning', *The*

Conversation. Retrieved 7 March 2019 from https://theconversation.com/sleepy-teenage-brains-need-school-to-start-later-in-the-morning-82484

Walker, T. (2018). 'How many teachers are highly stressed? Maybe more than people think', neaToday. Retrieved 6 March 2019 from www.neatoday.org/2018/05/11/study-high-teacher-stress-levels

Waters, S. F., West, T. V, & Mendes, W. B. (2014). 'Stress contagion: Physio-logical covariation between mothers and infants', *Psychological Science,* 25(4), pp. 934–42. Retrieved 7 March 2019 from https://doi.org/10.1177/0956797613518352

Witt, S. (2018). *Raising Resilient Kids.* Collective Wisdom Publications, Melbourne.

Wurtman, J. J. (2011). 'Dropping serotonin levels: Why you crave carbs late in the day', *Huffington Post.* Retrieved 7 March 2019 from www.huffingtonpost.com/judith-j-wurtman-phd/dropping-serotonin-levels-_b_819855.html

Xin, Z., Zhang, L. & Liu, D. (2010). 'Birth cohort changes of Chinese adolescents' anxiety: A cross-temporal meta-analysis, 1992–2005', *Personality and Individual Differences,* 48(2), pp. 208–12. Retrieved 7 March 2019 from https://doi.org/10.1016/J.PAID.2009.10.010

Yoo, S.-S., Gujar, N., Hu, P., Jolesz, F. A., & Walker, M. P. (2007). 'The human emotional brain without sleep – a prefrontal amygdala disconnect', *Current Biology,* 17(20), pp. 877–8. Retrieved 7 March 2019 from www.sciencedirect.com/science/article/pii/S0960982207017836

Young, K. (n.d.). 'Fear and anxiety – An age by age guide to common fears, the reasons for each and how to manage them', *Hey Sigmund.* Retrieved 7 March 2019 from www.heysigmund.com/age-by-age-guide-to-fears

Young Minds Matter Mental Health Survey (2015). Retrieved 18 June 2018 from https://youngmindsmatter.telethonkids.org.au

Zhao, J., Zhang, Y., Jiang, F., Ip, P., Ho, F. K. W., Zhang, Y. & Huang, H. (2018). 'Excessive screen time and psychosocial well-being: The mediating role of body mass index, sleep duration, and parent-child interaction', *The Journal of Pediatrics,* pp.157–62. Retrieved 7 March 2019 from https://doi.org/10.1016/j.jpeds.2018.06.029

Zohar, J. & Westenberg, H. G. (2000). 'Anxiety disorders: A review of tricyclic antidepressants and selective serotonin reuptake inhibitors', *Acta Psychiatrica Scandinavica. Supplementum,* 403, pp. 39–49. Retrieved 7 March 2019 from www.ncbi.nlm.nih.gov/pubmed/110199349780143794950_Typesetting and Text Design (c) Penguin Random House Australia

致谢

《让孩子掌控情绪》，是我们二人注定要一起撰写的一部作品。我们俩都经历过焦虑，也都养育过焦虑的孩子，而我们自己，却是被既不知焦虑为何物也不知如何去应对焦虑的家长抚养成人的。我们衷心地希望，本书能够帮助全世界的焦虑儿童，让他们学会控制自己的焦虑情绪，并且带着焦虑一路驰骋，茁壮成长。当然，焦虑完全且真正不会掣孩子的肘。

我们一起创建"养育焦虑的孩子"在线课程时，就萌生了撰写本书的念头。在研究这门课程的同时，我们既全面地得知了当前儿童焦虑症这个问题的严重性，也逐渐认识到，家长和老师可以采用很多的措施，帮助孩子去更好地应对焦虑。

我们要感谢澳大利亚和国际上的一些专家，在我们就在线课程和本书进行采访的过程中，他们都慷慨地付出了宝贵的时间，跟我们分享了他们的专业知识。在我们看来，跟这些专家的每一次交流，都对焦虑儿童家长需要掌握的基本知识提供了补充，并且强调了用一种浅显易懂的方式分享这些知识的重要性。我们要感谢儿童和青少年心理学家克里斯·麦柯里博士，对于他在运用"接纳承诺疗法"来帮助孩子茁壮成长这个方面做出的贡献，我们深表敬意；对于他慷慨地分享自己的时间、专业知识和焦虑控制工具，我们也深表感激。我们要感谢克雷格·哈斯特（Craig Hassed）副教授，他向我们说明了正念修习方式会对孩子的身心健康产生意义深远的影响。我们还有幸与莉娜·桑奇（Lena Sanci）教授共度了一段时光，她向我们展示了全科医生在焦虑的孩子及其家长的生活中发挥着特殊的作用。对于其他在研究过程中与我们分享其智慧与经验的所有专家，我们也一并表示感谢。

我们尤其要感谢路斯·哈里斯。他温情、幽默而又清晰地让"接纳承诺疗法"变得生动有趣的方式，正是我们在撰写本书时需要仰望的一座灯塔。他不仅对我们的研究产生了重要的影响，还在阅读本书手稿后提出了许多切实可行的建议，对此我们都深表感激。

感谢"养育理念"那个优秀的团队，感谢你们的鼓励，感谢你们的专业精神，也感谢你们从一开始就认识到了本书的内在价值。

最后但最重要的，就是衷心感谢我们的家人：你们不但包容了我们撰写本书时的频繁离家，而且在我们需要的时候提供了宝贵的意见，全心全意地陪着我们在这个属于专业作家和演说家的古怪世界里旅行。

迈克尔和朱迪